经典韩式毛衣外套

1800

洋洋 选编

辽宁科学技术出版社
·沈阳·

超个性休闲大衣

搭配指数： ★★★★★

最新韩式风衣款毛衫，漂亮的粗针花纹、大大的翻领、两边的大口袋更显休闲。在休闲的同时又不乏女性的柔美。

适合人群： 较年轻的追逐自由的女士。

适合体型： 高挑体型，微胖体型，苗条体型。

适合肤色： 各种肤色。

搭配方法：

休闲风格： 上身可搭配休闲的印花T恤，下身搭配小裤管牛仔裤。

淑女风格： 1.上身可搭配带荷叶边的柔美上衣，下身可搭配修身牛仔裤或者雪纺短裙。2.可搭配淑女风格的连衣裙。

趣味搭配： 可在腰部搭配一条藤编皮带，增加时尚感。

小圆翻领开衫

这是一款连衣裙式毛衫。可爱的粉红色、百搭的圆领、两个系有蝴蝶结的小口袋既可爱又显时尚，适合偏好可爱风格的女孩。

搭配： 可搭配长袖的衬衣或T恤。

麻花纹开衫

大麻花纹，体现中性气质；有种洒脱感，适合干练的女性。

大开口开衫

简单清爽的款式，体现出学生般的清纯，适合喜欢简单的女孩。

5

素雅高贵长外套

自然素雅的外套,搭配大皱褶毛衣,显示了着装者的素雅高贵,整体素而不单调。

搭配指数:★★★★★

宽松的织法给人慵懒的感觉,故意的褶皱多了有趣的小细节,增添了女性的柔美。

适合人群:

较年轻的追逐自由的女士。

适合体型:

高挑体型,微胖体型,苗条体型。

适合肤色:各种肤色。

搭配:上身内搭高领的长袖T恤,下身可搭配牛仔裤或小裤脚长裤。

大翻领外套

紫色的大翻领有着神秘的浪漫气质,适合成熟或浪漫气质的女性。

6

7

西装领开衫

西装领能表现严肃干练的气质,腰带可以突出女性腰部的曲线。

非常适合白领丽人。

8

带帽无扣衫

带帽的设计增加休闲感,两边的蝙蝠袖穿着非常舒适。

适合平时喜欢舒适穿着的女性。

搭配指数：★★★★★

　　白色是"万能色"。无论从色彩搭配，还是从款式搭配，都体现着装者很强的审美观，充分表现出了自身深厚的内涵。

适合人群：
　　长发披肩、追求素雅、有高贵气质的女士。

适合体型：
　　高挑体型，微胖体型，苗条体型。

适合肤色：各种肤色。

搭配：任意搭配都好看。

10
白色纯色带帽衫

非常别致的花纹图案，有着修身的束腰长带，大气的带帽款式。

9

大开口开衫

自由无拘束的感觉，适合崇尚自由的女性。

11

圆领高雅开衫

竖条纹的设计让你的小肉肉不见啦，可爱的毛球球增加了可爱度，精致的花边让你变成高贵的淑女。

气质可人长外套

独特的高领开衫设计，让冬天不再寒冷。菱形花纹和公主袖让整体服装没有厚重的感觉。

12

16

搭配指数：★★★★★

重点在于别致的花纹，根据不同的部位设计不同的花纹，让整体在简单中充满趣味性。

适合人群：

较年轻的追逐自由的女士。

适合体型：

高挑体型，微胖体型，苗条体型。

适合肤色：

各种肤色。

13

花瓣翻领外套

特别的设计样式，配上时尚的渐变色。像花瓣般的翻领，加上可爱的五颜六色的衣扣，让整件衣服充满活泼气息。

14

军装款外套

类似军装的小竖领给人硬朗干练的感觉。小麻花的花纹又体现出小女人的可爱。硬朗与柔美的冲突，创造出特别的感觉。

荷叶领无扣衫

高贵、淑女的荷叶边领口设计。袖子上的叶子状花纹和身上的大菱形花纹让整体不会太腻。

15

特色带帽衫

简洁的外套，搭配深色花短裙，体现了着装者的青春气息，整体显得和谐自然而不单调。

18

大开口领开衫

整个设计充满成熟的韵味。搭配时可在腰部系上缎带，让整个服装显得不会太沉重。适合成熟的女性。

清纯简洁外套

宽松的外套，在休闲之余又可以挡住腰部的赘肉，让身形更修长。

搭配指数：★★★★★
镂空的设计让女人味更强烈，腰带的设计有束腰的效果。
适合人群：
喜欢舒适风格的女性。
适合体型：
高挑体型，微胖体型，苗条体型。
适合肤色：
各种肤色。
搭配：上身搭配各种衬衣，下身搭配长裤。搭配连衣裙也是不错的选择。

19

双排扣竖领 开衫

小巧的圆竖领，可爱不呆板，运用最时尚的双排扣的设计，适合干练的女性。

20

大西装领无扣衫

翻领设计，厚重却不显老气，中式的灯笼袖增添了可爱。

17

素雅扣衫

深V领，可以露出性感的锁骨。七分公主袖的设计，适合成熟优雅的女士。

22

文静甜美女衫

简洁的外套，不简单的设计，中间特别设计成横条纹状，有膨胀效果，让偏瘦的女生显出凹凸有致的身形。

搭配指数：★★★★★

搭配长裤或连衣裙，不同的搭配有不同的效果。

适合人群：

年轻时尚的女士。

适合体型：

高挑体型，苗条体型。

适合肤色：

各种肤色。

21

24

长开领开衫

双排扣，下摆处进行收紧，七分袖设计十分别致。适合高挑偏胖的女士。

大翻领开衫

大大的翻领，可作高领衫。镂空的花纹显得别致。

23

超薄性感外套

简洁款长衫，领口是可收缩的设计，让衣服有多种不一样的穿法哦。适合可爱的女士。搭配雪纺纱连衣裙是最好的选择。

浪漫紫色带帽衫

重点在于全身镂空的花纹，整体看来，在简单中暗藏细致。

深V领无扣衫

复杂的镂空花纹，显现出特有的高贵感。

带帽翻领开衫

通过花纹的处理展现不一样的效果。

带帽翻领外套

袖子加长款，让本来休闲的衣服又增添了可爱的感觉。

大披肩休闲外套

看过《非常完美》吗？想像女主角一样可爱吗？那么就穿上它吧！

31

小高领开衫

小高领，简单方便。独特的渐变色。适合成熟的女士。

30

圆领双排扣开衫

时尚的蝙蝠袖设计加上宽大的腰身，可以隐藏小肚腩。

32

方形领口开衫

方领的设计带有日本和服的元素，复古而别致，适合成熟的女士。

33

搭配指数：★★★★★
大披肩款，有落落大方的独特气质。
适合人群：
年轻时尚的女士。
适合体型：
高挑体型，微胖体型，苗条体型。
适合肤色：
各种肤色。

搭配指数：★★★★★

　　宽大的样式，搭配小花朵雪纺连衣裙，配上散乱浪漫的卷发，就像游离在森林中的小精灵。

适合人群：

　　年轻的、喜欢自然的女士。

适合体型：

　　高挑体型，微胖体型，苗条体型。

适合肤色：

　　各种肤色。

34

西装领开衫

　　适合成熟的干练的女士。

小翻领开衫

　　圆圆可爱的小翻领，适合喜欢可爱风格的女士。

36

35

深V领开衫

　　优雅的墨绿色。在腰部束身的设计让任何人都拥有小蛮腰。领口的花瓣设计添加了优雅气质。

37

超大翻领长外套

　　美美的大翻领，大大的七分袖袖口，构成这款独特的毛衣外套。

深V领条纹开衫

特别的横条纹，让本来简单的设计多了色彩的活跃。

39

收腰开衫

上部分用复杂的花纹有膨胀的效果。下身则去除花纹，可收缩臀部，凸显凹凸有致的身材。

40

41

深V领无扣衫

慵懒的设计，突出了舒适感。

38

搭配指数：★★★★★

简洁的纹路加上独特的袖口设计让人感觉别致。在休闲的同时透露出小小的优雅。

适合人群：

较年轻的追逐自由的女士。

适合体型：

高挑体型，微胖体型，苗条体型。

适合肤色：

各种肤色。

休闲优雅长外套

简单而不单调，去掉了复杂的花纹，休闲中体现出优雅和别致。

极富活力中长外套

简洁的外套，显示了着装者的青春活力，整体显得和谐自然而不单调。

大翻领无扣衫

加长的领口，特别的短袖。任意搭配都非常好看。

全镂空花无扣衫

全镂空的花朵花纹配上艳丽的色彩，充满春天的气息。

荷叶边无扣衫

重点在弧线形的下摆，像一朵含苞待放的花朵。

搭配指数：★★★★★

端庄大气又不失女性风韵，不论是平时游玩还是上班，都非常适合。

适合人群：

成熟的白领女士。

适合体型：

高挑体型，微胖体型，苗条体型。

适合肤色：

各种肤色。

大开口领开衫

简单朴实的设计，没有多余的花边，没有复杂的钩花。平凡优雅。

超迷人荷叶边中长外套

要显示女性的柔美，荷叶边可是少不了的哦！

裙装式毛衫

活泼鲜亮的色彩，加上可爱的裙装样式，适合甜美的女士。

小圆长领开衫

万能打底衫，让你的身材玲珑有致。

搭配指数：★ ★ ★ ★ ★

超美的荷叶边，在手臂处有镂空的设计，给人以收缩的错觉。不管多少肉肉，都让它消失。

适合人群：

喜欢淑女风格的女士。

适合体型：

高挑体型，苗条体型。

适合肤色：

各种肤色。

50

宫廷式开衫

设计的重点在于袖口和下摆的褶皱，充满华丽的欧洲风情。

51

搭配指数：★★★★★

中长款风格，让臀部的肉肉都不见吧。

适合人群：

优雅、华丽风格的女士。

适合体型：

高挑体型，微胖体型，苗条体型。

适合肤色：

各种肤色。

小圆翻领外套

再冷的冬天，有了它就会充满温暖。

53

大翻领开衫

率性酷装，给人粗犷率真的感觉。

52

大开口领开衫

大大的纽扣，粗粗的毛线，搭配柔美的裙装，在冲突中美丽。

优雅别致外套

领口采用封闭的设计，别上闪亮的别针，高贵显露无疑。

54

55

适合成熟的女性。

小圆领外套

长翻领外套

更适合那些讲究生活质量、喜欢简单优雅的女士。

56

57

大翻领外套

适合高挑的女士和喜欢休闲风格的女士。

性感可人长外套

样式简单，给人自由无拘束的感觉，穿着它感受大自然吧。

搭配指数：★★★★★
　　亮蓝色把本来忧郁的蓝色演绎出神秘的气质。

适合人群：
　　适合喜欢大自然、无拘束的女士。

适合体型：
　　高挑体型，微胖体型，苗条体型。

适合肤色：
　　白皙肤色。

59

翻领开衫

宽松类似男装的样式，适合喜欢中性打扮的女士。

58

61

翻领外套

独特的花纹和配色显示了高雅的气质。

60

荷叶领无扣衫

让荷叶领口发散极致的淑女风格吧！

休闲自然装

搭配指数：★ ★ ★ ★ ★
　　无袖简单的样式，可搭配任意的服装在里面，让休闲的样式变化多端。
适合人群：
　　适合成熟的女士。
适合体型：
　　高挑体型，微胖体型，苗条体型。
适合肤色：
　　白皙肤色。

62

63

优雅无扣衫

成熟浪漫的紫色，在胸前别上一朵紫色的小花，让平淡的样式变得高贵起来。

65

64

小圆领开衫

可内搭可爱的衬衣。

简单可爱的样式

小圆翻领外套

自然素雅的外套，整体素而不单调。

7

67

亮色领开衫

适合皮肤比较白皙的女士。

V领开衫

整体比较复古的样式，却在口袋处采用了独特的设计。

68

独特挖领开衫

在领口处采用了少见的挖口设计。可露出纤细的脖子。

69

青春活力长外套

搭配指数：★★★★★

厚重的样式，穿着简洁。冬天可搭配厚点的短裙。

适合人群：

成熟干练的女性。

适合体型：

高挑体型，微胖体型，苗条体型。

适合肤色：

各种肤色。

66

p2.jecool.com

成熟开衫

款式比较成熟，适合比较严谨的女士。

71

文雅可人超长外套

搭配指数：★ ★ ★ ★ ★

大纽扣，大翻领，镂空花，融合了多种时尚元素，让你的气质更加出众。

适合人群：

成熟、休闲的女士。

适合体型：

高挑体型，微胖体型，苗条体型。

适合肤色：

各种肤色。

70

72

小翻领外套

适合成熟的女士。

73

镂空花领开衫

适合成熟但是要求精致的女士。

镂空花文雅带帽装

搭配指数：★★★★★

　　大大的帽子，缩小了肩膀的宽度；镂空的花纹，暖和却不沉重。

适合人群：
　　肩膀较宽的女士。

适合体型：
　　高挑体型，微胖体型，苗条体型。

适合肤色：
　　各种肤色。

76 成熟严肃外套

适合生活严谨的女士。

74

77 红色亮丽外套

红色代表热情，适合性格张扬、个性开朗的女士。

75 富贵翻领外套

厚厚的领子，让这个冬天不再冷。

个性张扬的长外套

搭配指数：★ ★ ★ ★ ★
　　有镂空的花纹，却非常暖和。领口的红色有画龙点睛的作用。
适合人群：
　　成熟有魄力的女士。
适合体型：
　　高挑体型，微胖体型，苗条体型。
适合肤色：
　　白皙红润的肤色。

78

80

79

小圆领开衫

淡淡的粉色，不会太张扬，带点小小的可爱。

长翻领外套

加长版的领子，有很好的保暖作用。

81

捆绑样式。适合体态偏胖的女士。

独特捆绑开衫

优雅简约可人装

83

小圆领开衫

更适合那些享受生活、崇尚自由的人们。

82

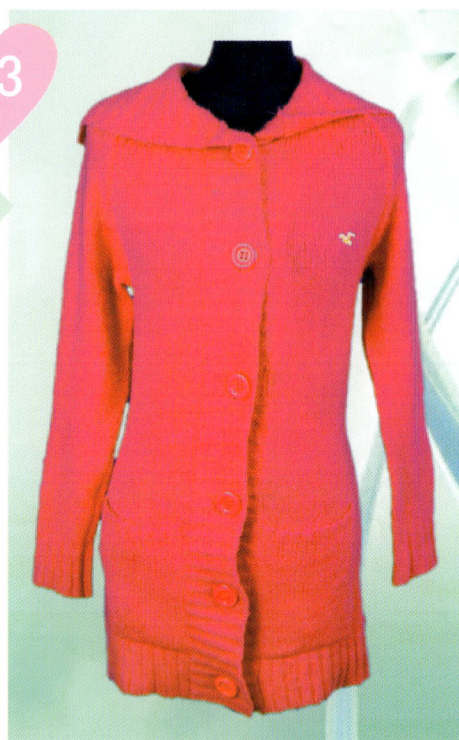

连帽无袖开衫

连帽的设计，适合喜欢休闲的女士。

84

鲜亮开衫

活泼的色彩，可搭配深色连衣裙。

85

搭配指数：★ ★ ★ ★ ★
无领的设计，适合佩戴暖和的围巾，适合多种搭配。
适合人群：
较年轻的女士
适合体型：
高挑体型，微胖体型，苗条体型。
适合肤色：
白皙肤色。

带帽粗针休闲外套

搭配指数：★★★★★
　　简单带帽的款式，让青春的气息显露无疑。
适合人群：
　　较年轻的追逐自由的女士。
适合体型：
　　高挑体型，微胖体型，苗条体型。
适合肤色：
　　各种肤色。

86

带帽花纹开衫

　　更适合那些享受生活、崇尚自由的人们。

87

粉色带帽开衫

　　简单平淡的款式有着粉色的浪漫。

大开口无扣衫

　　领口的弧线和腰部的系带使腰身突出。

88

89

90

短袖小坎肩

　　活泼的色彩，可搭配浅色连衣裙。

镂空花朵下摆迷人装

91

带帽严谨开衫

严谨的颜色，适合成熟的女士。

92

93

白色带帽外套

白色是纯洁的色彩，适合天真浪漫的女士。

小球纽扣长衫

纯洁的白色，加上可爱的球球。适合搭配裙装。

94

搭配指数：★★★★★
　　纯洁的白色，加上镂空花纹的下摆，让平淡中带有些许惊喜。
适合人群：
　　非常适合淑女装扮的女士。
适合体型：
　　高挑体型，苗条体型。
适合肤色：
　　各种肤色。

小开口领开衫

竖条花纹非常适合偏胖的女士。

96

气质高贵淑女装

搭配指数：★★★★★

　　不规则的风格，时尚，年轻，有个性。重点在于大小不一的纽扣，增添了衣服的趣味。

适合人群：

　　年轻可爱、主张个性的女士。

适合体型：

　　高挑体型，微胖体型，苗条体型。

适合肤色：

　　各种肤色。

95

97

小高领外套

　　上身的条纹状花纹，让上身多余的肉肉看不见啦！裙状的下摆让整体更显匀称。

98

月牙纽扣体现了学生气质。

月牙扣开衫

时尚创意外套

搭配指数：★ ★ ★ ★ ★

白色配上大大的袖口和毛领，显得高贵大方。

适合人群：

成熟有气质的女士。

适合体型：

高挑体型，微胖体型，苗条体型。

适合肤色：

红润的肤色。

100 带帽性感豹纹开衫

白色搭配豹纹，适合个性张扬的女士。

101

简约花纹开衫

搭款式。

简单不复杂，百搭款式。

99

102 蝴蝶结桃心领装

可爱的蝴蝶结让可爱无极限。

简洁裙装开衫

搭配指数：★ ★ ★ ★ ★

简洁的条纹，裙装样式可以遮挡住臀部的肉肉。搭配短款夹克非常时尚。

适合人群：
年轻有个性的女士。

适合体型：
高挑体型，微胖体型，苗条体型。

适合肤色：
各种肤色。

103

104

105

民族风开衫

简洁翻领外套

白色本来就是百搭的颜色，加上简洁的设计，让这款毛衣成为必备款。

106

小开口领开衫

条纹设计更适合偏胖的女士。

迷人素雅丽人装

搭配指数：★★★★★

衣襟两边有对称的菱形图案，使衣服显得美丽、精致。

适合人群：

喜欢精致生活的女士。

适合体型：

高挑体型，微胖体型，苗条体型。

适合肤色：

各种肤色。

大开领无扣装

适合喜欢舒适自由的女士。

带帽开衫

个性的纽扣，麻花花纹，休闲的帽子。

酷领开衫

独特的竖领设计加上纽扣的装饰，看起来多么酷啊！

无领休闲淑女衫

113

镂空花朵衫

镂空的花朵显示出女人的柔美，适合成熟美丽的女士。

114

111

112

飘动下摆无扣衫

飘动的下摆让你看上去如此的动感。

花边袖口无扣衫

大大的开领，收紧的腰部，非常女人的花边袖口。

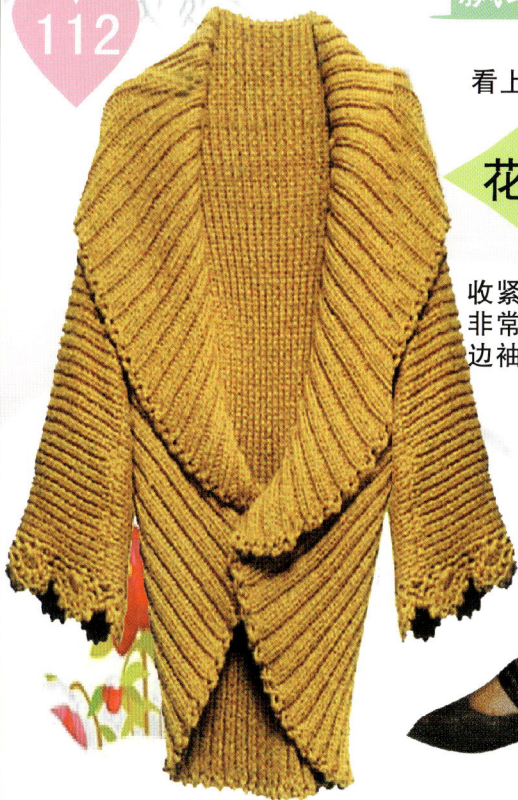

搭配指数：★★★★★

嫩黄色是春天的颜色，可做长袖和七分袖。根据不同的服装任意改变。

适合人群：

有青春活力、喜欢亮丽颜色的女士。

适合体型：

高挑体型，微胖体型，苗条体型。

适合肤色：

白皙肤色。

115

精致编花淑女装

搭配指数：★★★★★
　　超大的翻领，精致的编花，感觉时尚又轻松。
适合人群：
　　年轻的喜欢舒适的女士。
适合体型：
　　高挑体型，苗条体型。
适合肤色：
　　各种肤色。

粉红圆领开衫

整体为粉色，还带有其他的色彩，细看可爱中带有活泼。

118

117

小竖领开衫

　　精细的花纹，率性的设计。

116

随性无扣衫

　　适合那些享受生活、崇尚自由的人们。

搭配指数：★★★★★

简洁的设计，色彩丰富得让你活泼年轻起来。

适合人群：

年轻开朗的女士。

适合体型：

高挑体型，微胖体型，苗条体型。

适合肤色：

白皙肤色。

蓝色带扣佳人装

120

119

无领无扣开衫

大大的设计，穿着它让你有娇小的感觉。

121

墨绿色开衫

适合有成熟气质的女士。

122

灯笼袖外套

适合喜欢复古宫廷风格的女士。

搭配指数：★★★★★

大大的翻领，与牛仔裤和T恤是最佳搭配。一定还要配上高跟鞋。

适合人群：

适合年轻、崇尚自然的女士。

适合体型：

高挑体型，微胖体型，苗条体型。

适合肤色：

白皙肤色。

极具个性艺术气质衫

123

124

带围巾灯笼装 ➡

泡泡的样式，适合偏胖的女士。

125

小翻领外套

简单中透露出丝丝优雅。

126

小圆领外套

厚重的设计，适合冬天怕冷的女士。

简洁百搭时尚衫

搭配指数：★ ★ ★ ★ ★
墨绿色显示出稳重，加上简洁的设计，适合搭配任意的服装。
适合人群：
比较成熟稳重的女士。
适合体型：
高挑体型，微胖体型，苗条体型。
适合肤色：
白皙肤色。

128

127

小开口领开衫

更适合那些对生活要求严谨的人们。

扭花翻领装

适合搭配简单的长裤。
适合成熟的女士。

大圆领外套

双排扣的设计和精致的扭花花纹，休闲而又有品位。

129

130

超可人钩花长衫

搭配指数：★ ★ ★ ★ ★

嫩嫩粉粉的紫色，漂亮的钩花，感受春天的气息。

适合人群：

年轻淑女的女士。

适合体型：

高挑体型，微胖体型，苗条体型。

适合肤色：

白皙的肤色。

131

132

大翻领外套

大大的设计，包裹小小的你。

133

大开口无扣衫

简单，随意。适合搭配任何服装。

带帽无扣开衫

适合知性的女士。

134

136

带帽波浪花纹装

显瘦的波浪花纹，深米色给人沉稳、大气的感觉。属于气质型设计。

小圆翻领装

适合成熟稳重的女士。

137

135

138

带帽暖和装

毛衫里面缝上了暖和的绒毛，配上大气的花纹，给人沉稳的感觉。

搭配指数：★ ★ ★ ★ ★
适合搭配亮丽的小配件，颜色搭配不能太花。
适合人群：
较年轻的追逐自由的女士。
适合体型：
高挑体型，微胖体型，苗条体型。
适合肤色：
白皙的肤色。

简洁时尚佳人装

宽下摆休闲外套

搭配指数：★ ★ ★ ★ ★

　　宽宽的下摆，可搭配紧身的裤装和紧身的上衣。

适合人群：
　　年轻的女士。

适合体型：
　　高挑体型，苗条体型。

适合肤色：
　　白皙肤色。

139

140

带帽月牙扣衫

　　腰部有两道竖条纹设计，让再多的赘肉都不见。

141

波浪领口无扣衫

　　波浪领口，下摆带有网眼。可以遮盖臀部。

142

V领网眼开衫

　　成熟的颜色配上网眼设计，带有淑女的韵味。

144

独特绣花开衫

简单的领口，清秀的色彩，在下摆处绣上典雅的花朵，适合成熟典雅的女士。

菱形花纹简约外套

搭配指数：★ ★ ★ ★ ★

全身覆盖菱形的花纹，大方又不失精致。可搭配可爱的连衣裙或牛仔裤。

适合人群：

年轻的女士。

适合体型：

高挑体型，苗条体型。

适合肤色：

各种肤色。

143

145

方格纹带扣衫

适合成熟偏瘦的女士。

146

小翻领外套

上半身是典雅的横条纹，下半身是精致的方格，适合成熟女士。

147

亮丽桃红开衫

对称的麻花辫，适合成熟的女士。

148

无领无扣衫

适合简单生活、崇尚自由的女士。

149

搭配指数：★ ★ ★ ★ ★

链状的花纹，带些小小的球球，优雅而又可爱。镂空的花纹隐隐约约露出点点肉色，非常性感。

适合人群：

适合成熟和年轻的女士。

适合体型：

高挑体型，微胖体型，苗条体型。

适合肤色：

各种肤色。

清纯简洁长外套

150

大开口领开衫

领口的花朵含苞待放，充满了生气。搭配裙子是最好的选择。

153

渐变绣花衫

时尚的渐变色彩和精细的绣花。时尚不失优雅。

151

152

大纽扣带帽衫

适合喜欢简单的成熟女士。

搭配指数：★★★★★

超大宽松的造型，完全掩藏了腰部的赘肉，搭配牛仔裤显得青春运动、活力四射。

适合人群：

较年轻的追逐自由的女士。

适合体型：

高挑体型，微胖体型。

适合肤色：

白皙肤色。

154

几何花纹外套

适合喜欢在平凡中创造惊喜的女士。

舒适休闲潮流装

修身雅致丽人装

搭配指数：★★★★★

设计简洁，毛线选择有毛茸茸感觉的。让人感受到可爱与温暖。

适合人群：

较年轻的追逐自由的女士。

适合体型：

高挑体型，微胖体型，苗条体型。

适合肤色：

各种肤色。

156

球状纹开衫

适合苗条的女士。偏胖的女士穿着要谨慎。

155

157

大纽扣外套

适合皮肤白皙、喜欢亮色服装的女士。

158

大翻领装

腰部有收紧的设计，适合腰部偏胖的女士。

文雅休闲可人装

搭配指数：★ ★ ★ ★

超大宽松的造型完全掩藏了腰部的赘肉，搭配牛仔裤显得随意自如。

适合人群：

较年轻的追逐自由的女士。

适合体型：

高挑体型，微胖体型，娇小体型。

适合肤色：

各种肤色。

159

大翻领外套

161

时尚的渐变色，独特的大翻领，露出性感的锁骨和肩膀吧。

160

小圆翻领外套

童趣的图案显示出活泼风格，适合年轻的女士。

162

扭花大圆翻领装

大翻领可以显出女士的性感，下摆处收紧产生视觉上的错觉，让臀部的赘肉不见。

164

166

163

165

小圆翻领装

可爱的猫猫图案，适合年轻可爱的女生。

繁复花纹套头衫

适合偏瘦的女士，可搭配紧身牛仔裤。

蝙蝠袖套头装

适合偏瘦的女士，可搭配牛仔裤。

搭配指数：★★★★
　　紧身的设计，可外搭风衣或大衣。在袖口处有纽扣的设计，让简单的衣服非常有气质。
适合人群：
　　年轻的活泼的女生。
适合体型：
　　高挑体型，微胖体型，娇小体型。
适合肤色：
　　红润的肤色。

紧身绒毛素雅装

灯笼袖休闲可人衫

搭配指数：★★★★

　　超修长的裙式造型，直接搭配靴子来穿。看起来娇美迷人。

适合人群：

　　年轻温柔的女士。

适合体型：

　　高挑体型，微胖体型，娇小体型。

适合肤色：

　　各种肤色。

167

168

辫子圆领装

　　更适合那些生活浪漫洒脱的人。

170

大开口领装

　　领口比较大，在里面要内搭一个浅色的吊带或T恤。

169

小圆领装

　　根据不同的部位设计了不同的花纹。适合喜欢小细节的女士。

173

174

桃红带帽装

休闲、精细，腰部的条纹设计遮盖赘肉。

网眼装

适合有个性、时髦的女士。

白色有膨胀的效果，适合偏瘦的女士。

小圆翻领装

172

171

搭配指数：★ ★ ★ ★
超修长的裙式造型，时尚的编制方式，修身，时尚。
适合人群：
年轻时尚的女士。
适合体型：
高挑体型，娇小体型。
适合肤色：
各种肤色。

时尚独特长衫

178

镂空花大翻领装

收紧的袖口，大方的镂空花。可搭配长裤，适合成熟的女士。

177

渐变宽摆时尚装

搭配指数：★★★★
肩膀处设计成深色，可以缩小宽大的肩膀。下摆如裙摆一样，随风飘荡。
适合人群：
适合肩膀宽的女士。
适合体型：
高挑体型，微胖体型，娇小体型。
适合肤色：
白皙肤色。

带帽系带装

胸口的设计显露出性感。可搭配紧身的内搭裤。

175

花圆领装

浪漫的花边领适合高挑的女士。

176

雅致套头装

搭配指数：★ ★ ★ ★

　　舒适，不宽大，很好地修饰了身段。搭配短裙长裤都可以。

适合人群：

　　年轻、下身显瘦的女士。

适合体型：

　　高挑体型，娇小体型。

适合肤色：

　　各种肤色。

钩花翻领装

似A字裙，有缩臀的作用。

180

露出漂亮的锁骨吧。

一字领长衫

179

182

181

V字领长衫

充满学生气质的设计，适合年轻的女士。

修身舒适休闲装

搭配指数：★★★★
超大宽松的造型完全掩藏了腰部的赘肉，搭配牛仔裤显得随意自如。

适合人群：
较年轻的追逐自由的女士。

适合体型：
高挑体型，微胖体型，娇小体型。

适合肤色：
各种肤色。

183

184

超大圆翻领装

有点夸张的样式充满个性，适合大胆的女士。

186

带帽活泼装

休闲可爱的款式，可搭配休闲的牛仔裤。

亮丽翻领装

亮丽，带点可爱，带点时尚。适合年轻、肩膀窄的女士。

185

不等式个性装

搭配指数：★ ★ ★ ★
　　修长的裙装，超大的翻领口设计，可以遮挡腰部的赘肉，还可以遮挡宽大的肩部。
适合人群：
　　年轻时尚的女士。
适合体型：
　　高挑体型，微胖体型。
适合肤色：
　　各种肤色。

187

188

简洁长裙装

　　展示纤瘦的体形，非常修身。搭配厚点的连裤袜就可以。

189

小圆翻领装

　　适合体形偏胖的女士，可搭配深色的打底裤。

190

小圆领装

　　几何花纹的设计显示出张扬的个性，适合成熟的女士。可搭配长裤高跟鞋。

修身舒适素雅装

♥ 192

橘色活泼装

活泼的橘色和白色的搭配，适合年轻有活力的女士。

搭配指数：★★★★

纯白色代表纯洁简单，是百搭的颜色。袖口的纽扣设计凸显了高贵气质。可搭配牛仔裤。

适合人群：

较年轻的追逐自由的女士。

适合体型：

高挑体型，娇小体型。

适合肤色：

各种肤色。

♥ 191

大开口套头衫

舒适的设计，下摆有'收口'，适合成熟的女性，可搭配打底裤。

♥ 193

条纹套头装

可搭配休闲的牛仔裤。

♥ 194

舒适性感长背心

197

195

搭配指数：★★★★

　　舒适，时尚。在冬天非常好搭配，可搭配裤子也可搭配裙子。

适合人群：
　　喜欢舒适的年轻女士。

适合体型：
　　高挑体型，微胖体型，娇小体型。

适合肤色：
　　各种肤色。

高领套头装

　　条纹的设计，适合偏瘦的女士。可搭配紧身的牛仔裤。

196

大翻领长衫

　　简单的横纹通过巧妙的搭配更显时尚。适合身材高挑的女性。

198

高领套头长衫

　　华丽的颜色，凸显高贵的气质。只需要搭配深色的厚连裤袜就行。

200

简单百搭套头装

搭配指数：★★★★

比较修身的一款，精细的花纹，简单别致款式。可搭配在外套里面。下身可搭配短裙或长裤。

适合风格：

较年轻的追逐自由的女士。

适合体型：

高挑体型，微胖体型，娇小体型。

适合肤色：

各种肤色。

199

202

高领套头装

束腰的设计更加凸显腰身。适合成熟的女士，可以搭配一字裙。

201

红色条纹套头装

热情的红色，配有可爱的球球围巾。适合活泼的女士，可搭配短裙或牛仔裤。

民族风套头装

适合喜欢民族风的女士。可搭配长裤。

204

桃心领套头装

下摆处有收紧臀部的作用，横条纹让上身和下身和谐地融合在一起。

203

205

时尚休闲长衫

简单的花纹更给人一种华丽而不繁杂的感觉。

206

高领套头装

紧身的设计，凸显身材。适合成熟的女士。

搭配指数：★★★★
休闲的带帽设计，红与白的交替纹显示出可爱的学生气质。可搭配牛仔短裙或牛仔裤。
适合人群：
活泼可爱的女士。
适合体型：
高挑体型，娇小体型。
适合肤色：
各种肤色。

活泼可人套头装

209

简约端庄套头装

搭配指数：★ ★ ★ ★

舒适的韩式长版款。下身可搭配雪纺纱裙或者牛仔裤。

适合人群：

喜欢自然风格的年轻女士。

适合体型：

高挑体型，微胖体型，娇小体型。

适合肤色：

各种肤色。

207

宽松休闲衫

简洁的款式让穿着者更显飘逸洒脱，可搭配紧身裤。

亮丽套头装

可爱活泼的黄色充满了活力，适合年轻可爱的女士。可搭配长袖T恤和牛仔裤。

210

208

大开领套头衫

不拘一格的衣边给整个毛衣增添了一些趣味，可搭配长裙、牛仔裤。

雅致简约丽人装

搭配指数：★ ★ ★ ★

　　粗毛线长版套头衫，适合任何女士穿着。可在外面搭配小背心或外套，下身搭配牛仔裤或短裙。

适合人群：
　　任何风格的女士。

适合体型：
　　高挑体型，微胖体型，娇小体型。

适合肤色：
　　各种肤色。

211

212

扭花套头装

简单的款式，适合任何体型的女士穿着。

213

收腰套头装

贴身设计，在中间有收腰的系带。适合成熟的女性。可直接搭配打底裤。

214

方形V字领衫

简约时尚毛衣，适合于那些追求个性的女性。

216

大气中性十足套头装

搭配指数：★★★★

搭配紧身裤和靴子，使人高挑纤瘦。

适合人群：

年轻、偏中性的女士。

适合体型：

高挑体型，微胖体型，娇小体型。

适合肤色：

各种肤色。

217

大袖口套头装

大大的袖口可以显示出纤细的手臂。可以搭配柔软的短裙。

大口袋套头装

森林女孩的打扮。独特的领口设计适合年轻的女孩。

218

215

一字领套头衫

适合胸前大气的花纹设计适合活泼的女士。可搭配长裤。

气质高贵内搭套头装

搭配指数：★ ★ ★ ★

比较紧身的设计，可以搭配在外套里面，显得非常素雅。

适合人群：

任何风格的女士。

适合体型：

高挑体型，微胖体型，娇小体型。

适合肤色：

各种肤色。

小开口套头装

适合年轻活泼的女孩，可搭配短裙。

渐变色高领套头装

活泼的渐变色，下摆是收紧臀部款式，可搭配紧身的裤子。

高领套头装

高贵的紫色，适合成熟的女性，可作内搭。

无袖宽摆可人装

搭配指数：★★★★

　　别致的口袋，胸口V形的花纹设计很高雅。可搭配长袖的T恤，下身搭配连裤袜。

适合人群：

　　较年轻的追逐自由的女士。

适合体型：

　　高挑体型，娇小体型。

适合肤色：

　　各种肤色。

223

224

大开口套头装

　　适合喜欢精致生活的成熟女性。

225

喇叭袖套头装

　　适合成熟女性，可搭配长裤。

226

性感高领套头装

　　强调身体曲线的款式配上性感的红色，适合成熟又有韵味的女士。只要搭配黑色丝袜就非常美丽。

迷你菊花花纹装

228

搭配指数：★ ★ ★ ★
　　可以搭配一个内搭裙在里面，显示出清纯的风格。
适合人群：
　　较年轻的追逐自由的女士。
适合体型：
　　高挑体型，娇小体型。
适合肤色：
　　各种肤色。

227

229

花瓣领口套头装

　　特别的花瓣领口，简洁的口袋设计。适合偏瘦的女士。可直接搭配连裤袜。

麻花纹套头装

　　夸张的大麻花纹设计体现出张扬的个性。适合成熟有个性的女士。

230

高领套头长裙

　　两边的花纹设计让身形更显纤细。

232

内涵丰富丽人装

搭配指数：★★★★★

　　宽松的版型，一串一串的球球，像葡萄一样，非常可爱。适合搭配牛仔裤。

适合人群：
　　年轻可爱的女士。

适合体型：
　　高挑体型，微胖体型。

适合肤色：
　　白皙肤色。

231

233

系腰套头装

　　扭花装饰花纹，因为白色有膨胀效果，还是适合偏瘦的女士。

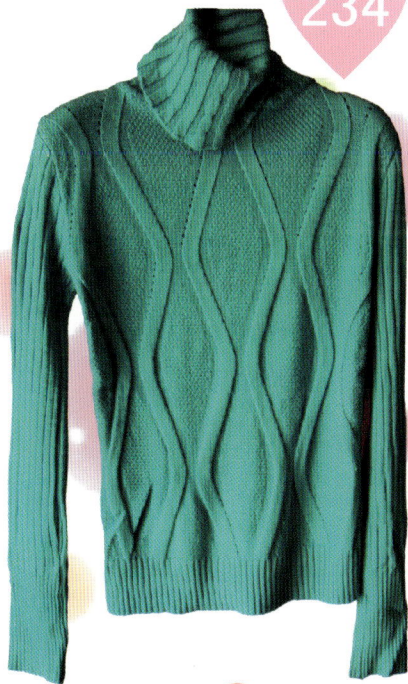

234

飘逸可人衫

　　不拘一格的领饰，更适合个性张扬的青年人。

235

高领套头装

　　设计简洁，适合搭配在外套里面。

V字纹套头衫

　　简约不等于简单，皱领平添一些生气。更适合个性极文静的女士。

张扬活力个性套头装

搭配指数：★ ★ ★ ★

韩式风格设计，休闲款。适合随性的女士，搭配牛仔裤是最好的选择。

适合人群：

年轻休闲的女性。

适合体型：

高挑体型。

适合肤色：

各种肤色。

238

236

237

横格休闲女装

材苗条的青年。

适合性格严谨，身

高领套头装

修身的设计，可以搭配在外套里面。

239

圆领套头衫

几朵花不对称的布局给简单的毛衣添色不少，适合中年休闲女性。

240

小圆领套头装

米色与褐色搭配，稳重知性。适合成熟的女士。

242

套头长衫

下摆的雪花花纹浪漫可爱，适合年轻的可爱女孩。

时尚个性可人装

搭配指数：★★★★★

荷叶边的柔美配上镂空的花纹，缔造既活泼又可爱的气质。可以搭配牛仔短裙。

适合人群：
年轻可爱的女生。

适合体型：
高挑体型。

适合肤色：
白皙肤色。

241

244

大开口短款

因为是短款，所以适合偏瘦的女士，看起来非常精神。

243

卡通图案套头装

可爱的卡通图案，适合活泼的女孩。

修身雅致丽人装

245

搭配指数：★ ★ ★ ★ ★

　　宽大的袖子，突出休闲的味道，可在里面搭配同色系的T恤。

适合人群：
　　年轻偏中性的女士。

适合体型：
　　高挑体型，微胖体型。

适合肤色：
　　白皙肤色。

246

大开口套头装

　　大翻领，适合偏瘦的女士。可以搭配牛仔裤或其他长裤。

247

高领套头装

　　简洁的款式，适合任何风格的女士。

248

圆领套头装

　　适合成熟的女士。可以搭配小喇叭裤。

250

缩身短款佳人装

搭配指数：★★★★★
　　比较紧身的样式。要搭配外套或背心。
适合人群：
　　适合时尚的女士
适合体型：
　　高挑体型。
适合肤色：
　　任何肤色。

大开口套头衫

249

可以搭配紧身长裤和长款的毛衣链。

251

可爱领口套头装

　　适合成熟、喜欢可爱风格的女士。可搭配裙装。

252

大翻领套头裙

　　短袖设计，所以要搭配紧身的T恤或者紧身的毛衫在里面。

甜美可人桃红装

搭配指数：★ ★ ★ ★ ★
　　修身的款式，大大的翻领，桃红色让你有好的气色。可搭配牛仔裤或短裙。
适合人群：
　　年轻可爱的女性。
适合体型：
　　高挑体型，微胖体型。
适合肤色：
　　白皙肤色。

253

254 高领套头衫

特别的菱形花纹，适合成熟的女性，可以搭配小喇叭裤。

255 精致花纹套头衫

适合喜欢精致生活的成熟女性。

256 活泼花纹套头衫

适合 成熟的女士，可以搭配小喇叭裤。

自然文雅可人装

258

搭配指数：★★★★

修身短小而且无袖，搭配牛仔裤显得高挑干练、活力四射；搭配裙子穿着也是不错的选择。

适合人群：
任何风格的女士。

适合体型：
高挑体型，微胖体型，娇小体型。

适合肤色：
各种肤色。

叶子花纹高领装

257

胸前可爱的叶形图案精致高雅，两边竖条纹可以在视觉上收缩多余的赘肉。

259

绒毛套头装

缀着可爱的绒毛，适合搭配裙装。紧密的毛衫上点合搭配裙装。

260

高领无袖套头装

可爱的粉色，简单的设计，朴实简单。

波浪图案背心

菱形花纹，波浪纹的领和袖口，可爱又不失精致。

262

月牙形的纽扣，大大的翻领，增添了休闲气息。

翻领无袖开衫

263

清爽时尚无袖衫

搭配指数：★ ★ ★ ★
　　桃心领加上蝴蝶结显得活泼可爱。假纽扣的设计非常有新意。
适合人群：
　　年轻可爱的女士。
适合体型：
　　高挑体型，微胖体型，娇小体型。
适合肤色：
　　红润肤色。

261

264

精致背心

可搭配淑女衬衣在里面。

性感可人无袖衫

搭配牛仔裤显得高挑干练、活力四射，还可以戴上帽子，注入更多的时尚元素。

适合人群：
较年轻的追逐自由的女士。

适合体型：
高挑体型，娇小体型。

适合肤色：
各种肤色。

圆领背心

了精致。不过大花纹比较适合偏瘦的女士。

各种花纹的交织凸显

266

265

成熟背心

肉粉色适合白皙的女士。花纹适合比较成熟的女士。

267

268

桃心领套头背心

淡淡的紫色发散着浪漫的情怀，适合崇尚浪漫的女士，可搭配白色有蝴蝶结领口的衬衣在里面。

别致乖巧小坎肩

搭配指数：★ ★ ★ ★

百搭的款式，无论是裤子还是裙子，都适合搭配。

适合人群：

较年轻的追逐自由的女士。

适合体型：

高挑体型，娇小体型。

适合肤色：

白皙和红润的肤色。

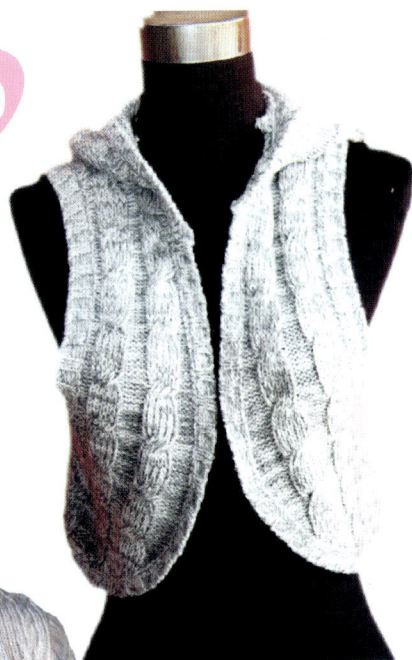

带帽小坎肩 **270**

圆弧形的领口设计，带帽凸显了休闲的气质。

269

性感大开领 **271**

腰部有强烈的束身效果。适合腰部有肉的女士。

无扣小坎肩 **272**

可爱的白色坎肩适合搭配浅色的裙装，或者搭配紧身的毛衫在里面。

文雅修身大披肩

274

浪漫时尚披肩

　　漂亮的麻花纹路，颜色适合比较成熟的女士，可以搭配紧身的西装裤和高跟鞋。

搭配指数：★ ★ ★ ★
　　披肩本身就有很大的下摆，不要搭配跟它一样的大下摆的裙子即可。
适合人群：
　　喜欢方便随性的女士。
适合体型：
　　高挑体型，微胖体型，娇小体型。
适合肤色：
　　各种肤色。

273

粗花型披肩

　　活泼的橘色和扭花的花纹让人充满阳光气质，适合年轻有活力的女士。

275

高雅华贵丽人披风

　　高领设计，比较暖和。下摆比较宽，适合搭配紧身的长裤。

276

超大时尚披肩

278

搭配指数：★★★★

大大的披肩，可以随意地改变它的造型，在适合的地方别一个闪亮的胸针，高贵又有气质。

适合人群：

成熟或年轻的女士都可以。

适合体型：

高挑体型，微胖体型，娇小体型。

适合肤色：

各种肤色。

休闲丽人披肩

休闲时尚彰显丽人追求浪漫的期望。

277

279

高圆领长披肩

高领披肩，在领口处有系带的球球，在冬天就想拥有它！

280

流苏时尚披风

美丽的流苏在走动的时候有自然轻微的晃动，非常有动感，适合年轻高挑的女士。可搭配紧身的内搭毛衫和紧身长裤。

镂空雅致大披肩

281

搭配指数：★★★★

镂空的花纹，在里面可搭配其他颜色的紧身衣，可以让颜色的层次非常丰富。搭配连身的裙装也是不错的选择。

适合人群：

喜欢色彩丰富的女士。

适合体型：

高挑体型，微胖体型，娇小体型。

适合肤色：

白皙肤色。

282

雅致休闲披肩

雅致稳重是此款的最大特点。

283

素雅高贵型披风

复杂的花纹精致高贵。适合成熟偏瘦的女士。

不等式丽人披风

镂空钩花的斜肩设计让你的性感发散出来，搭配紧身的内搭毛衫，下身可搭配紧身的牛仔裤。

284

迷人钩花大披肩

搭配指数：★ ★ ★ ★

镂空的设计，在披肩上钩有美丽的花朵，朴实中透露出活泼。可以搭配紧身的上衣和裙装。

适合人群：

年轻、朴实的女士。

适合体型：

高挑体型，微胖体型，娇小体型。

适合肤色：

各种肤色。

285

286

287

镂空流苏披肩

镂空的花纹配上蓝色显得比较活泼。适合白皙肤色的女士。

粗犷流苏披肩

粗网状设计适合任意体形的女士，绿中一点红，让服装有个性，适合成熟的女士。

288

时尚个性披肩

浅蓝色不适合肤色偏黑的女士。

超个性休闲大衣

【成品规格】胸围120cm，背肩宽40cm，袖长38cm
【工　　具】6号针
【材　　料】中粗线

花样图

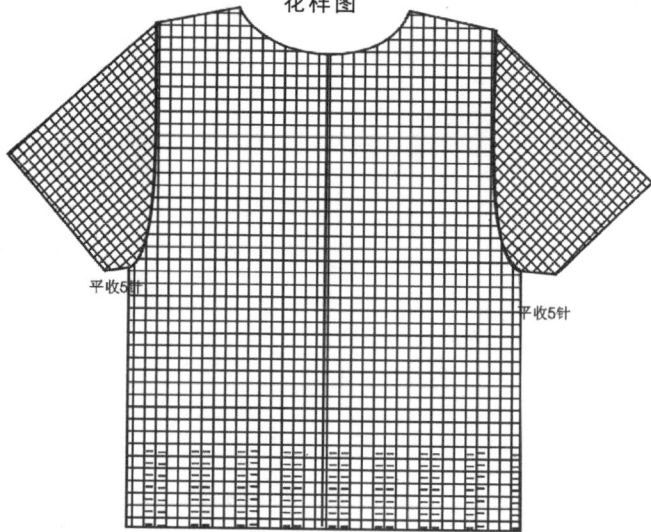

结构示意图

18针　　68针　　18针

7针
46针

154针

前身片

11针

123针

♥ 1

实物图

实物图

♥ 2

大开口开衫

【成品规格】胸围120cm，背肩宽38cm，袖长53cm
【工　　具】10号针
【材　　料】细线

结构示意图

8针
55针

21针　　81针　　21针

182针

前身片

13针

146针

花样图

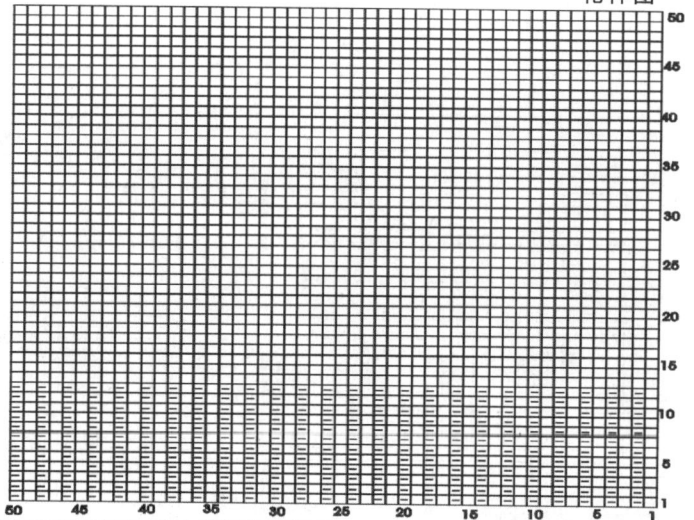

【成品规格】胸围120cm，背肩宽38cm，袖长62cm
【工　　具】10号针
【材　　料】中细线

花样图

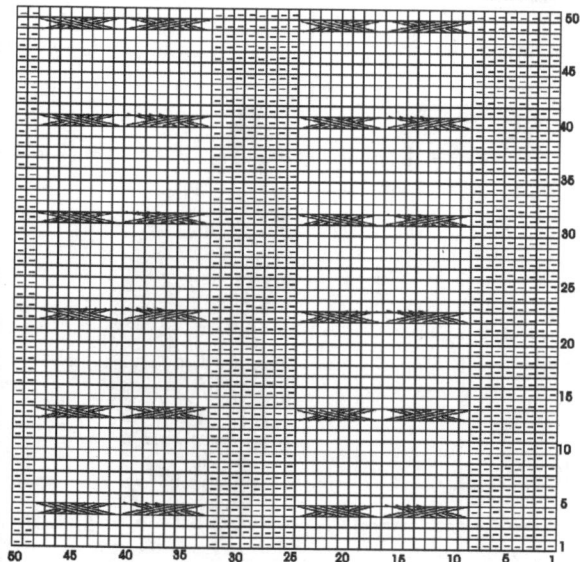

麻花纹开衫

结构示意图

7针
50针

19针　　74针　　19针

168针

前身片

12针

134针

实物图

♥ 3

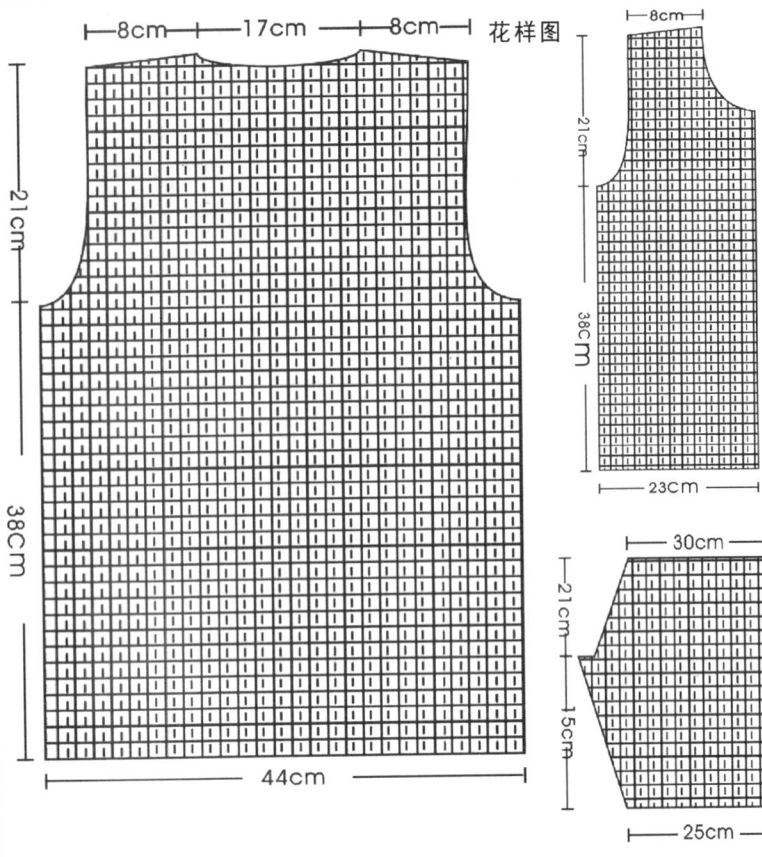

8cm — 17cm — 8cm 花样图

8cm

21cm

38CM

44cm

21cm

38cm

23cm

30cm

21cm

15cm

25cm

小圆翻领开衫

【成品规格】胸围96cm，背肩宽34cm，袖长28cm

【工　具】10号针

【材　料】细线

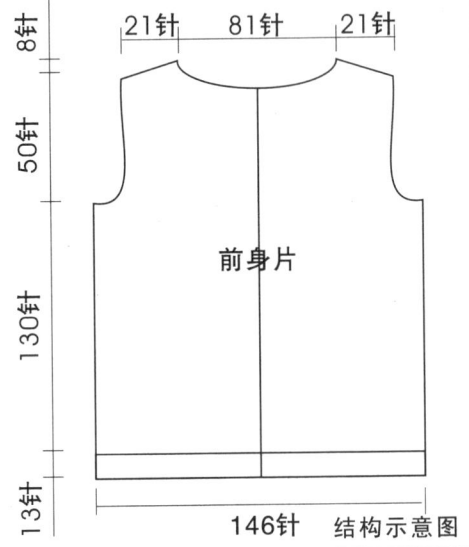

实物图

4

21针　81针　21针

8针

50针

前身片

130针

13针

146针　结构示意图

大翻领外套

5cm — 23cm — 5cm

领圈挑起
织双罗纹
至20CM

21cm

27.5cm

44cm

花样图

30cm

21cm

28cm

25cm

花样图

【成品规格】胸围120cm，背肩宽42cm，袖长62cm

【工　具】11号针

【材　料】细线

5

实物图

结构示意图

21针　81针　21针

8针

50针

前身片

130针

13针

146针

【成品规格】胸围120cm，背肩宽38cm，袖长53cm

【工　具】6号针

【材　料】中粗线

花样图

素雅高贵长外套

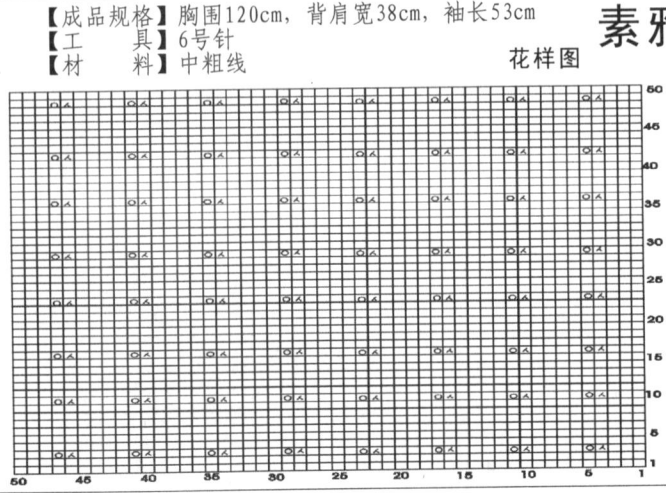

结构示意图

18针　68针　18针

7针

46针

前身片

154针

11针

123针

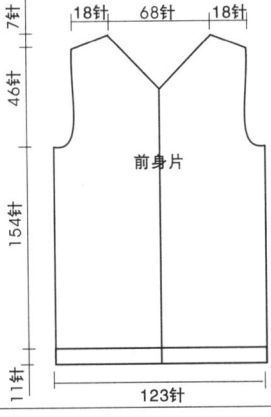

实物图

6

西装领开衫

7

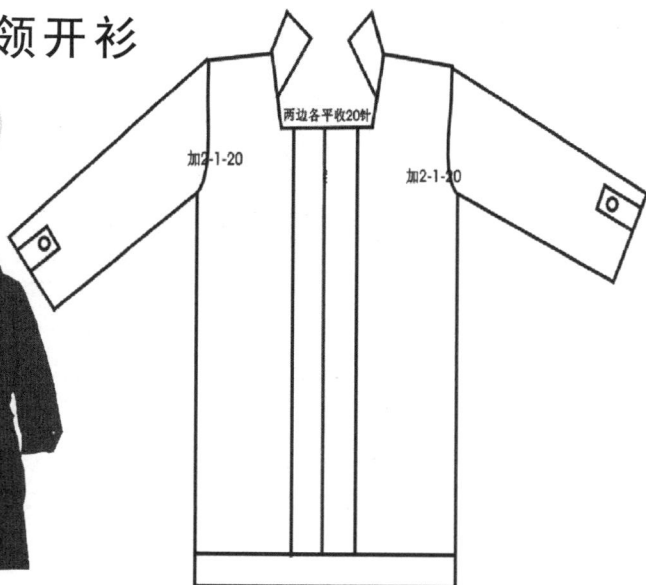

两边各平收20针

加2-1-20

加2-1-20

结构示意图

实物图

【成品规格】胸围120cm，背肩宽38cm，袖长38cm
【工　　具】10号针
【材　　料】细线

花样图

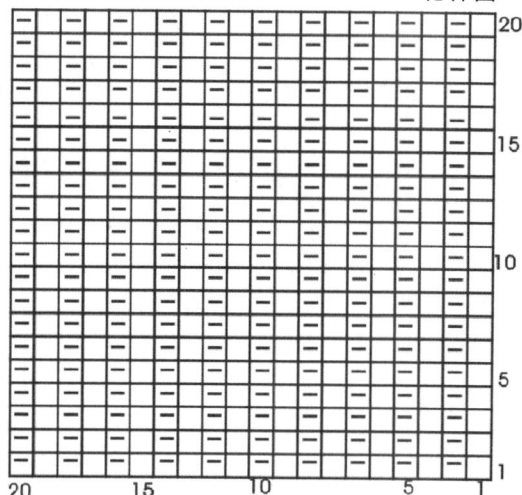

实物图

8

带帽无扣衫

结构示意图

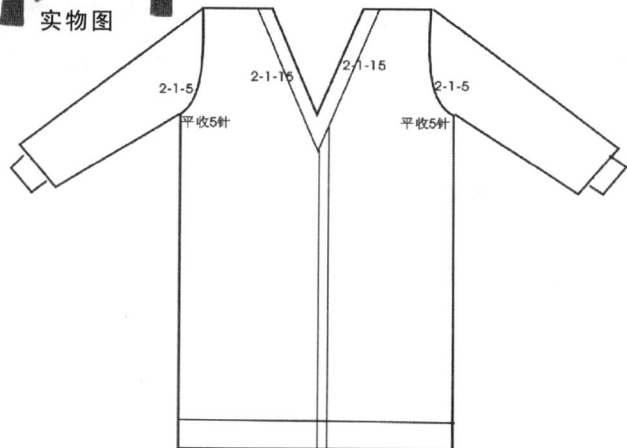

2-1-5　2-1-15　2-1-15　2-1-5

平收5针　平收5针

【成品规格】胸围120cm，背肩宽38cm，袖长53cm
【工　　具】10号针
【材　　料】细线

花样图

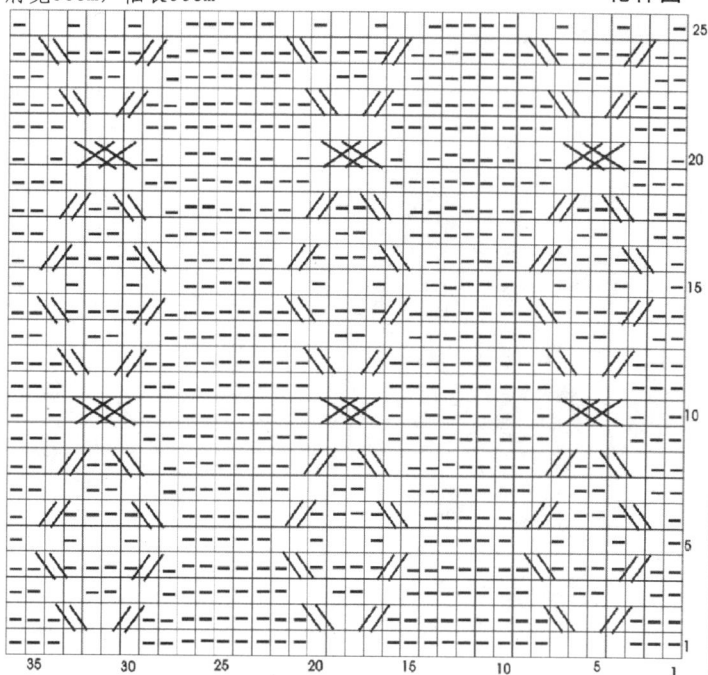

【成品规格】胸围120cm，背肩宽38cm，袖长53cm
【工　　具】10号针
【材　　料】中细线

气质可人长外套

9

花样图

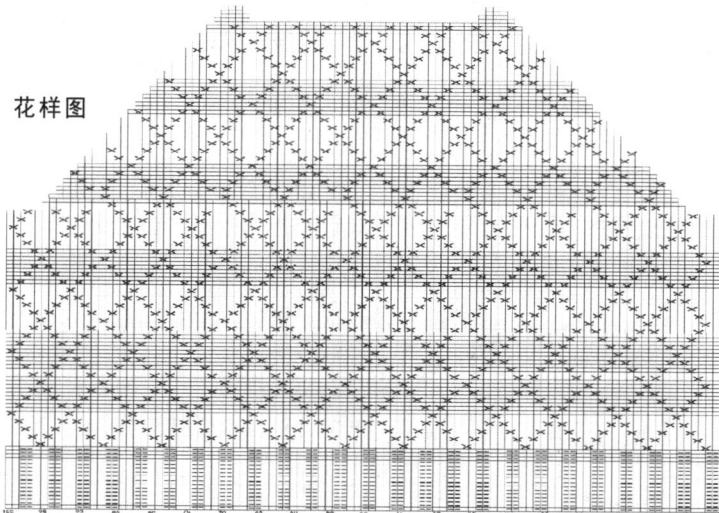

结构示意图

19针　74针　19针

7针

50针

168针

前身片

12针

134针

实物图

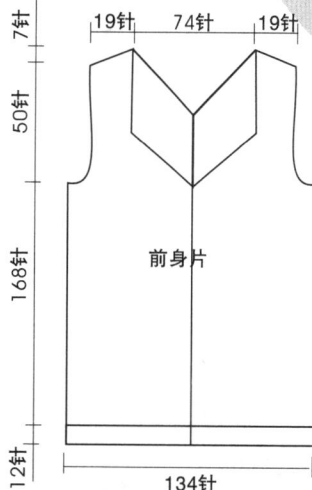

经典韩式毛衣外套1800

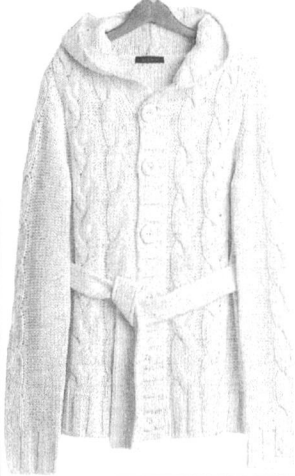

10

实物图

白色纯色带帽衫

【成品规格】胸围120cm，背肩宽38cm，袖长62cm
【工　　具】10号针
【材　　料】中细线

花样图

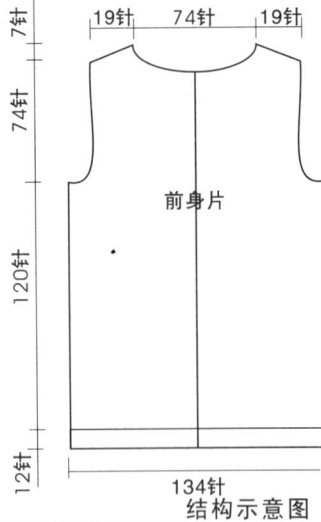

19针　74针　19针

7针
74针
120针
12针

前身片

134针
结构示意图

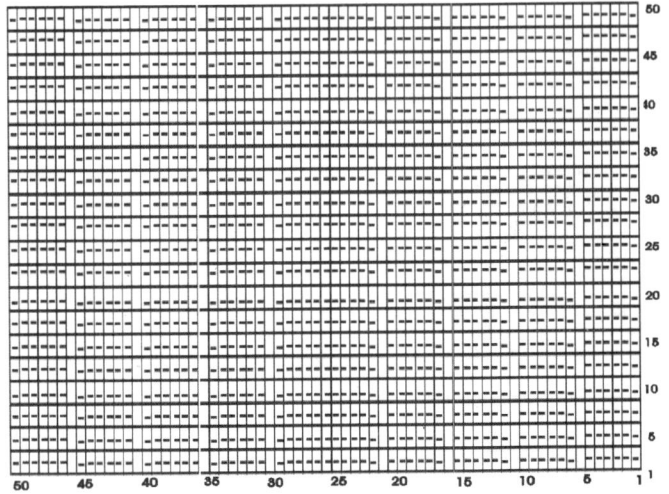

11

大开口衫

结构示意图　　　花样图

【成品规格】胸围120cm，背肩宽38cm，袖长62cm
【工　　具】10号针
【材　　料】中细线

实物图

领口及门襟挑
起织单罗纹，
每针挑两针，
成波浪状

2-1-10　　　　2-1-10

2-1-8　　　　　2-1-8

平收5针　　　　平收5针

圆领高雅开衫

12

实物图

【成品规格】胸围120cm，背肩宽38cm，袖长53cm
【工　　具】10号针
【材　　料】细线

花样图

21针　81针　21针

8针
55针
182针
13针

前身片

146针
结构示意图

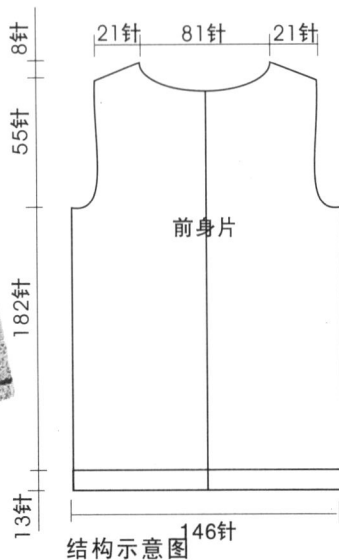

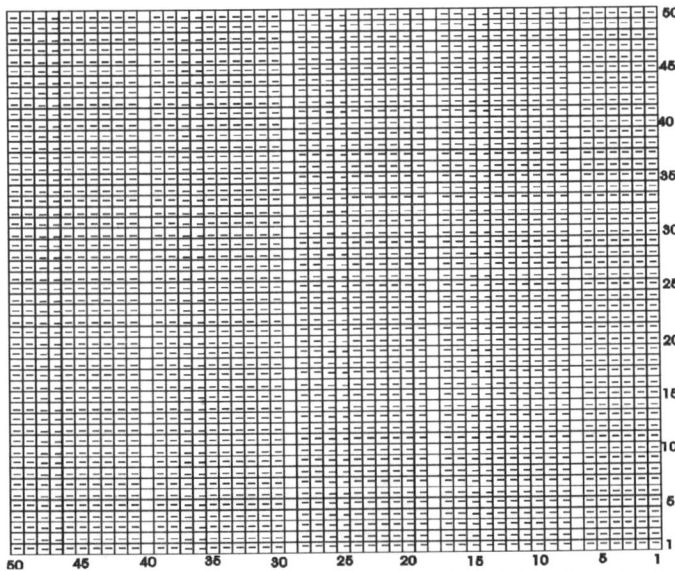

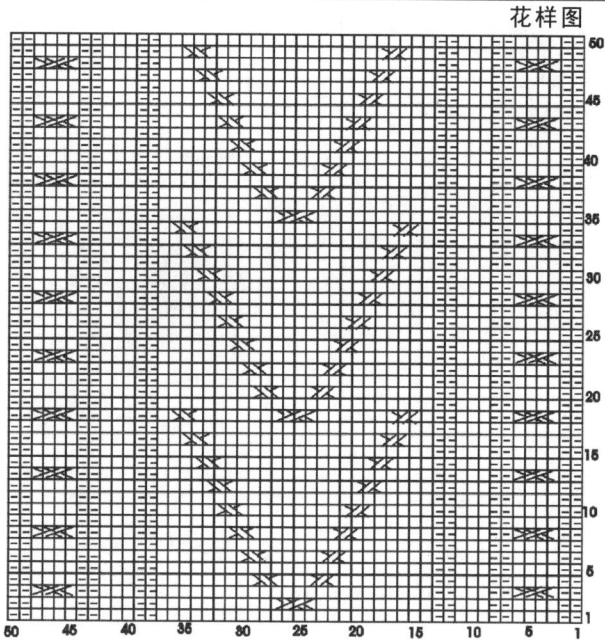

花样图

特色带帽衫

【成品规格】胸围120cm，背肩宽38cm，袖长62cm
【工　　具】9号针
【材　　料】中细线

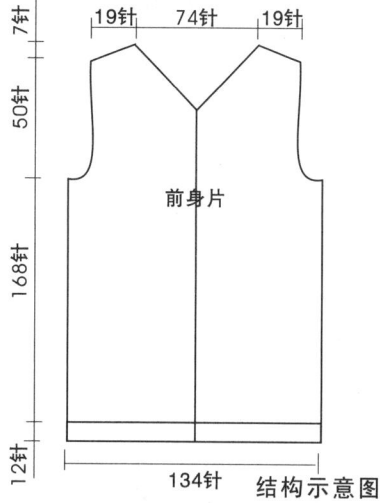

19针　74针　19针

前身片

134针　结构示意图

13

实物图

军装款外套

14

【成品规格】胸围120cm，背肩宽38cm，袖长53cm
【工　　具】9号针
【材　　料】中细线

实物图

19针　74针　19针

前身片

134针　结构示意图

花样图

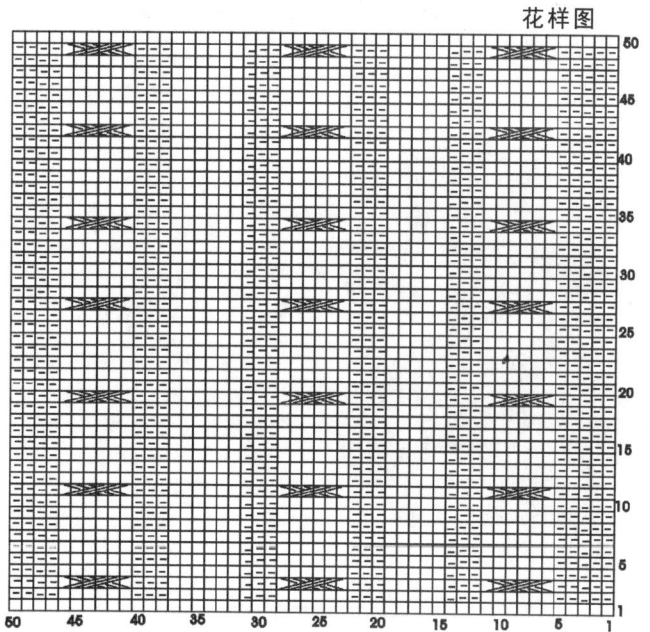

【成品规格】胸围120cm，背肩宽38cm，袖长53cm
【工　　具】8号针
【材　　料】中粗线

荷叶领无扣衫

花样图

结构示意图

实物图

15

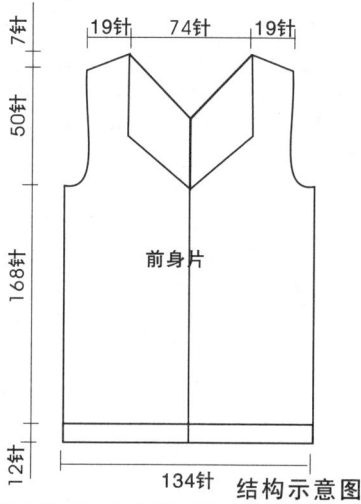

18针　68针　18针

前身片

123针

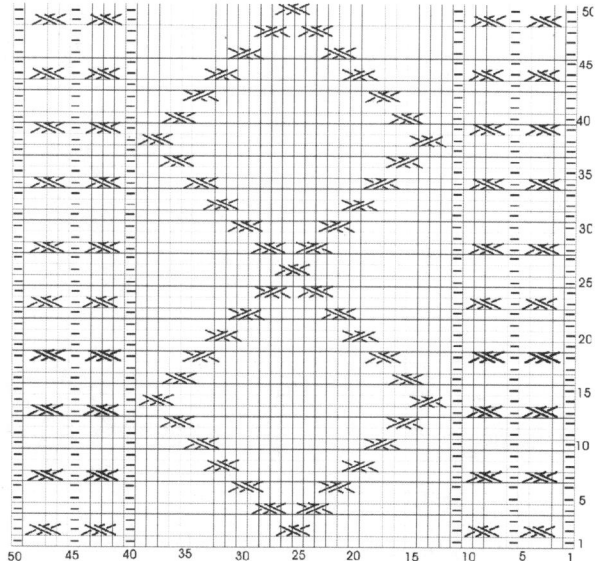

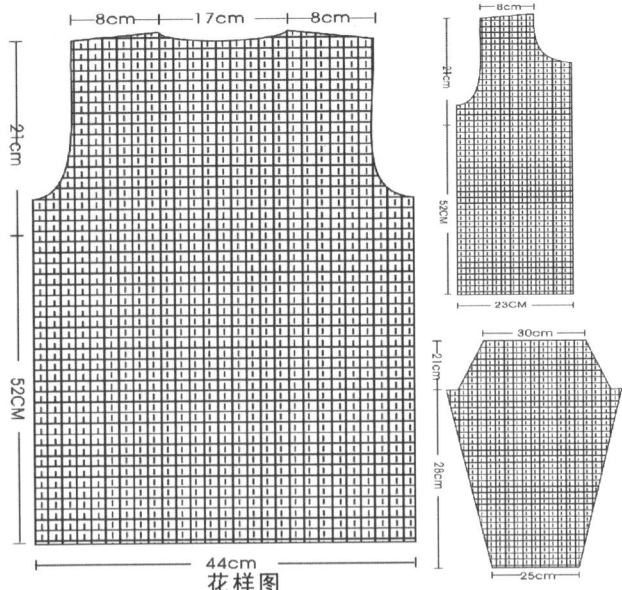

├─ 8cm ─┼─ 17cm ─┼─ 8cm ─┤

21cm

52CM

44cm

花样图

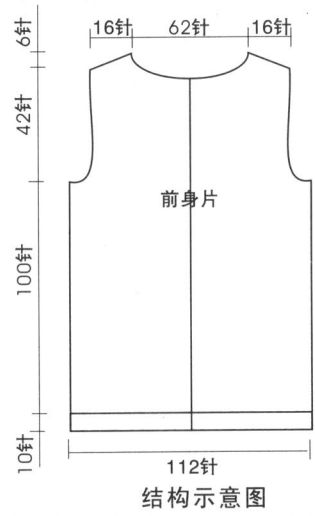

8cm

24cm

52CM

23CM

30cm

21cm

28cm

25cm

【成品规格】胸围120cm，背肩宽38cm，袖长53cm
【工　　具】10号针
【材　　料】细线

花瓣翻领外套

16

16针　62针　16针

6针

42针

前身片

100针

10针

112针

结构示意图

实物图

【成品规格】胸围120cm，背肩宽
38cm，袖长53cm
【工　　具】10号针
【材　　料】中细线

清纯简洁外套

17

实物图

16针　62针　16针

6针

42针

120针

前身片

10针

112针

结构示意图

花样图

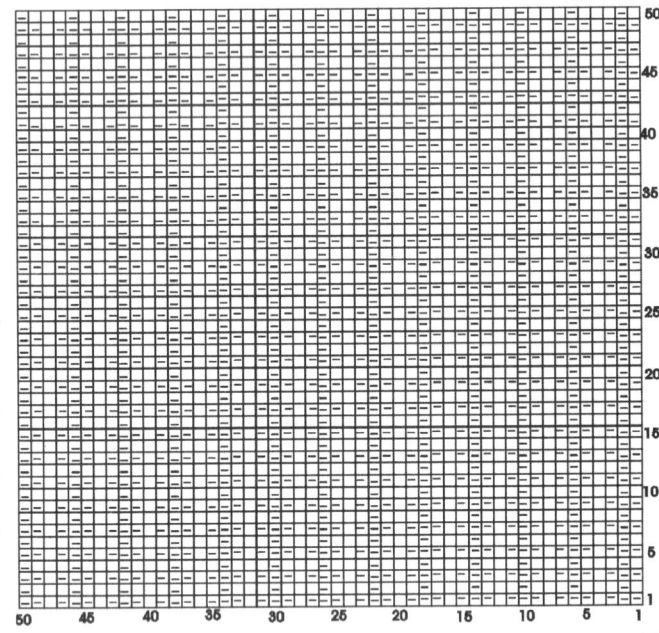

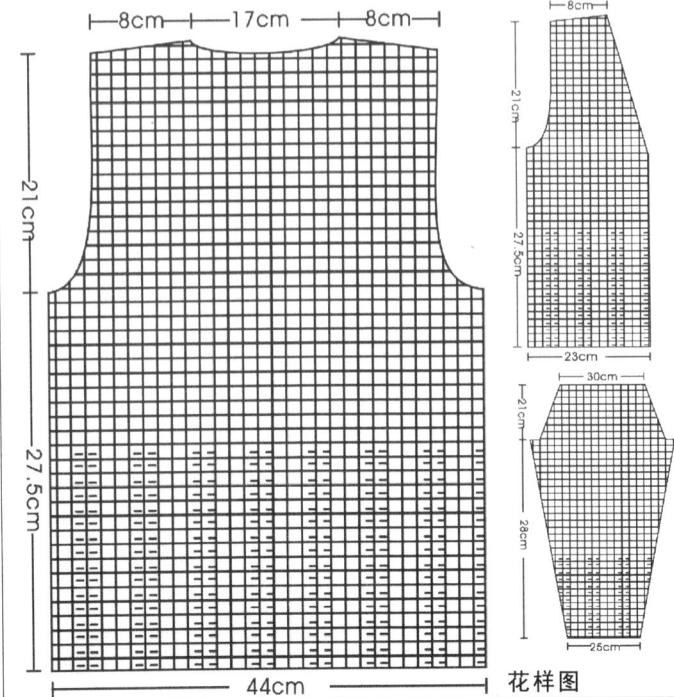

├─ 8cm ─┼─ 17cm ─┼─ 8cm ─┤

21cm

27.5cm

44cm

花样图

8cm

21cm

27.5cm

23cm

30cm

21cm

28cm

25cm

【成品规格】胸围120cm，背肩宽38cm，袖长53cm
【工　　具】9号针
【材　　料】细线

大开口领开衫

18

21针　81针　21针

8针

50针

前身片

130针

13针

146针

结构示意图

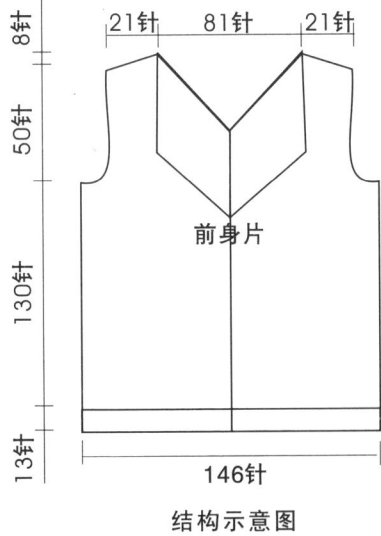

实物图

【成品规格】胸围120cm，背肩宽38cm，袖长53cm
【工　　具】8号针
【材　　料】中细线

双排扣竖领开衫 19

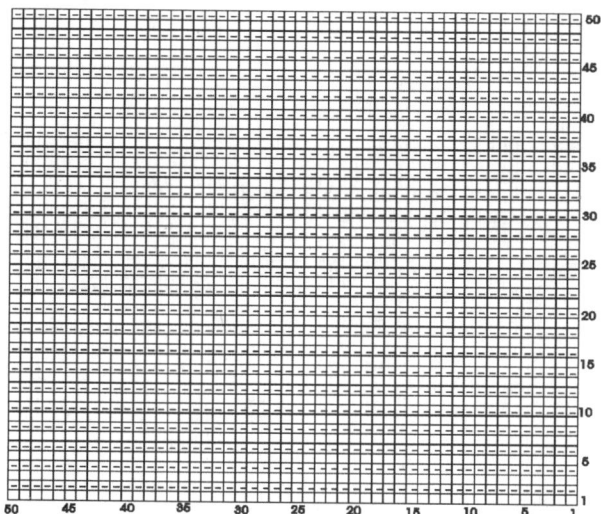

花样图

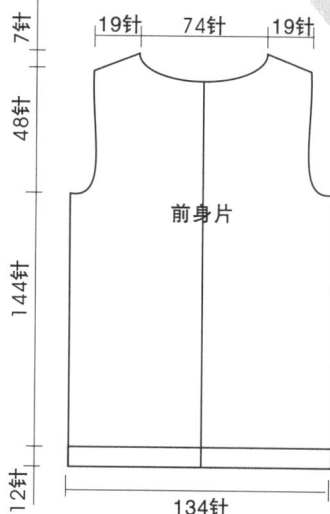

结构示意图

19针　74针　19针

前身片

134针

实物图

---

20 大西装领无扣衫

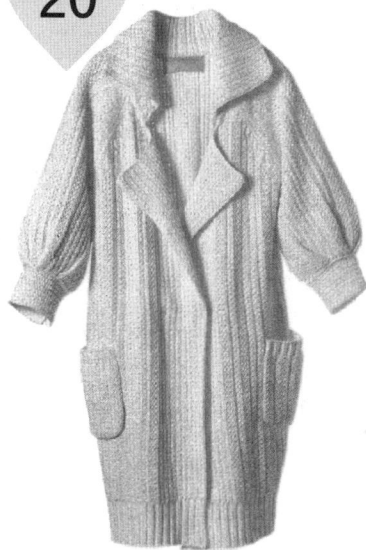

实物图

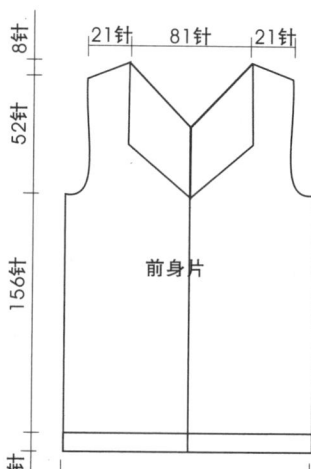

21针　81针　21针

前身片

146针

结构示意图

【成品规格】胸围120cm，背肩宽38cm，袖长38cm
【工　　具】10号针
【材　　料】细线

花样图

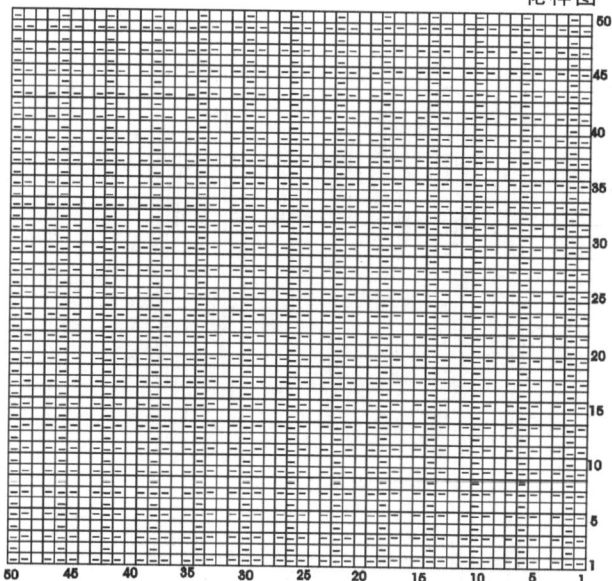

【成品规格】胸围120cm，背肩宽38cm，袖长62cm
【工　　具】10号针
【材　　料】中细线

花样图

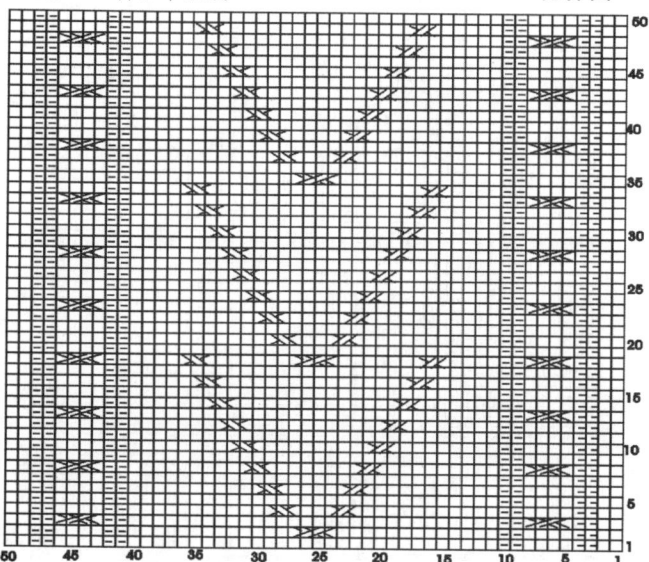

文静甜美女衫 21

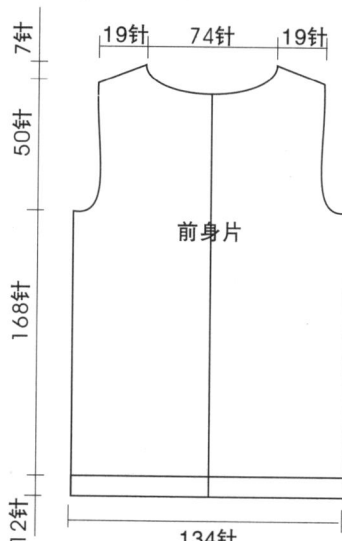

结构示意图

19针　74针　19针

前身片

134针

实物图

22

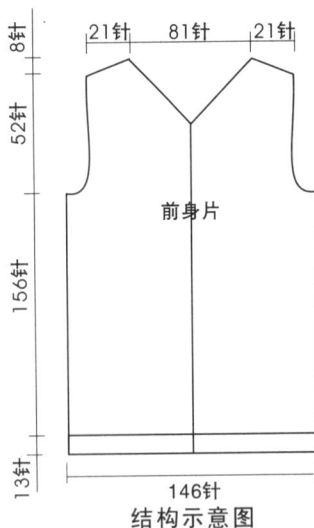

素雅扣衫

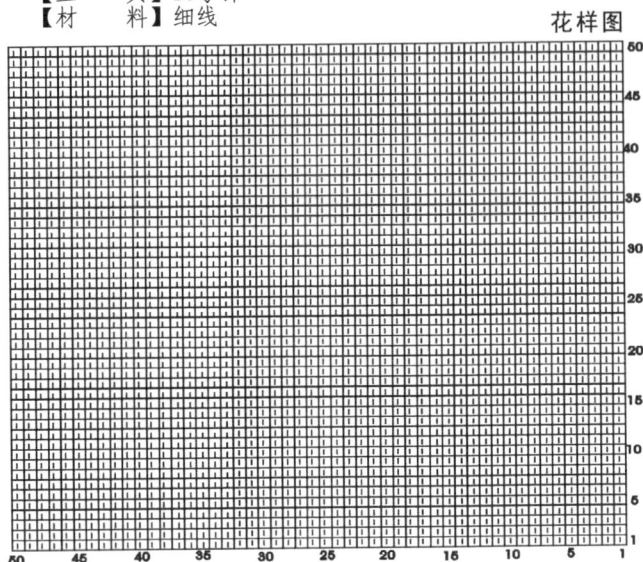

23

【成品规格】胸围120cm，背肩宽38cm，袖长53cm
【工　　具】10号针
【材　　料】细线

花样图

21针　　81针　　21针

8针
52针
156针
13针

前身片

146针

结构示意图

实物图

【成品规格】胸围120cm，背肩宽38cm，袖长53cm
【工　　具】9号针
【材　　料】中细线

花样图

大翻领开衫

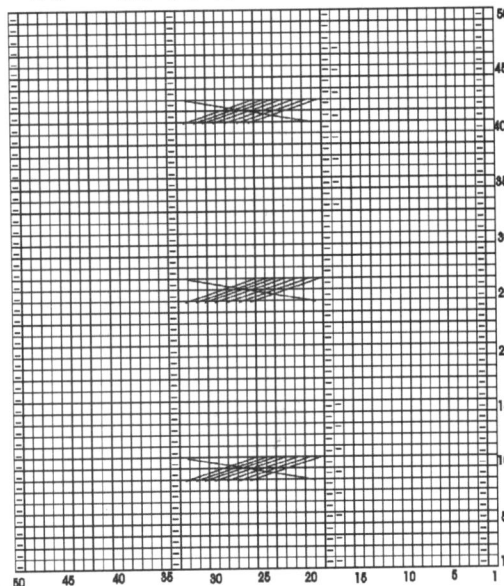
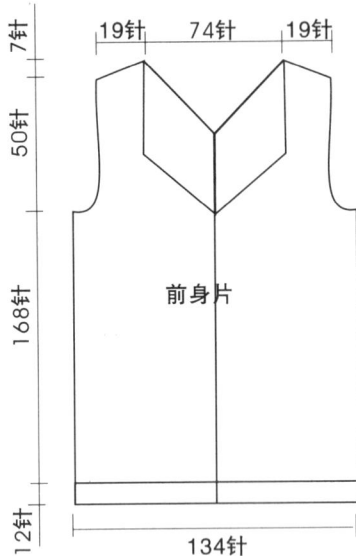

19针　　74针　　19针

7针
50针
168针
12针

前身片

134针

结构示意图

实物图

24

长开领开衫

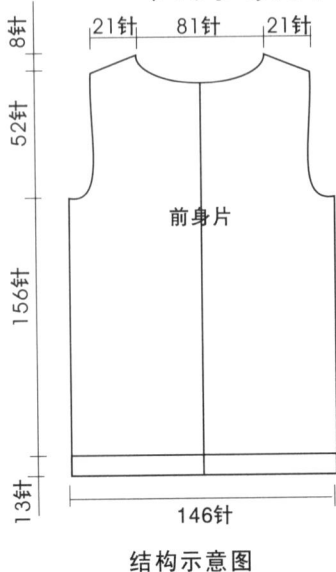

【成品规格】胸围120cm，背肩宽38cm，袖长38cm
【工　　具】10号针
【材　　料】细线

花样图

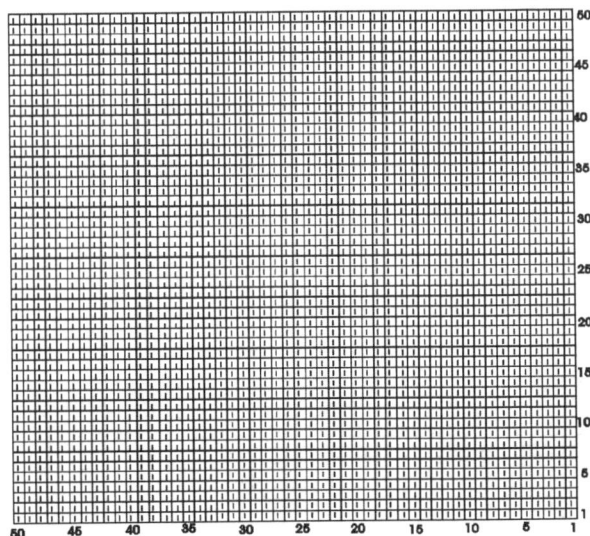

21针　　81针　　21针

8针
52针
156针
13针

前身片

146针

实物图

结构示意图

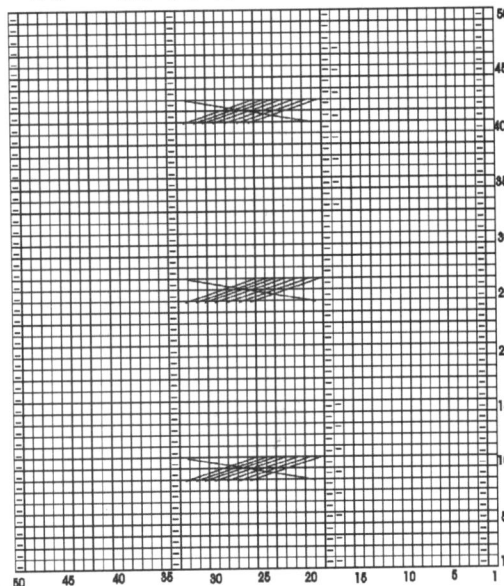

经典韩式毛衣外套1800

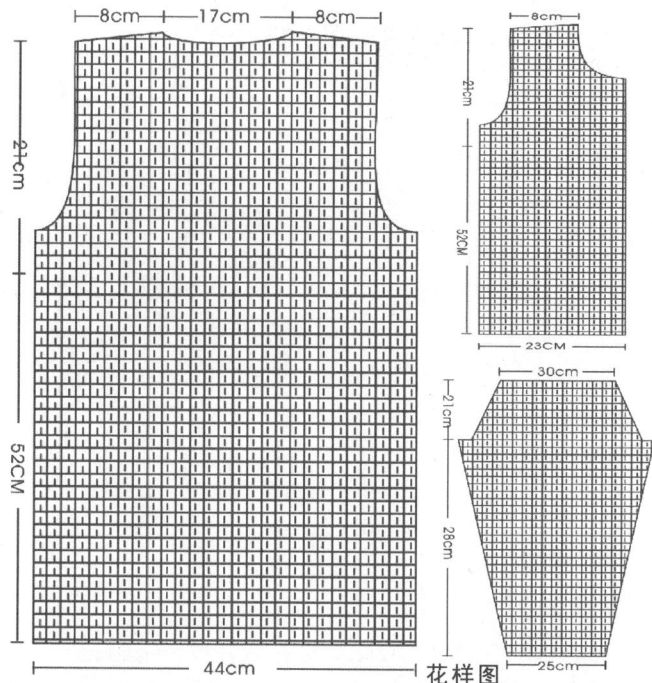

花样图

25

超薄性感外套

【成品规格】胸围120cm，背肩宽38cm，袖长38cm
【工　　具】10号针
【材　　料】细线

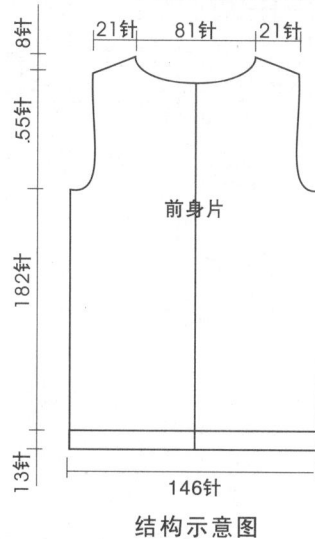

前身片

结构示意图

实物图

【成品规格】胸围120cm，背肩宽38cm，袖长53cm
【工　　具】10号针
【材　　料】细线

深V领无扣衫

花样图

26

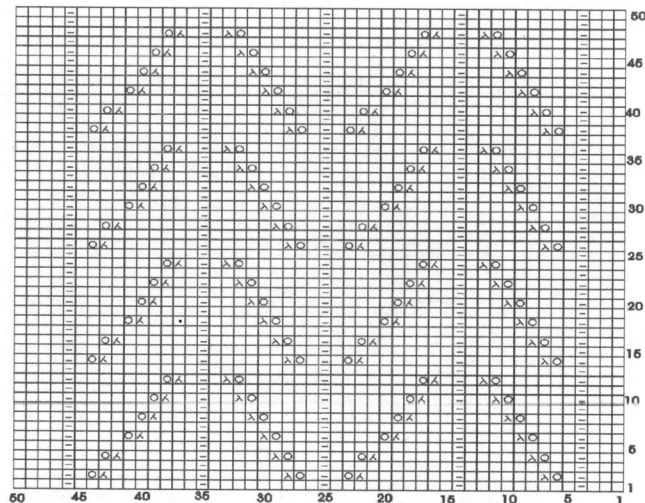

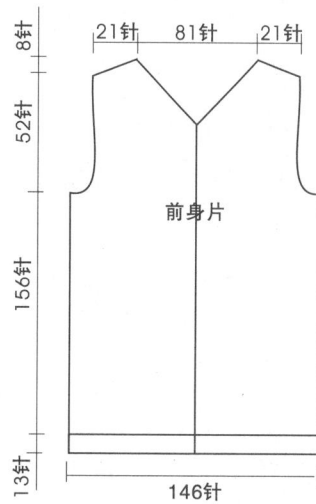

前身片

结构示意图

实物图

27

带帽翻领外套

【成品规格】胸围120cm，背肩宽38cm，袖长62cm
【工　　具】9号针
【材　　料】中粗线

花样图

实物图

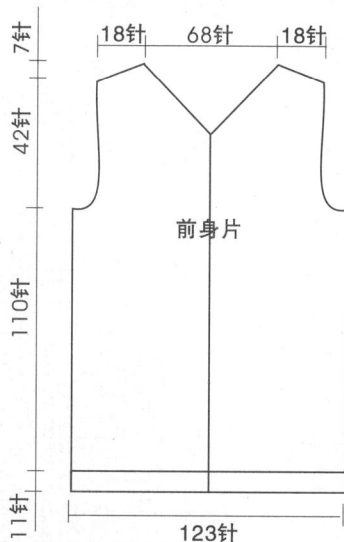

前身片

结构示意图

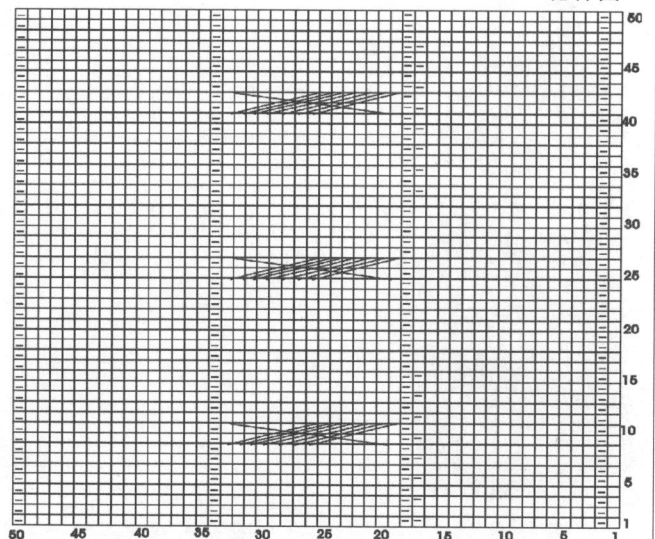

带帽翻领开衫

【成品规格】胸围120cm，背肩宽38cm，袖长53cm
【工　　具】10号针
【材　　料】中细线

花样图

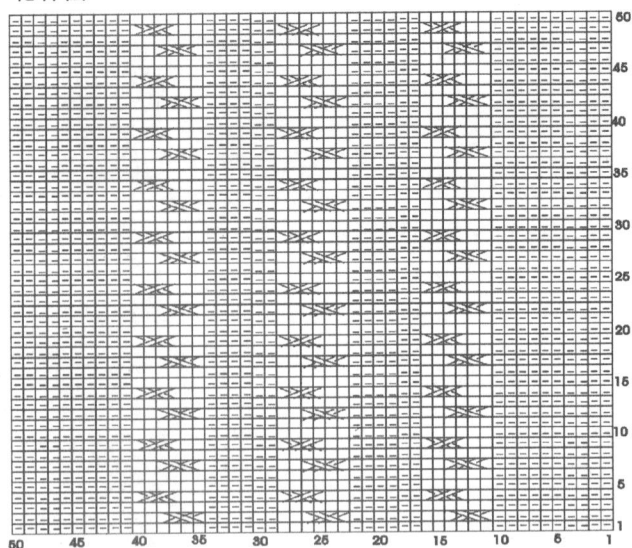

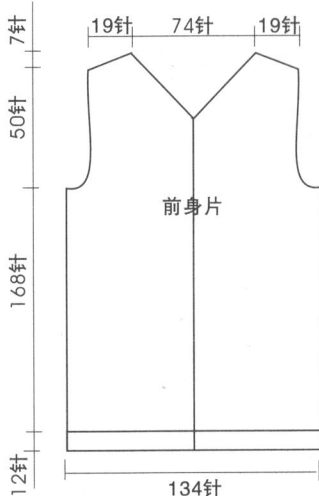

19针　74针　19针

前身片

134针

结构示意图

实物图

28

浪漫紫色带帽衫

29

实物图

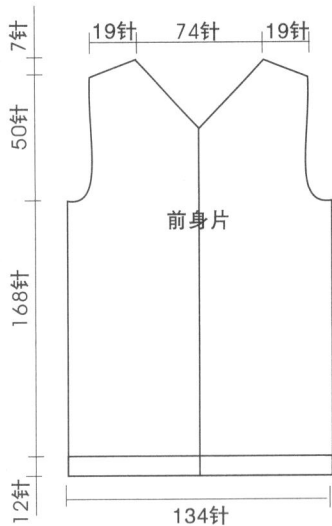

19针　74针　19针

前身片

134针

结构示意图

【成品规格】胸围120cm，背肩宽38cm，袖长53cm
【工　　具】9号针
【材　　料】中细线

花样图

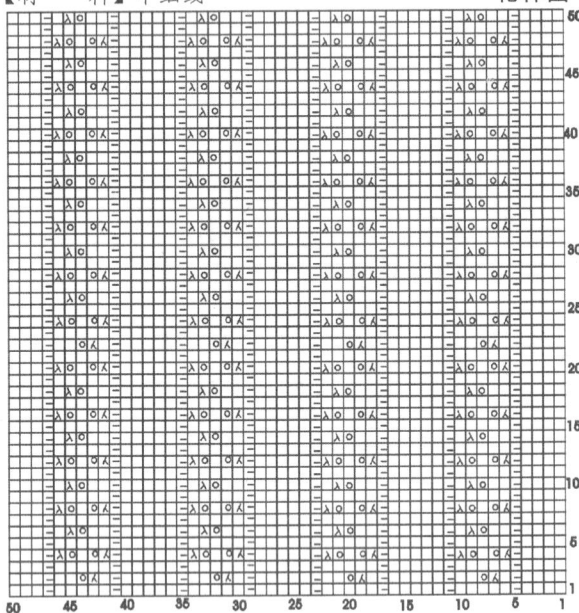

大披肩休闲外套

30

实物图

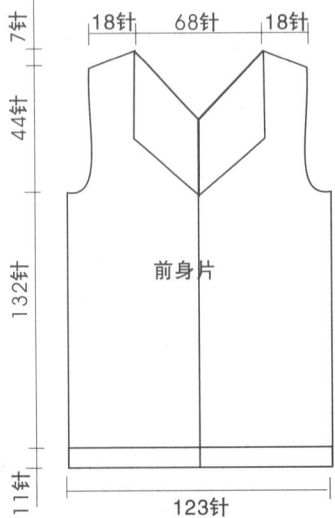

18针　68针　18针

前身片

123针

结构示意图

【成品规格】胸围120cm，背肩宽38cm，袖长28cm
【工　　具】8号针
【材　　料】中粗线

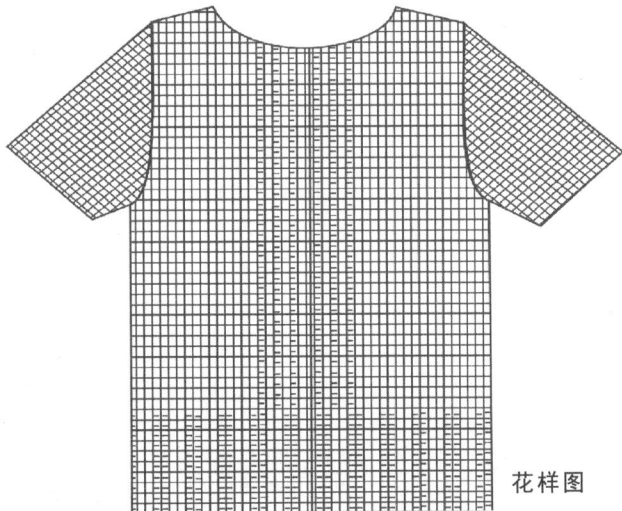

花样图

小高领开衫

【成品规格】胸围120cm，背肩宽38cm，袖长28cm
【工　　具】9号针
【材　　料】中粗线

31

实物图

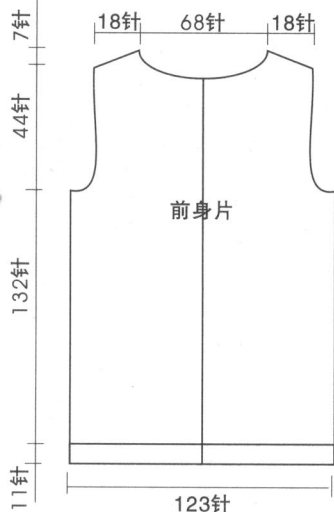

结构示意图

18针　68针　18针

7针

44针

132针

11针

前身片

123针

花样图

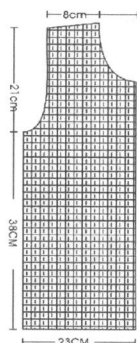

8cm

21针

3针

23CM

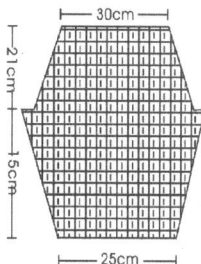

30cm

21cm

15cm

25cm

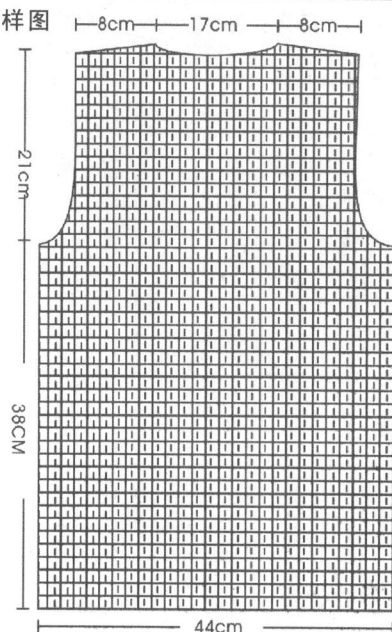

8cm　17cm　8cm

21cm

38CM

44cm

圆领双排扣开衫

【成品规格】胸围120cm，背肩宽38cm，袖长28cm
【工　　具】9号针
【材　　料】细线

32

花样图

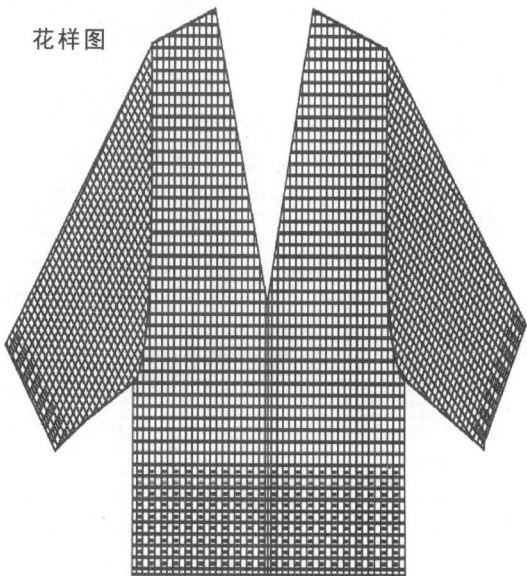

实物图

21针　81针　21针

8针

50针

130针

13针

前身片

146针

结构示意图

方形领口开衫

【成品规格】胸围120cm，背肩宽
38cm，袖长28cm
【工　　具】10号针
【材　　料】细线

33

17cm

花样图

21cm

27.5cm

44cm

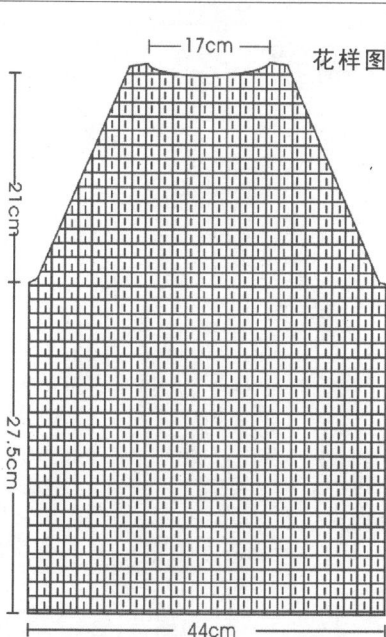

21cm

27.5cm

23cm

30cm

21cm

28cm

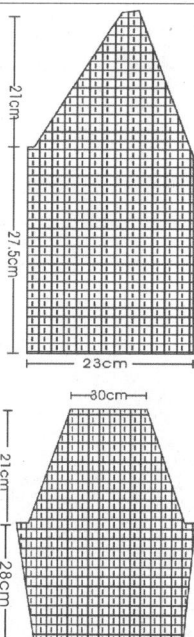

21针　81针　21针

8针

50针

130针

13针

前身片

146针

结构示意图

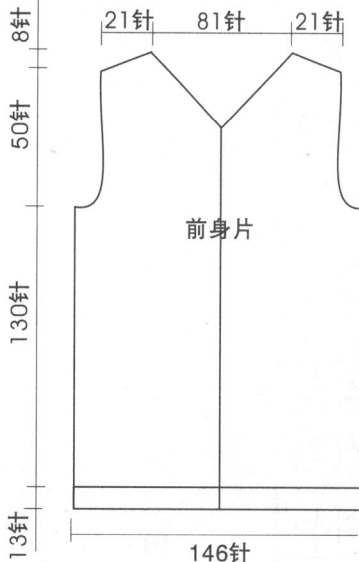

实物图

【成品规格】胸围120cm，背肩宽38cm，袖长53cm
【工　　具】8号针
【材　　料】中粗线

西装领开衫

花样A

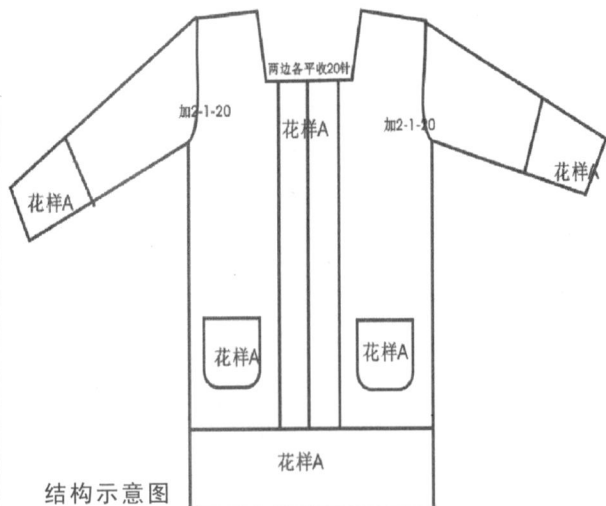

再边各平收20针

加2-1-20　　加2-1-20

花样A　花样A　花样A

花样A　花样A

花样A

结构示意图

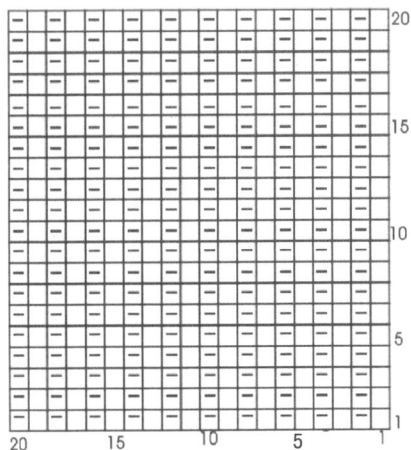

花样图

20　15　10　5

34

实物图

35

超大翻领长外套

实物图

【成品规格】胸围120cm，背肩宽38cm，袖长43cm
【工　　具】6号环针
【材　　料】中粗线

花样图

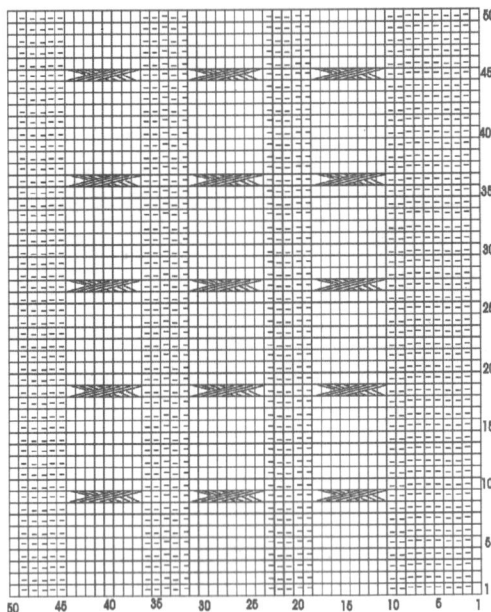

50　45　40　35　30　25　20　15　10　5　1

7针
44针
132针
11针

18针　68针　18针

前身片

123针

结构示意图

【成品规格】胸围120cm，背肩宽38cm，袖长53cm
【工　　具】10号针
【材　　料】细线

花样图

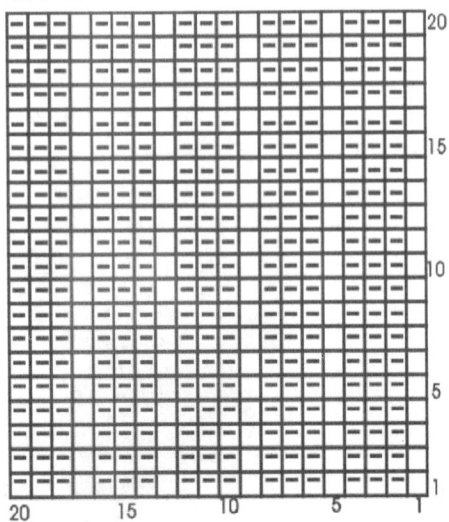

20　15　10　5

小翻领开衫

36

8针
55针
182针
13针

21针　81针　21针

前身片

146针

结构示意图

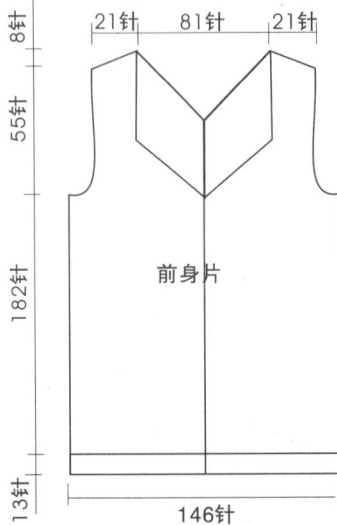

实物图

深V领开衫

37

实物图

【成品规格】胸围120cm，背肩宽38cm，袖长53cm
【工　　具】10号针
【材　　料】细线

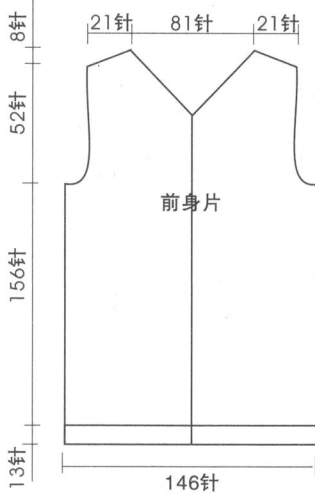

21针　81针　21针

8针

52针

156针

13针

前身片

146针

结构示意图

花样图

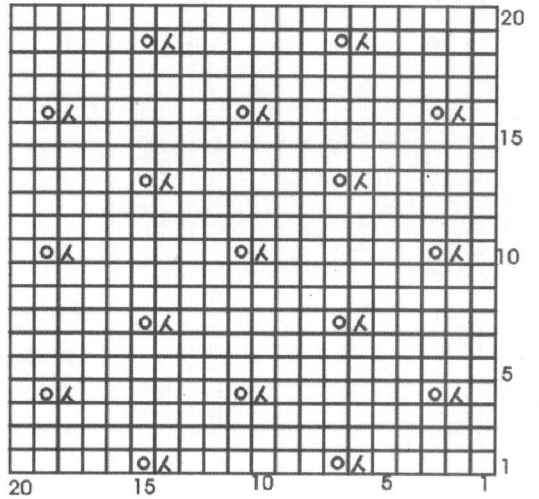

休闲优雅长外套

花样图

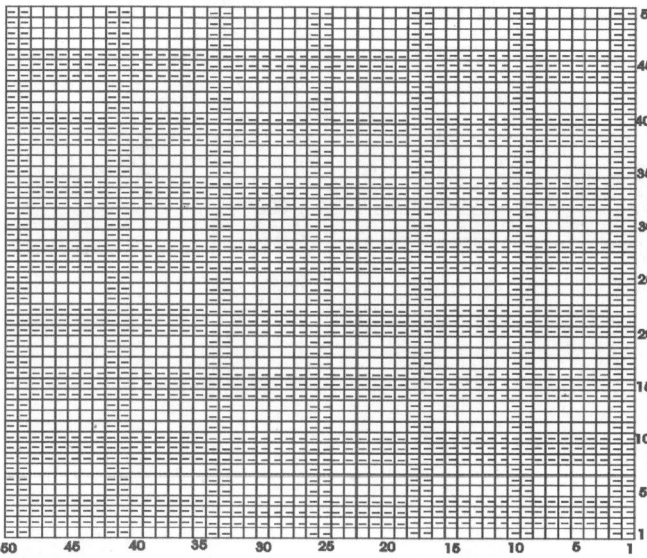

38

【成品规格】胸围120cm，背肩宽38cm，袖长62cm
【工　　具】6号针
【材　　料】中粗线

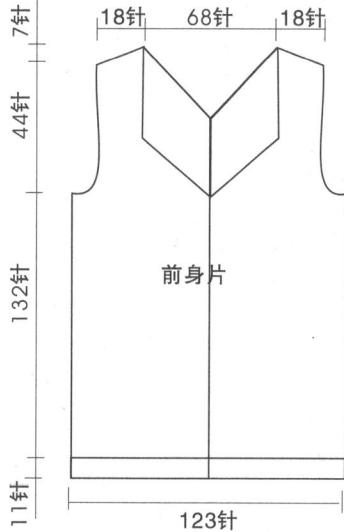

18针　68针　18针

7针

44针

132针

11针

前身片

123针

结构示意图

实物图

花样图

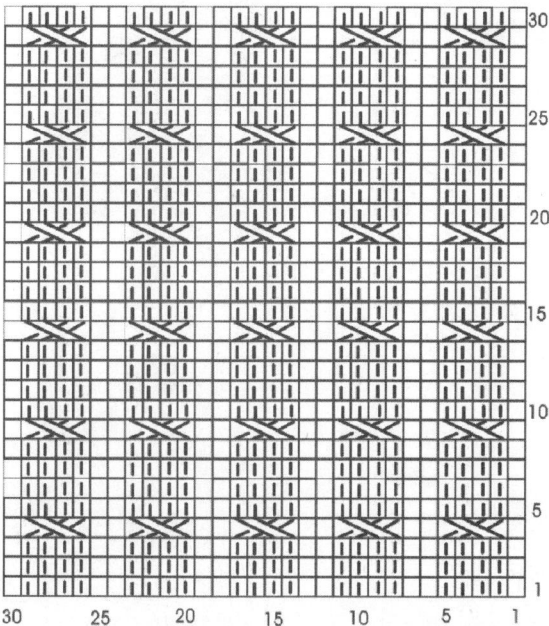

【成品规格】胸围120cm，背肩宽38cm，袖长28cm
【工　　具】10号针
【材　　料】细线

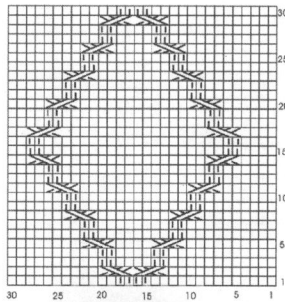

收腰开衫

39

实物图

21针　81针　21针

8针

52针

156针

13针

前身片

146针

结构示意图

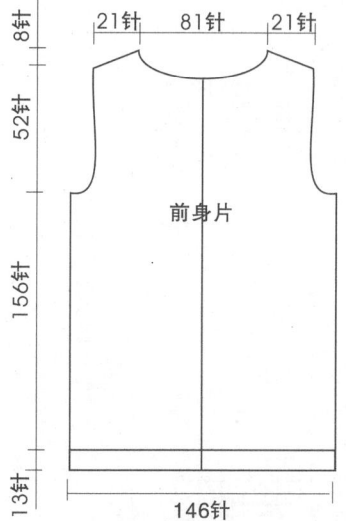

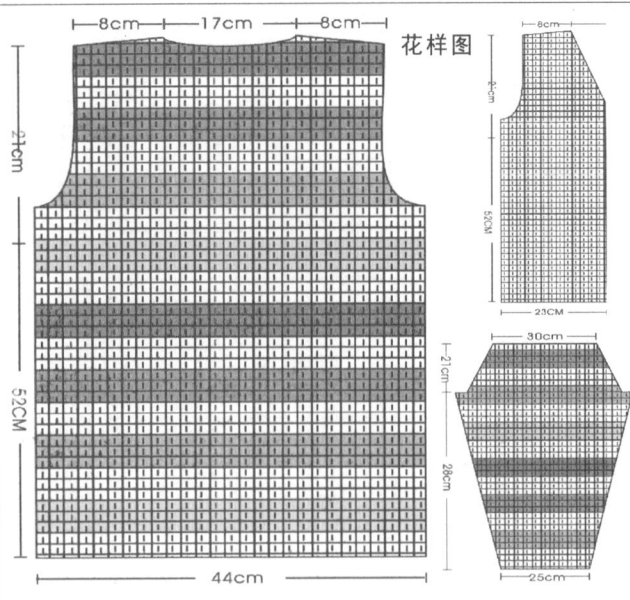

花样图

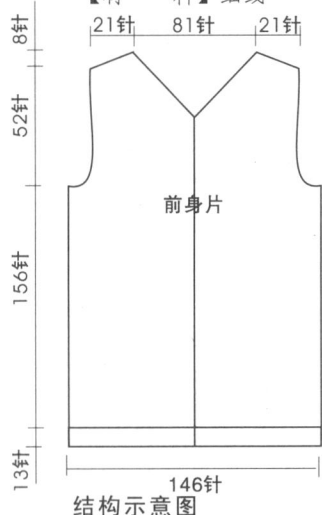

【成品规格】胸围120cm，背肩宽38cm，袖长53cm
【工　　具】10号针
【材　　料】细线

深V领条纹开衫

40

前身片

146针

结构示意图

实物图

41

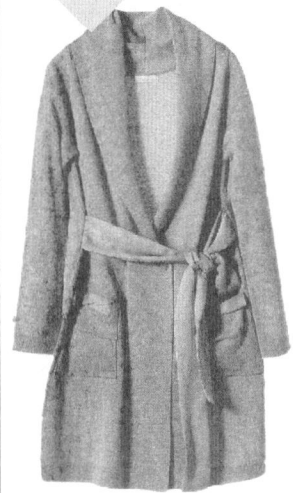

实物图

【成品规格】胸围120cm，背肩宽38cm，袖长53cm
【工　　具】10号针
【材　　料】细线

前身片

146针

结构示意图

深V领无扣衫

花样图

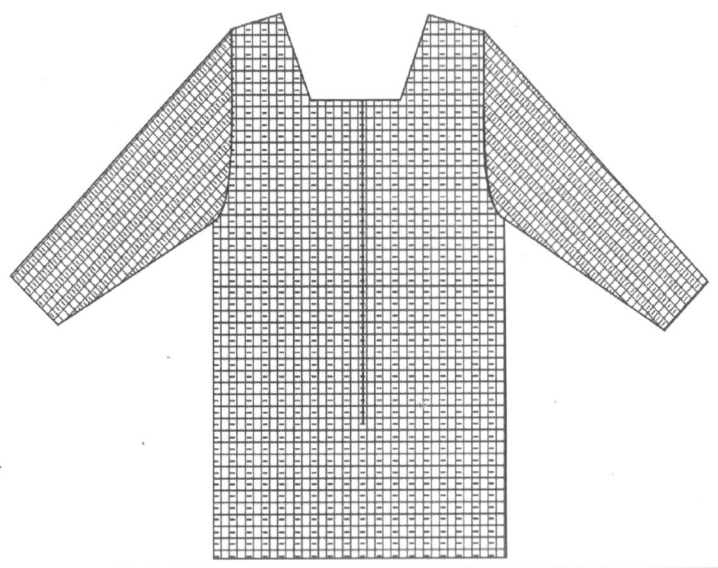

【成品规格】胸围120cm，背肩宽38cm，袖长53cm
【工　　具】6号针
【材　　料】中粗线

花样图

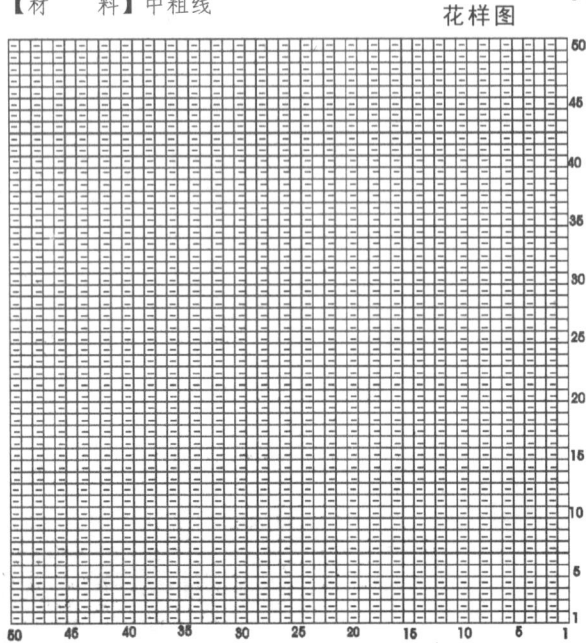

极富活力中长外套

42

前身片

123针

结构示意图

实物图

大翻领无扣衫

【成品规格】胸围120cm，背肩宽38cm，袖长28cm
【工　　具】9号针
【材　　料】中细线

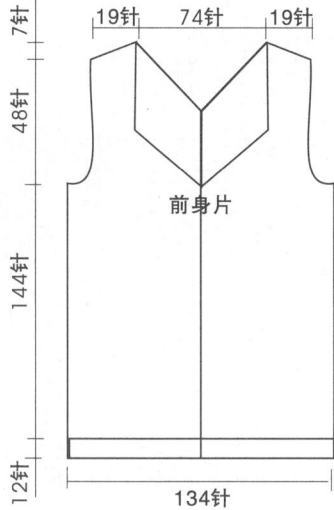

19针　　74针　　19针

7针

48针

前身片

144针

12针

134针

实物图

结构示意图

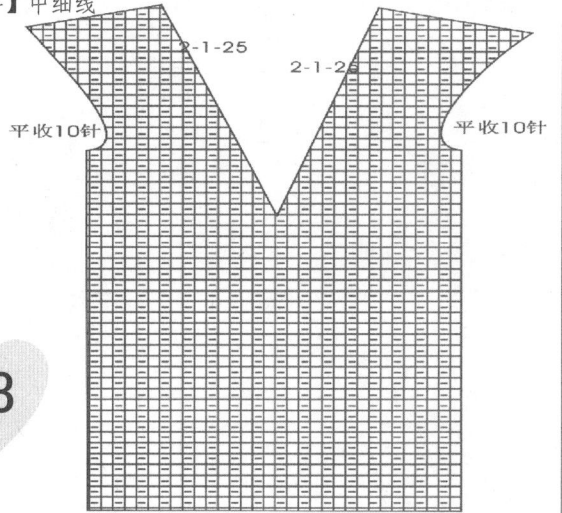

2-1-25　　　　　2-1-25

平收10针　　　　　　　　　平收10针

43

起针180针　　　　花样图

【成品规格】胸围120cm，背肩宽38cm，袖长38cm
【工　　具】钩针
【材　　料】细线

花样图

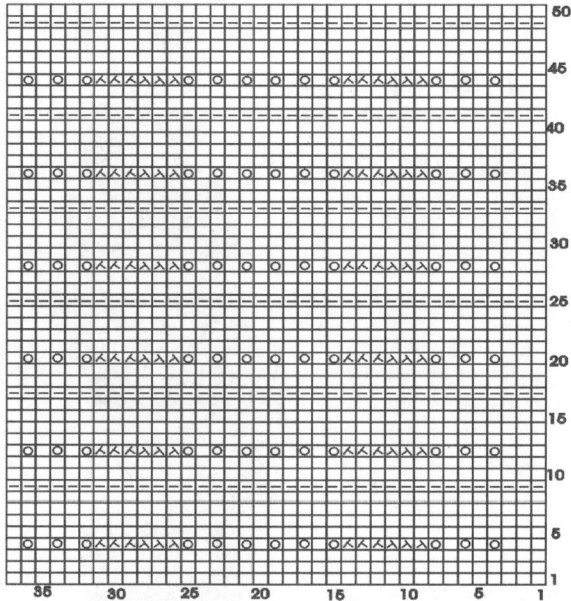

50
45
40
35
30
25
20
15
10
5
1

35　30　25　20　15　10　5

全镂空花无扣衫

44

21针　　81针　　21针

8针

52针

前身片

156针

13针

146针

结构示意图

实物图

45

荷叶边无扣衫

实物图

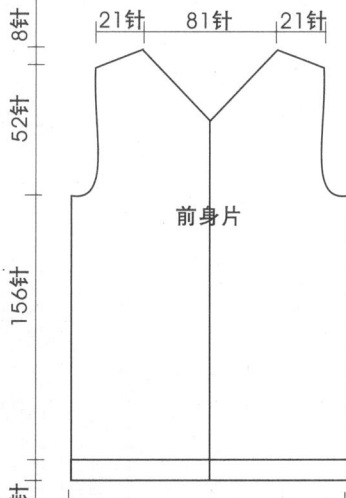

21针　　81针　　21针

8针

52针

前身片

156针

13针

146针　　结构示意图

【成品规格】胸围120cm，背肩宽38cm，袖长62cm
【工　　具】10号针
【材　　料】细线

花样图

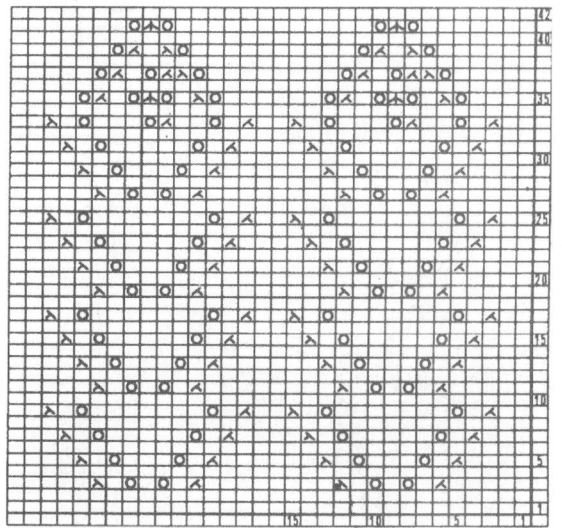

□=□

46

超迷人荷叶边中长外套

【成品规格】胸围120cm，背肩宽38cm，袖长53cm
【工　　具】10号针
【材　　料】中细线

花样图

19针　74针　19针

7针

48针

144针

前身片

12针

134针

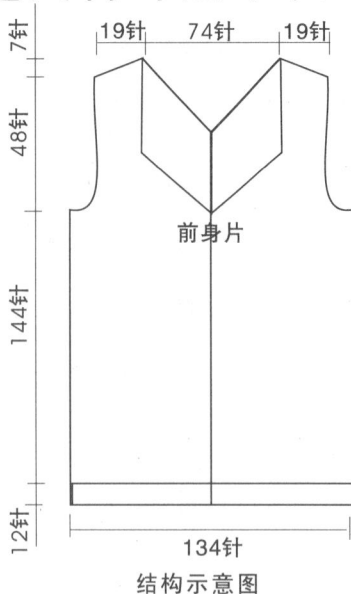
实物图

结构示意图

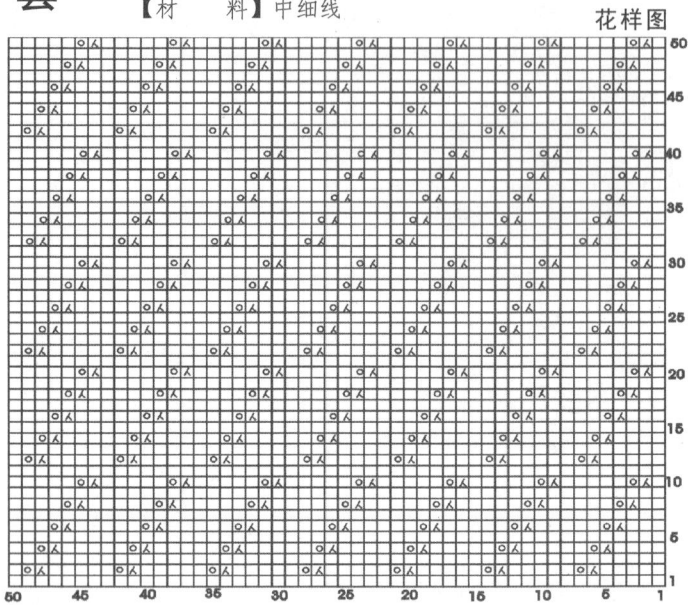

---

l5cm　23cm　l5cm l

领圈挑起
织双罗纹
至20CM

21cm

27.5cm

44cm

【成品规格】胸围120cm，背肩宽38cm，袖长53cm
【工　　具】10号针
【材　　料】细线

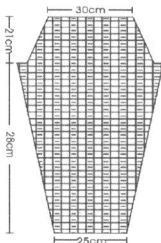

30cm

21针

28针

25cm

花样图

47

小圆领长衫

21针　81针　21针

8针

52针

前身片

156针

13针

146针

结构示意图

实物图

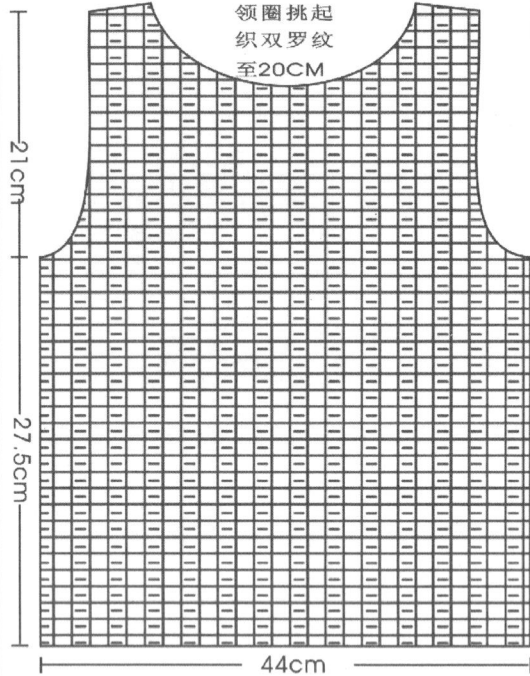

大开口领开衫

48

21针　81针　21针

8针

50针

前身片

130针

13针

146针

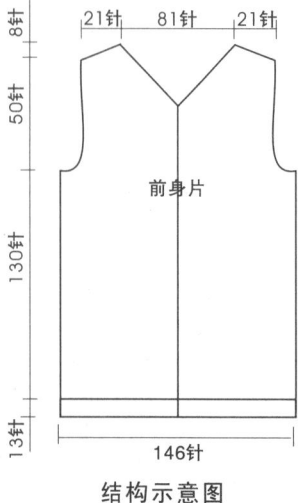
实物图

结构示意图

【成品规格】胸围120cm，背肩宽38cm
【工　　具】10号针
【材　　料】细线

花样图

2-1-5　2-1-5
平收10针

平收5针　平收5针

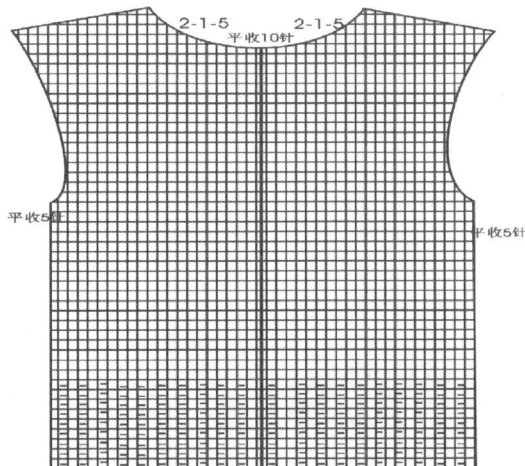

裙装式毛衫

【成品规格】胸围120cm，背肩宽38cm，袖长53cm
【工　　具】10号针
【材　　料】细线

49

实物图

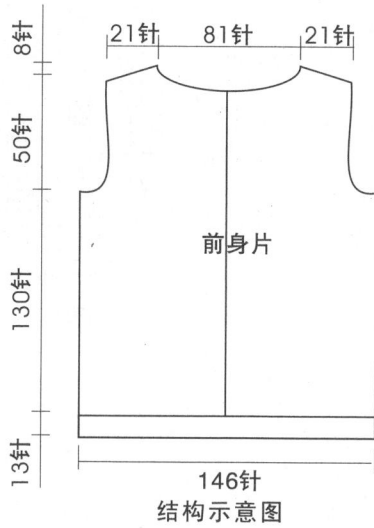

8针
50针
21针　81针　21针
130针
前身片
13针
146针
结构示意图

花样图

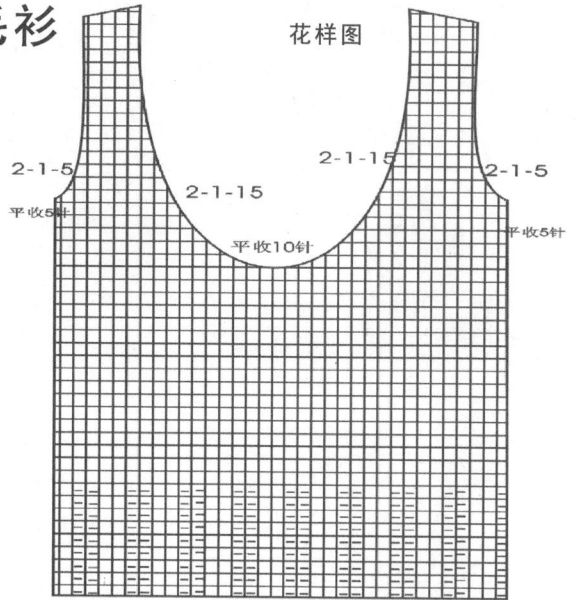

2-1-5
2-1-15
平收5针
2-1-15
平收10针
2-1-5
平收5针

花样A　　　　　　　　花样图

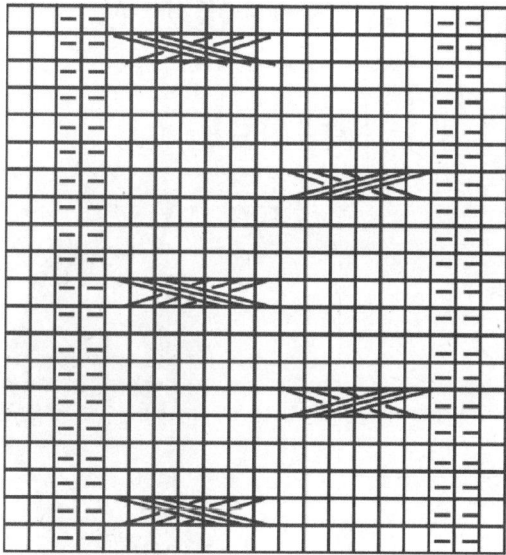

小圆翻领外套

【成品规格】胸围120cm，背肩宽38cm，袖长48cm
【工　　具】9号针
【材　　料】中细线

50

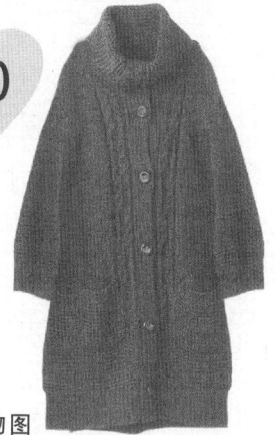

实物图

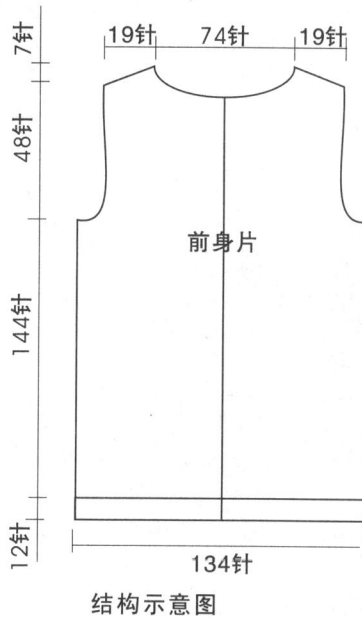

7针
19针　74针　19针
48针
前身片
144针
12针
134针
结构示意图

宫廷式开衫

【成品规格】胸围120cm，背肩宽38cm，袖长48cm
【工　　具】8号针
【材　　料】中粗线

51

实物图

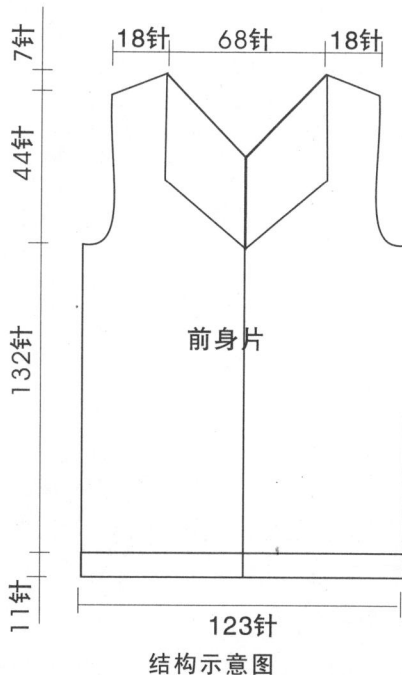

7针
18针　68针　18针
44针
132针
前身片
11针
123针
结构示意图

花样图

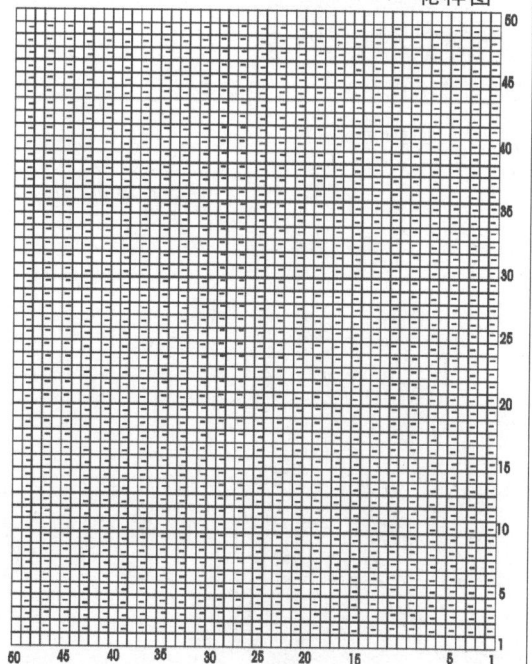

大开口领开衫

【成品规格】胸围120cm，背肩宽
　　　　　38cm，袖长38cm
【工　　具】8号针
【材　　料】中粗线

52

实物图

花样图

18针　　68针　　18针

7针

44针

132针

前身片

11针

123针

结构示意图

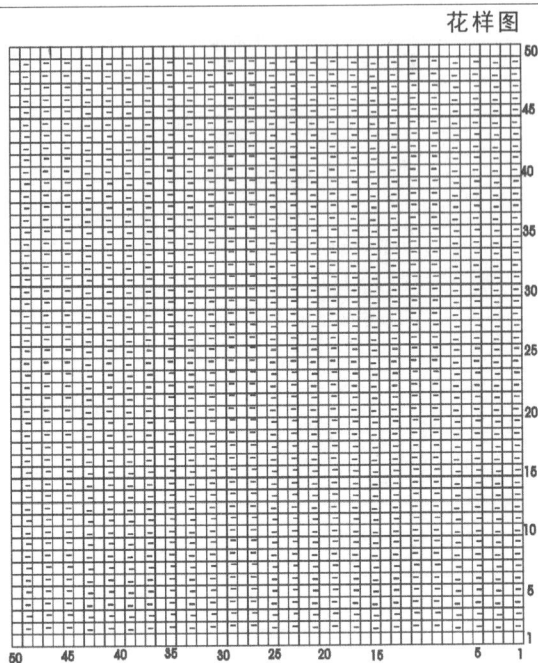

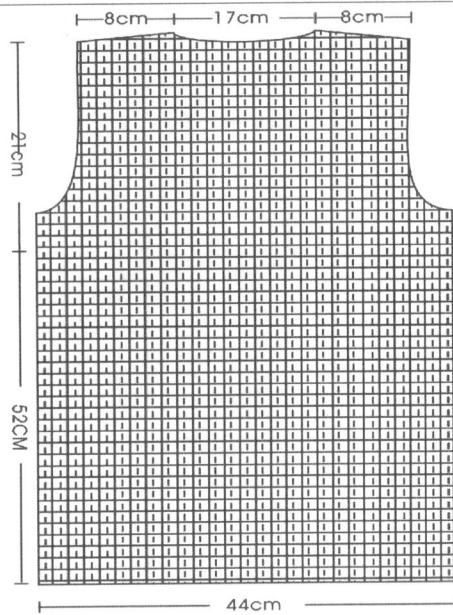

8cm　17cm　8cm

24cm

52CM

44cm

花样图

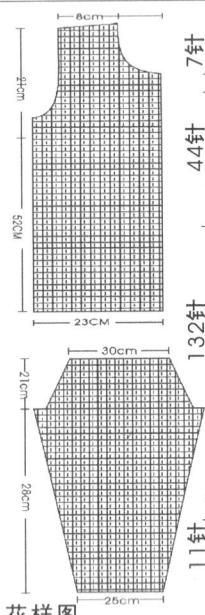

8cm

24cm

52cm

23CM

30cm

21cm

26cm

25cm

花样图

7针

44针

132针

11针

大翻领开衫

【成品规格】胸围120cm，背肩宽
　　　　　38cm，袖长62cm
【工　　具】8号针
【材　　料】中粗线

53

18针　　68针　　18针

前身片

123针

结构示意图

实物图

长翻领外套

【成品规格】胸围120cm，背肩宽
　　　　　8cm，袖长53cm
【工　　具】9号针
【材　　料】中细线

54

实物图

7针

48针

144针

12针

19针　　74针　　19针

前身片

134针

结构示意图

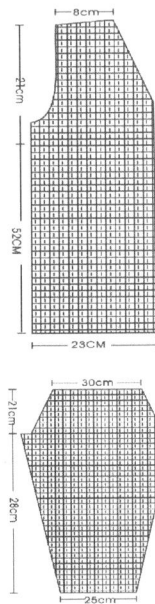

8cm

24cm

52CM

23CM

30cm

21cm

26cm

25cm

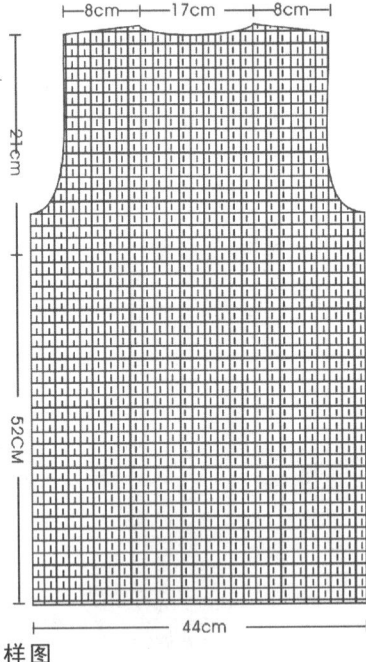

8cm　17cm　8cm

24cm

52CM

44cm

花样图

优雅别致外套

【成品规格】胸围120cm，背肩宽
　　　　　38cm，袖长48cm
【工　　具】10号针
【材　　料】细线

实物图

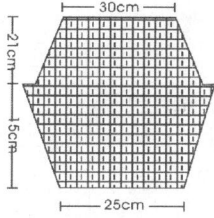

30cm

21cm

15cm

25cm

❤ 55

花样图

8cm — 17cm — 8cm

21针 — 81针 — 21针

8针

52针

前身片

156针

13针

146针

结构示意图

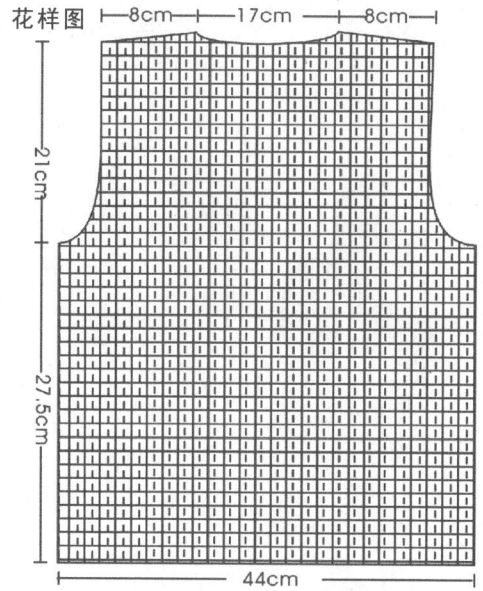

21cm

27.5cm

44cm

花样图

8cm — 17cm — 8cm

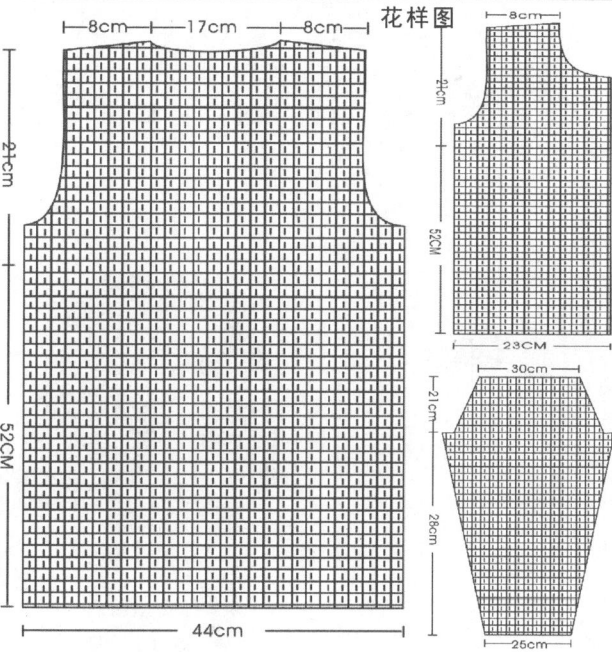

21cm

52CM

44cm

8cm

2cm

52CM

23CM

30cm

21cm

28cm

25cm

大翻领外套

【成品规格】胸围120cm，背肩宽
　　　　　38cm，袖长48cm
【工　　具】10号针
【材　　料】细线

❤ 56

21针 — 81针 — 21针

8针

52针

前身片

156针

13针

146针

结构示意图

实物图

小圆领外套

【成品规格】胸围120cm，背肩宽38cm，袖长48cm
【工　　具】9号针
【材　　料】中细线

❤ 57

7针

19针 — 74针 — 19针

48针

前身片

144针

12针

134针

结构示意图

实物图

花样图

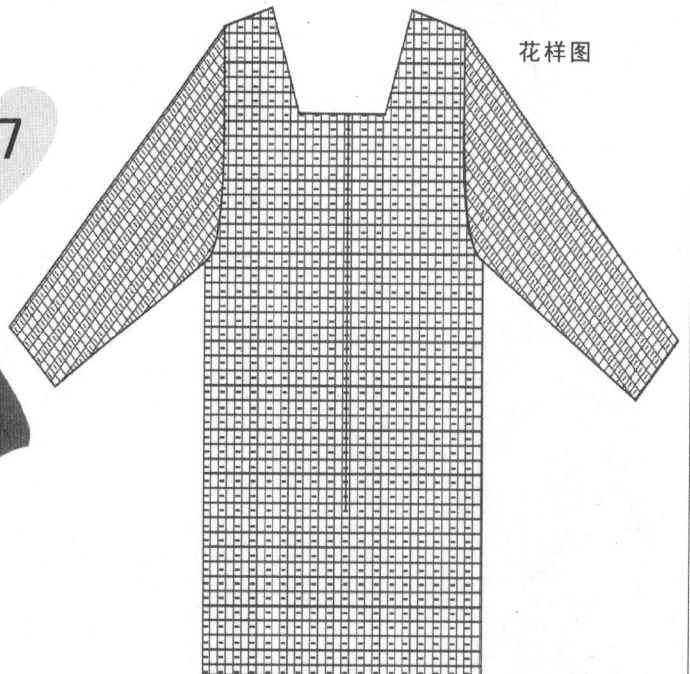

91

性感可人长外套

【成品规格】胸围120cm，背肩宽38cm，袖长53cm

【工　　具】6号针

【材　　料】粗线

58

实物图

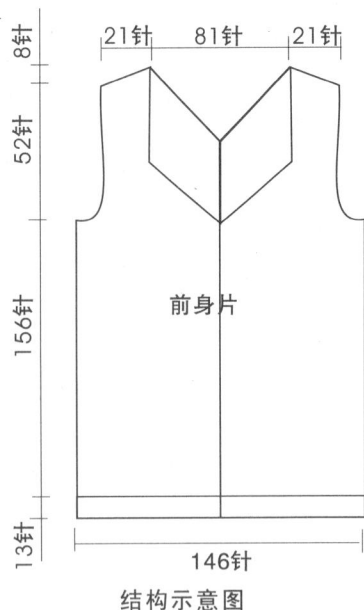

21针　81针　21针

8针

52针

156针

13针

前身片

146针

结构示意图

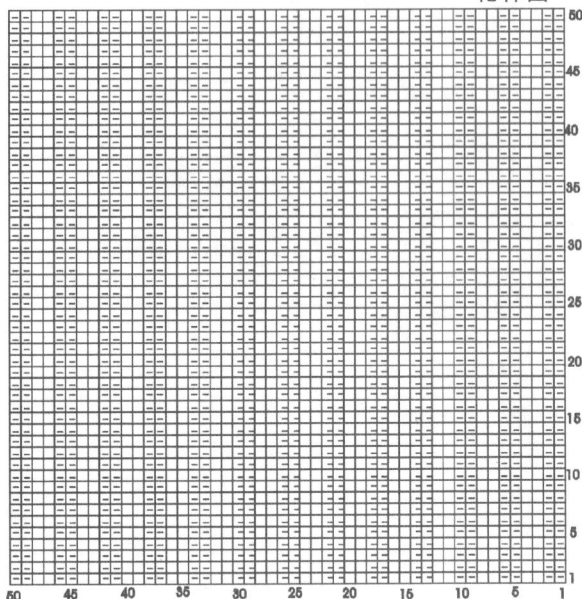

花样图

花样图

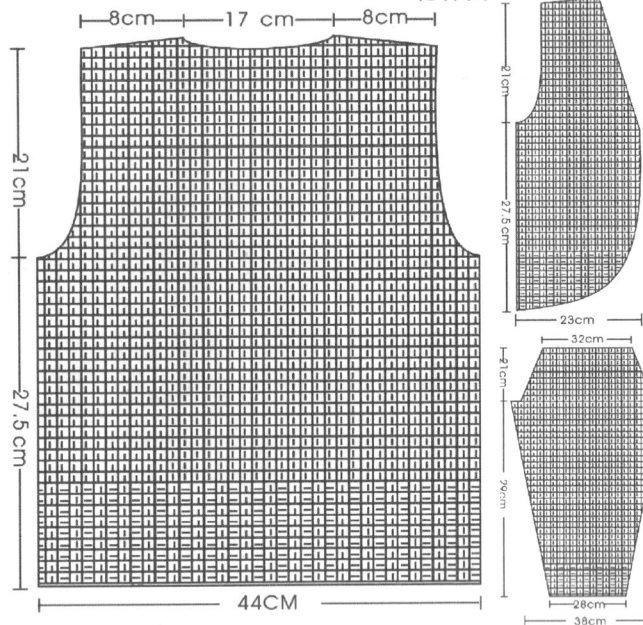

8cm　17 cm　8cm

21cm

27.5 cm

44CM

8cm　9cm

21cm

27.5cm

23cm

32cm

21cm

79cm

28cm

38cm

8针

55针

182针

13针

59

长翻领开衫

【成品规格】胸围120cm，背肩宽38cm，袖长53cm

【工　　具】9号针

【材　　料】细线

21针　81针　21针

前身片

146针

结构示意图

实物图

荷叶领无扣衫

【成品规格】胸围120cm，背肩宽38cm，袖长53cm

【工　　具】6号针

【材　　料】细线

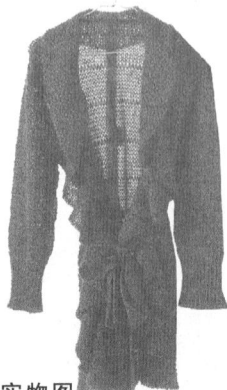

60

实物图

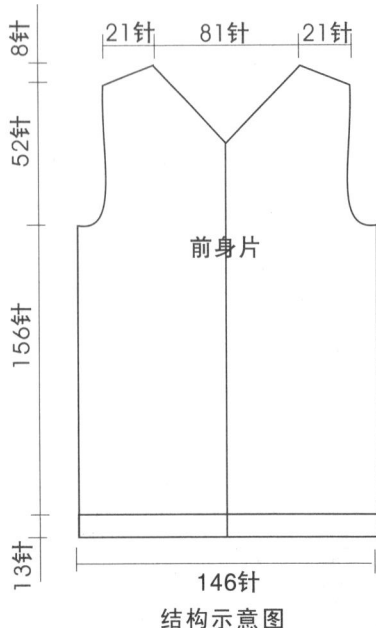

21针　81针　21针

8针

52针

156针

13针

前身片

146针

结构示意图

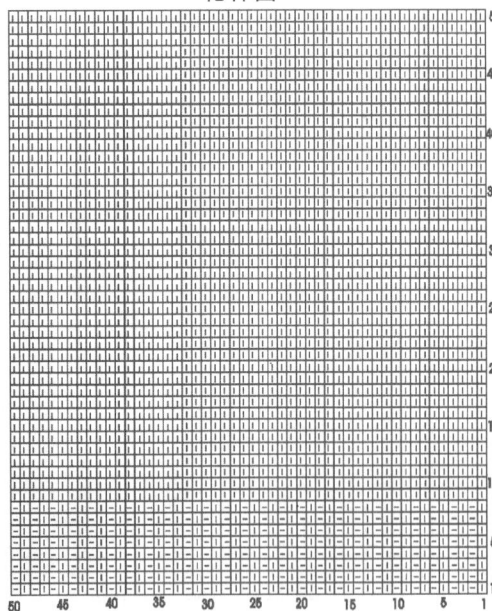

花样图

经典韩式毛衣外套1800

长翻领外套

【成品规格】胸围120cm，背肩宽38cm，袖长28cm
【工　　具】6号针
【材　　料】中粗线

实物图

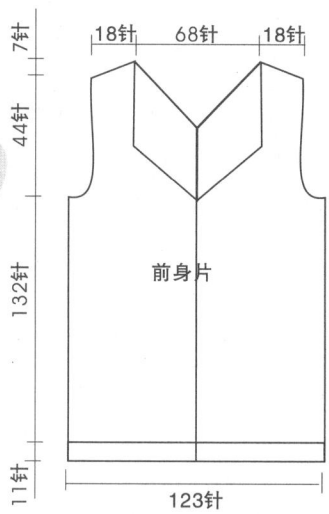

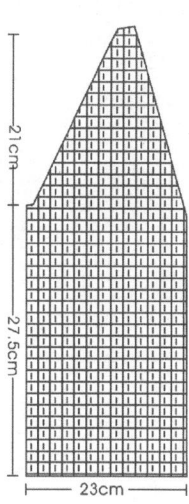

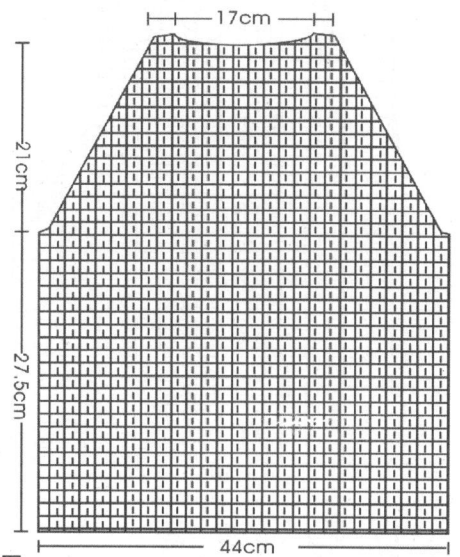

61

18针　68针　18针

7针

44针

132针

11针

前身片

结构示意图

123针

21cm

27.5cm

23cm

花样图

17cm

21cm

27.5cm

44cm

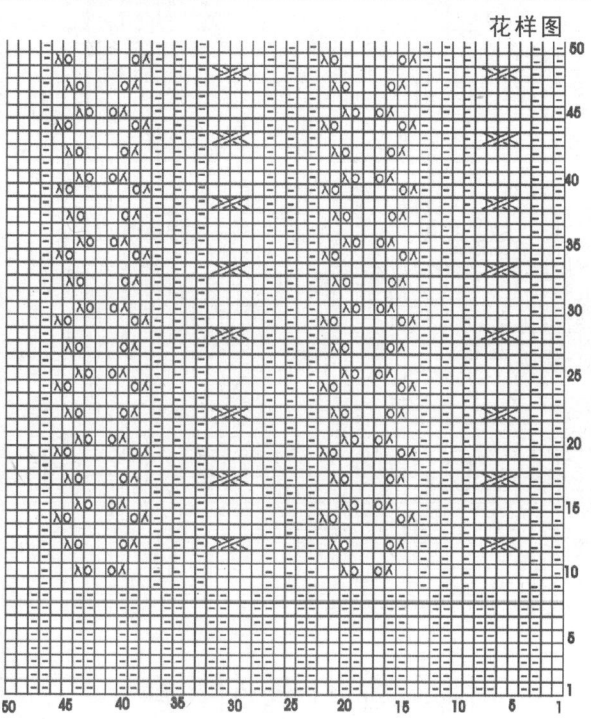

花样图

50　45　40　35　30　25　20　15　10　5　1

60 45 40 35 30 25 20 15 10 5 1

长款休闲自然装

【成品规格】胸围120cm，背肩宽38cm
【工　　具】9号针
【材　　料】中粗线

62

实物图

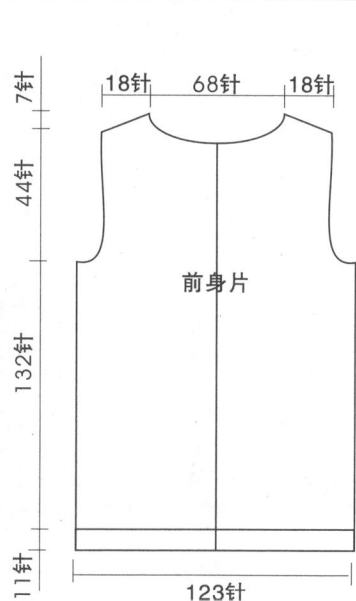

18针　68针　18针

7针

44针

132针

11针

前身片

结构示意图

123针

优雅无扣衫

【成品规格】胸围120cm，背肩宽38cm，袖长48cm
【工　　具】9号针
【材　　料】细线

63

实物图

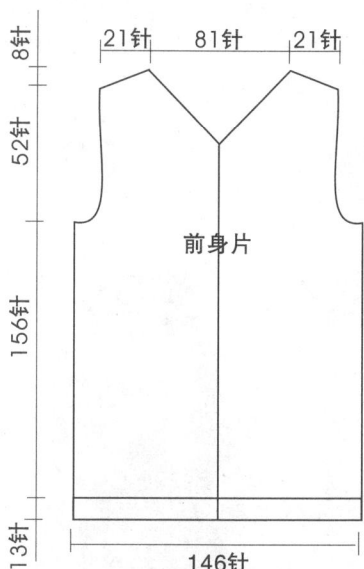

21针　81针　21针

8针

52针

156针

13针

前身片

结构示意图

146针

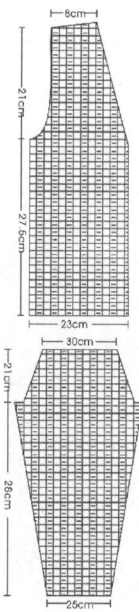

8cm

21cm

27.5cm

23cm

30cm

21cm

26cm

25cm

花样图

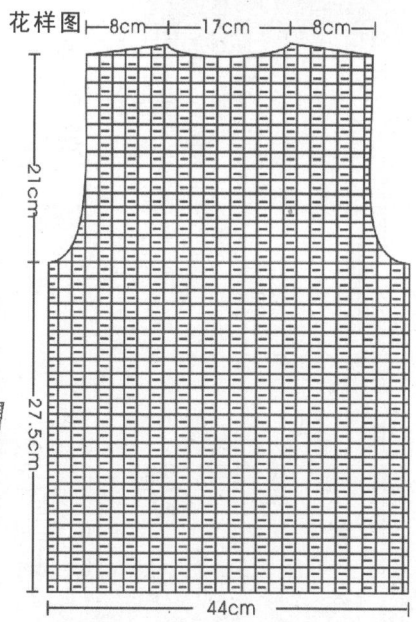

8cm　17cm　8cm

21cm

27.5cm

44cm

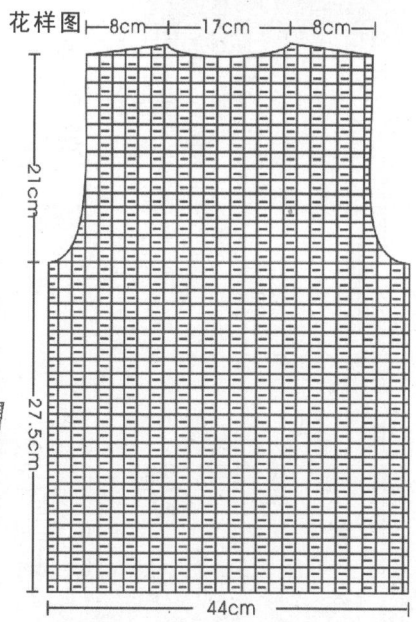

经典韩式毛衣外套1800

93

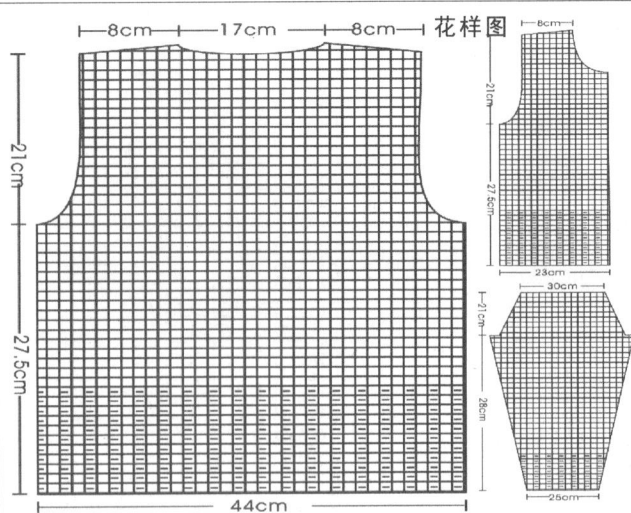

花样图

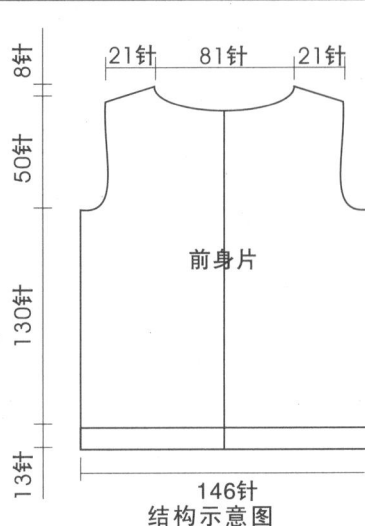

小圆领开衫

【成品规格】胸围120cm，背肩宽38cm，袖长53cm
【工　　具】10号针
【材　　料】细线

21针　81针　21针

前身片

146针
结构示意图

64
实物图

小圆翻领外套

【成品规格】胸围120cm，背肩宽38cm，袖长48cm
【工　　具】9号针
【材　　料】细线

实物图

65

21针　81针　21针

前身片

146针

结构示意图

花样图

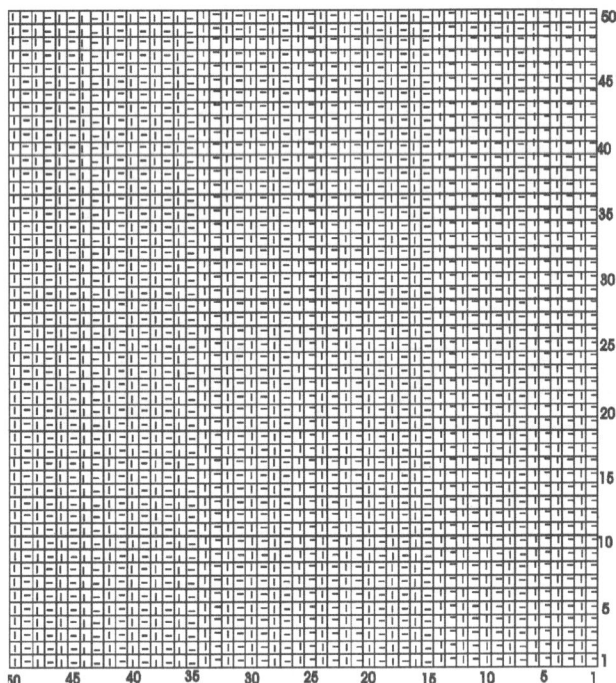

花样图

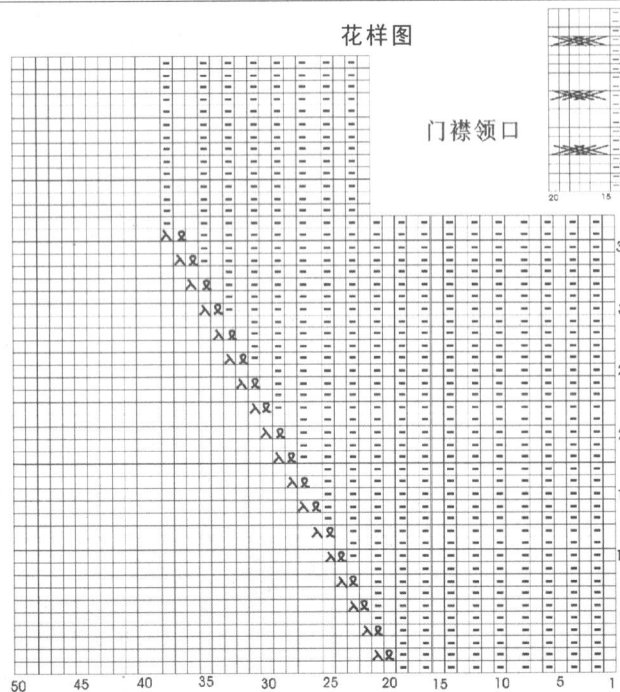

门襟领口

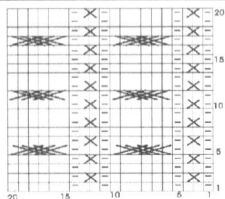

青春活力长外套

【成品规格】胸围120cm，背肩宽38cm，袖长53cm
【工　　具】6号针
【材　　料】中粗线

66
实物图

18针　68针　18针

前身片

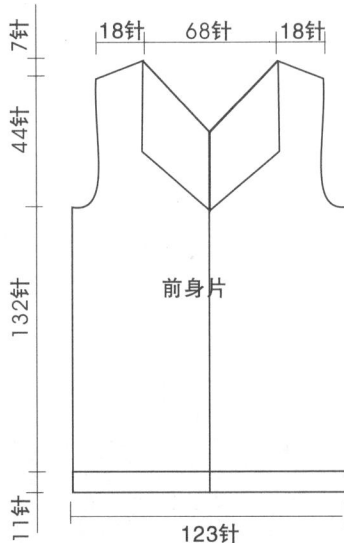

123针
结构示意图

V领开衫

【成品规格】 胸围120cm，背肩宽38cm，袖长53cm
【工　　具】 10号针
【材　　料】 细线

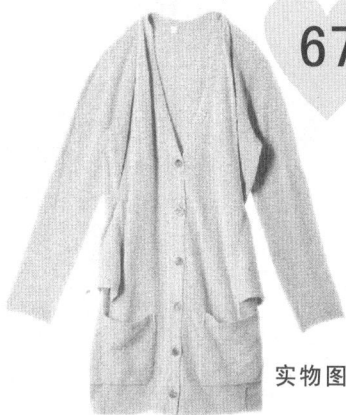

67

实物图

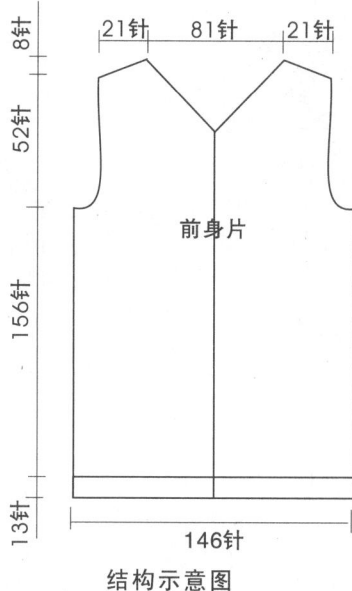

21针　　81针　　21针

前身片

8针

52针

156针

13针

146针

结构示意图

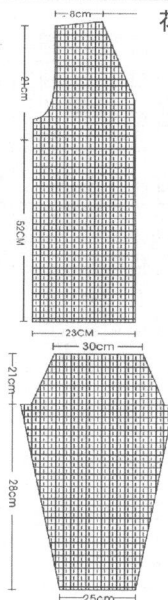

花样图

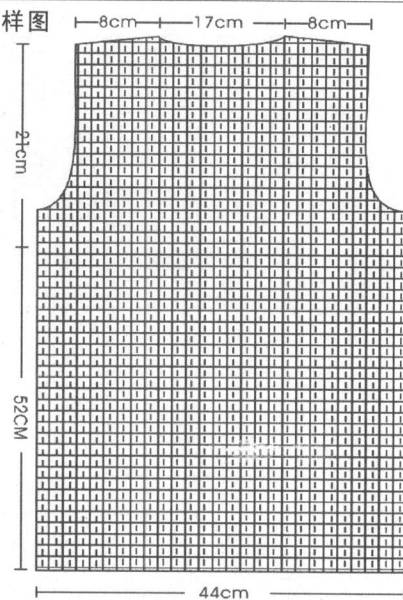

8cm　17cm　8cm

21cm

52cm

44cm

结构示意图

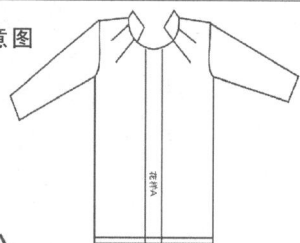

独特挖领开衫

【成品规格】 胸围120cm，背肩宽38cm，袖长48cm
【工　　具】 9号针
【材　　料】 细线

68

实物图

花样A

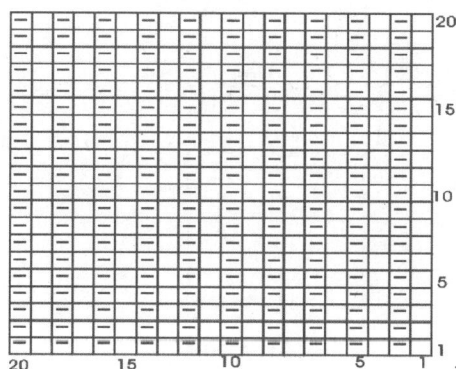

20　　15　　10　　5　　1

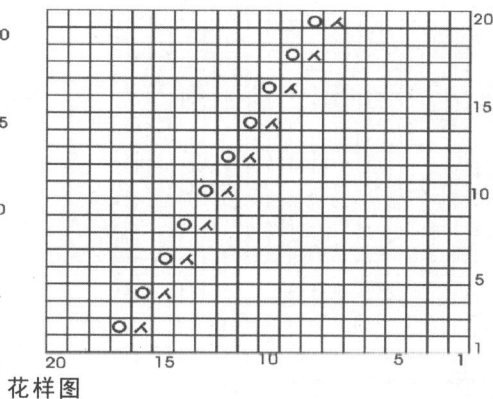

花样图

亮色领开衫

【成品规格】 胸围120cm，背肩宽38cm，袖长53cm
【工　　具】 9号针
【材　　料】 中细线

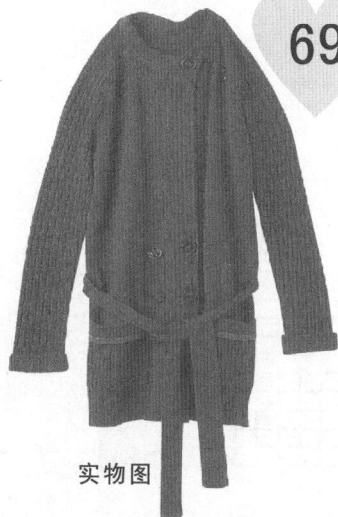

69

实物图

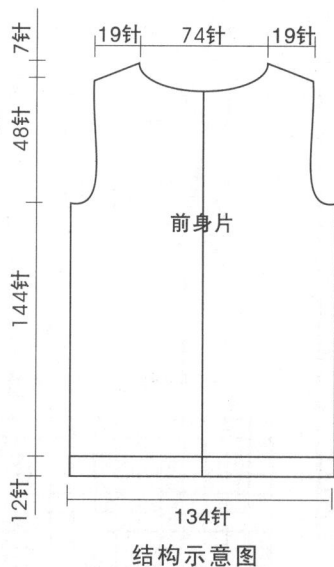

19针　　74针　　19针

前身片

7针

48针

144针

12针

134针

结构示意图

花样图

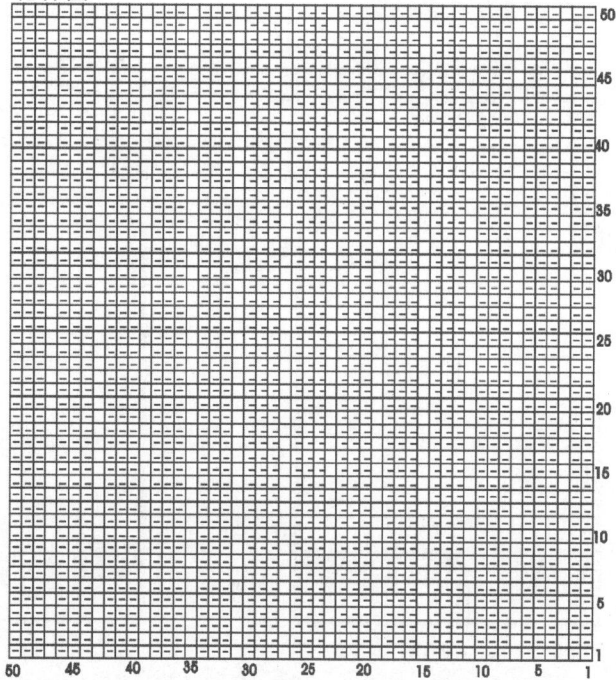

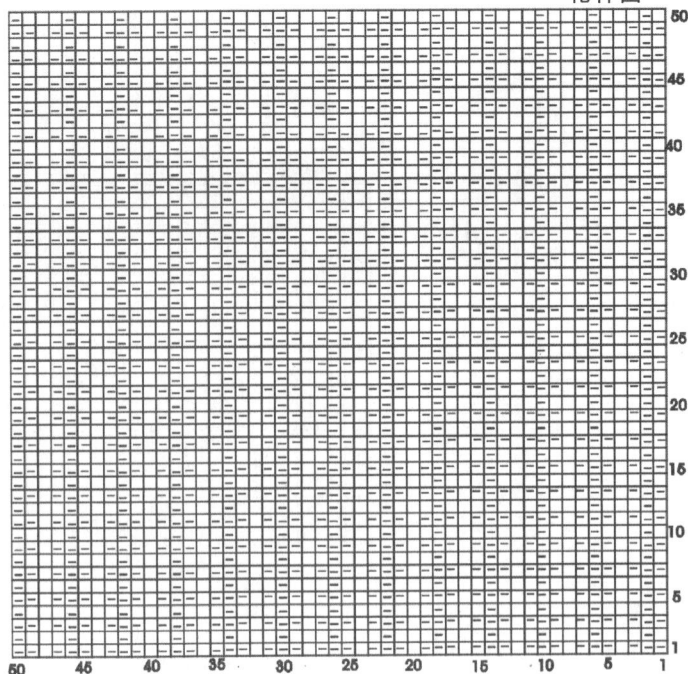

花样图

【成品规格】胸围120cm，背肩宽38cm，袖长62cm
【工　　具】9号针
【材　　料】细线

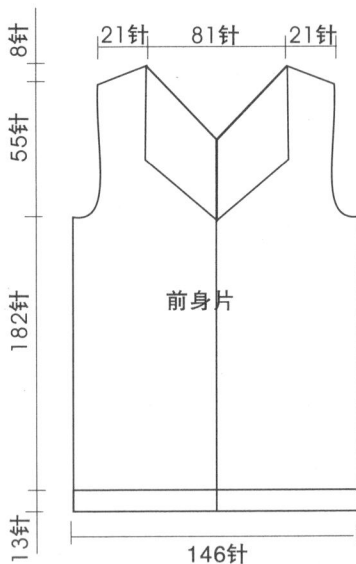

21针　81针　21针

前身片

146针

结构示意图

70

实物图

71

花样图

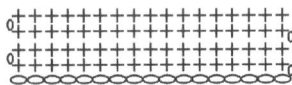

成熟开衫

【成品规格】胸围120cm，背肩宽38cm，袖长53cm
【工　　具】钩针
【材　　料】细线

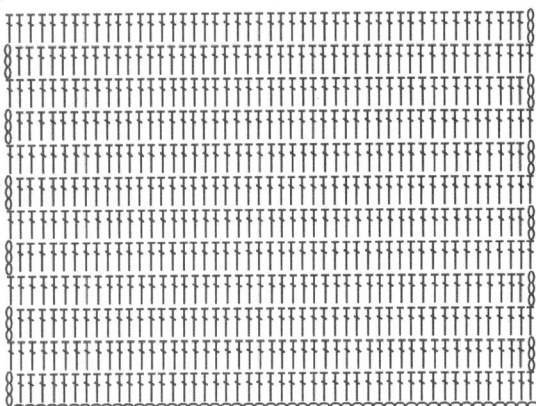

实物图

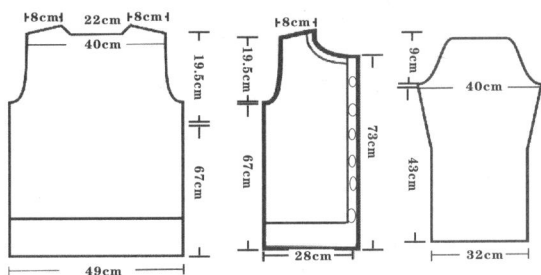

8cm　22cm　8cm
40cm
19.5cm
67cm
49cm

8cm
19.5cm
67cm
28cm
73cm

9cm
40cm
43cm
32cm

结构示意图

小翻领外套

【成品规格】胸围120cm，背肩宽8cm，袖长53cm
【工　　具】9号针
【材　　料】细线

8cm　22cm　8cm
40cm
19.5cm

平针编织

67cm

49CM

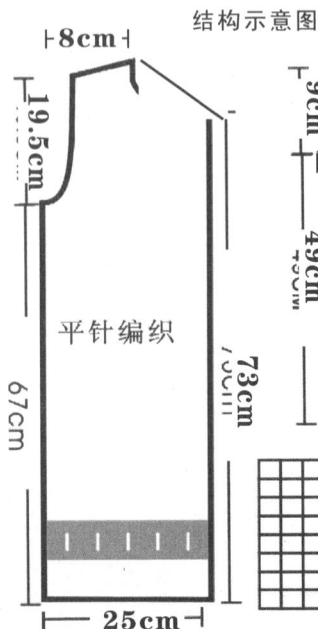

8cm
19.5cm

平针编织

67cm

73cm

25cm

结构示意图

9cm
40cm
49cm

平针编织

32CM

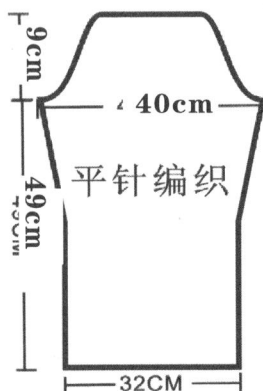

72

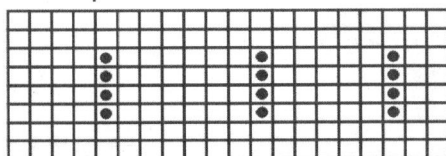

花样图

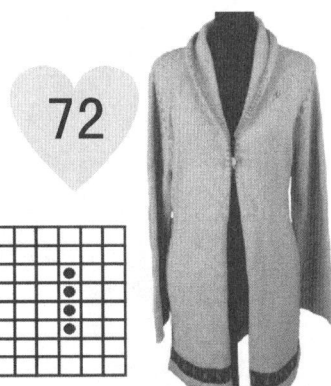

实物图

镂空花领开衫

【成品规格】胸围120cm，背肩宽
38cm，袖长53cm
【工　　具】10号针
【材　　料】细线

花样图

实物图

8cm　22cm　8cm H
40cm

平针编织

19.5cm
67cm

49cm

结构示意图

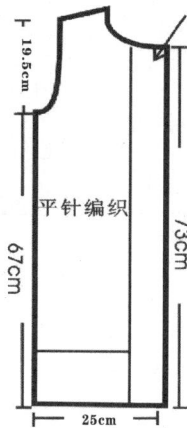

19.5cm
67cm
73cm

25cm

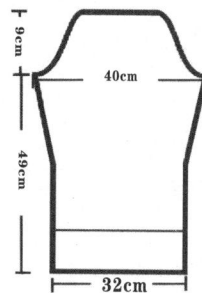

9cm
40cm
49cm

32cm

73

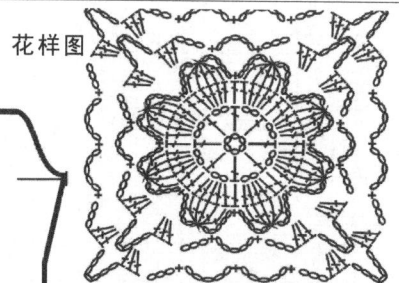

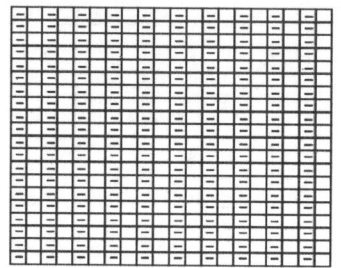

花样图

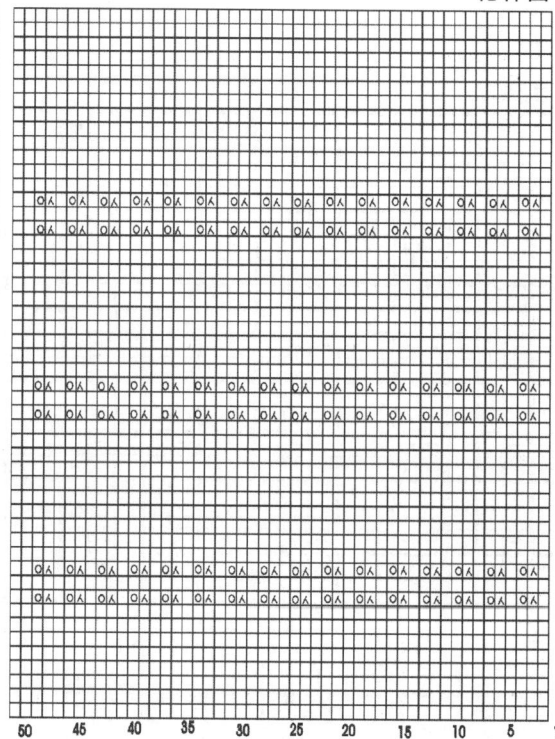

50
45
40
35
30
25
20
15
10
5
1

50 45 40 35 30 25 20 15 10 5 1

镂空花文雅带帽装

【成品规格】胸围120cm，背肩宽
38cm，袖长53cm
【工　　具】9号针
【材　　料】中粗线

74

18针　68针　18针

7针
46针
54针
11针

前身片

123针

结构示意图

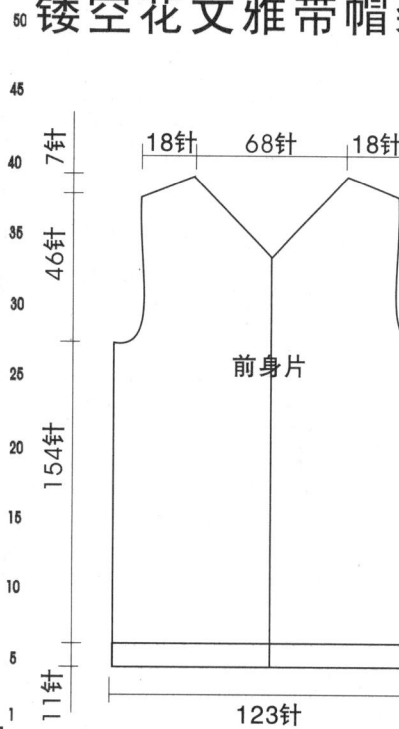

实物图

富贵翻领外套

75

【成品规格】胸围120cm，背肩宽38cm，袖长53cm
【工　　具】7号针
【材　　料】中粗线

花样A

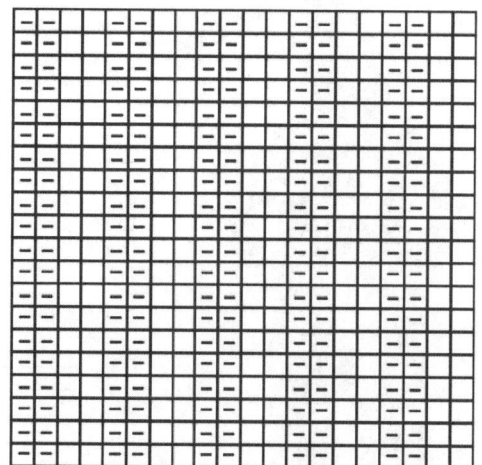

实物图

8cm　22cm　8cm H
40cm

平针编织

19.5cm
67cm

花样A

49cm

花样A

19.5cm
67cm
73cm

平针编织

花样A

25cm

结构示意图

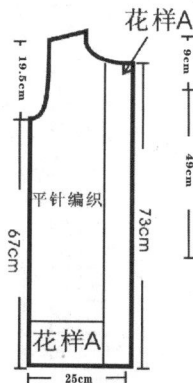

花样A

9cm
40cm
49cm

平针编织

花样A

32cm
8CM H

花样图

97

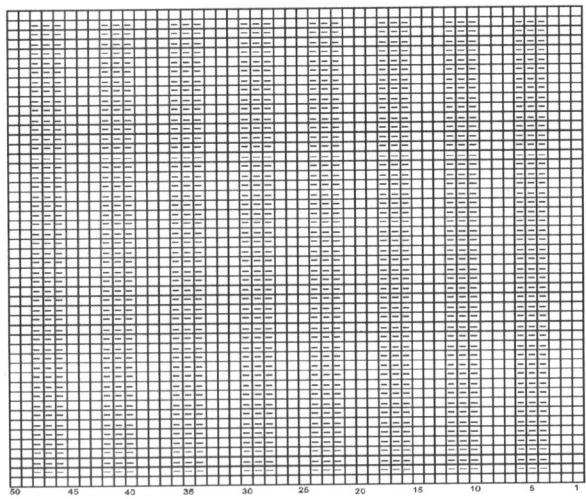

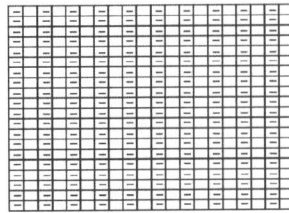

花样图

76

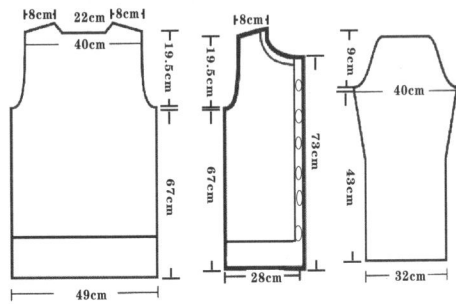

【成品规格】胸围120cm，背肩宽
　　　　　38cm，袖长53cm
【工　　具】9号针
【材　　料】中细线

成熟严肃外套

结构示意图

实物图

红色亮丽外套

【成品规格】胸围120cm，背肩宽
　　　　　38cm，袖长53cm
【工　　具】10号针
【材　　料】细线

花样B

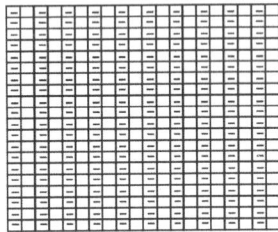

花样图　　　花样A

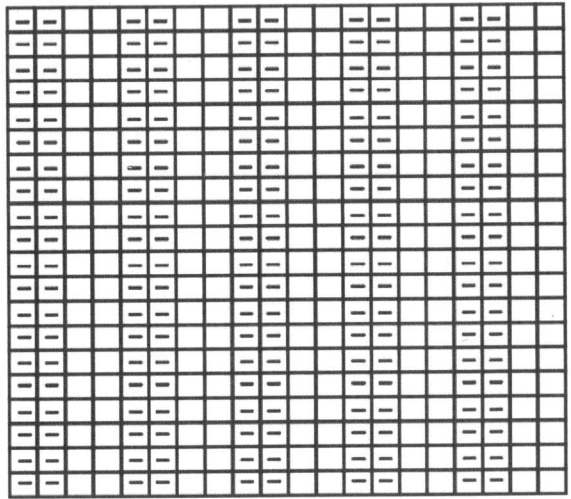

77

花样A

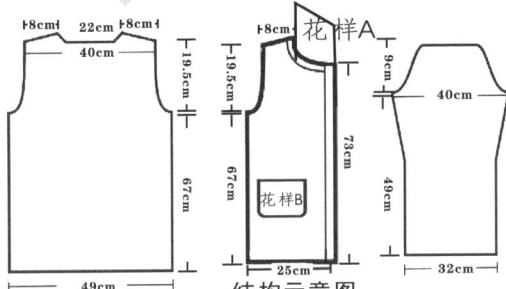

花样B

实物图

结构示意图

个性张扬的长外套

【成品规格】胸围120cm，背肩宽
　　　　　38cm，袖长53cm
【工　　具】6号针
【材　　料】中粗线

78

花样图

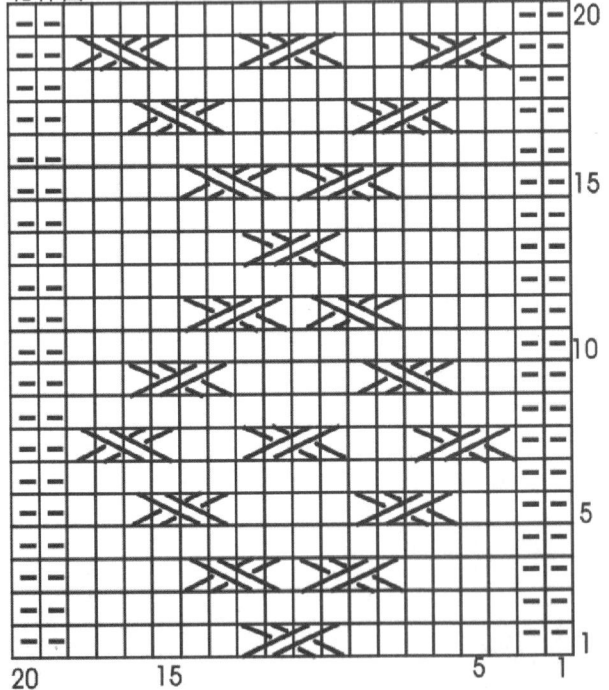

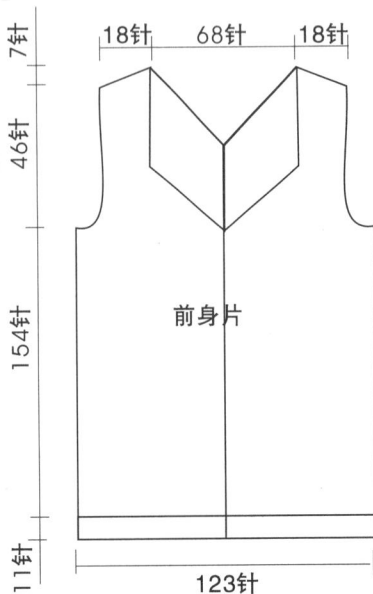

前身片

结构示意图

实物图

小圆领开衫

79

【成品规格】胸围120cm，背肩宽38cm，袖长62cm
【工　　具】9号针
【材　　料】细线

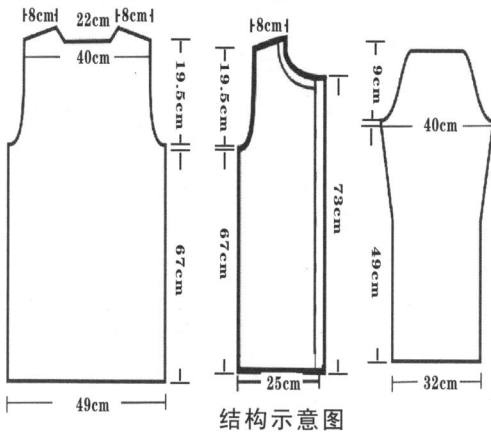

8cm　22cm　8cm
40cm
19.5cm
19.5cm
67cm
73cm
9cm
40cm
49cm
25cm
32cm

实物图

结构示意图

花样图

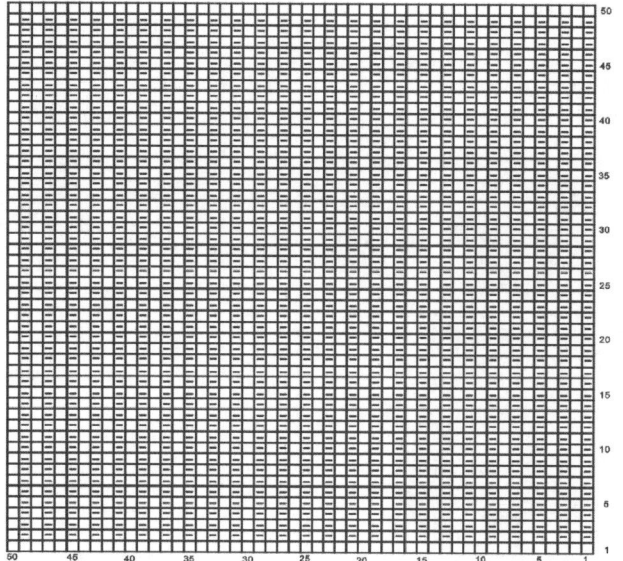

长翻领外套

80

结构示意图
花样A

8cm　22cm　8cm
40cm
平针编织
19.5cm
19.5cm
67cm
67cm
73cm
花样B
49cm
25cm
9cm
40cm
平针编织
49cm
32cm

实物图

花样B

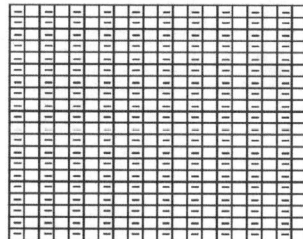

【成品规格】胸围120cm，背肩宽38cm，袖长53cm
【工　　具】9号针
【材　　料】细线

花样图　　　　　　花样A

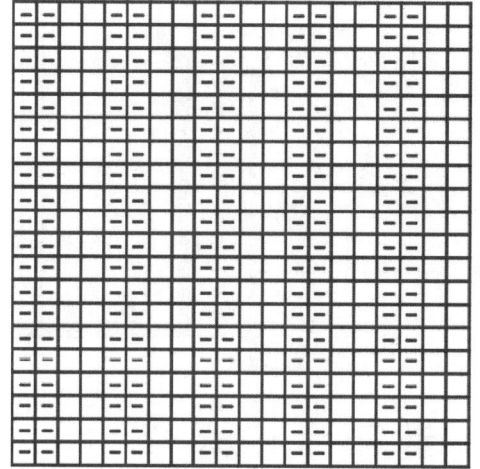

独特捆绑开衫

81

8cm　22cm　8cm
40cm
平针编织
19.5cm
37cm
8cm
平针编织
19.5cm
37cm
37cm
9cm
40cm
平针编织
49cm
25cm
32cm
49cm

【成品规格】胸围120cm，背肩宽38cm，袖长53cm
【工　　具】9号针
【材　　料】细线

实物图

结构示意图

优雅简约可人装

【成品规格】胸围120cm，背肩宽
38cm，袖长53cm
【工　　具】8号针
【材　　料】中细线

实物图

82

19针　74针　19针

7针

50针

前身片

168针

12针

134针

结构示意图

结构示意图

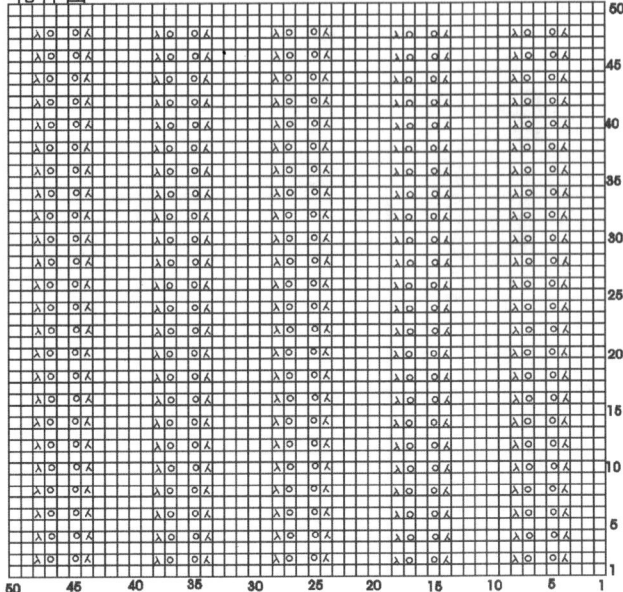

花样图

结构示意图

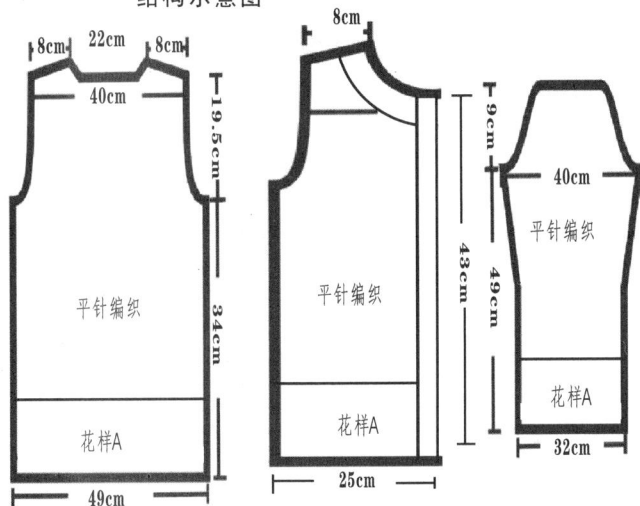

8cm　22cm　8cm

40cm

8cm

19.5cm

平针编织

34cm

花样A

49cm

平针编织

花样A

25cm

9cm

43cm

49cm

40cm

平针编织

花样A

32cm

小圆领开衫

【成品规格】胸围120cm，背肩宽
38cm，袖长53cm
【工　　具】9号针
【材　　料】细线

83

花样图

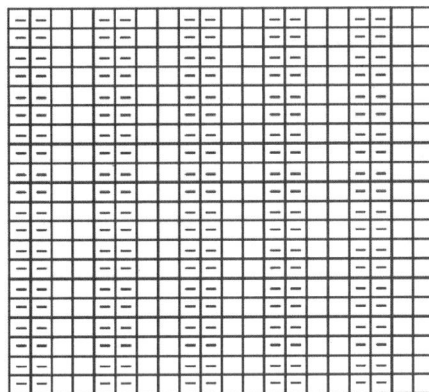

实物图

连帽无袖开衫

【成品规格】胸围120cm，背肩宽
38cm，袖长53cm
【工　　具】9号针
【材　　料】中细线

实物图

84

花样图

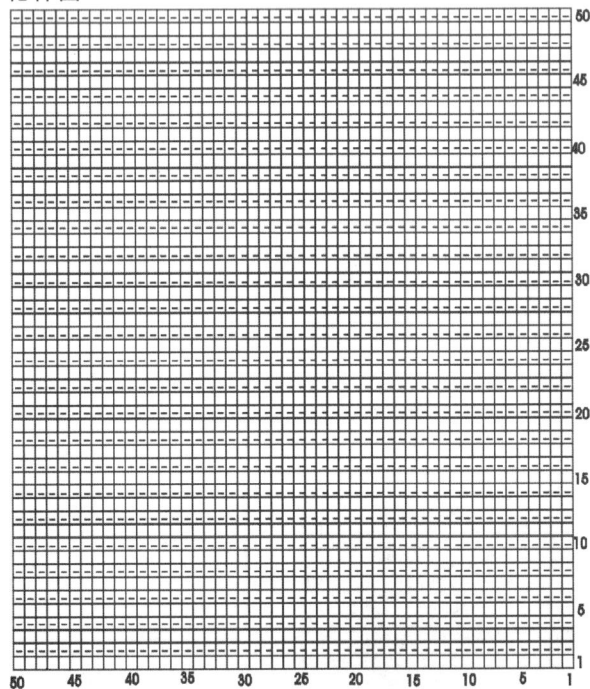

19针　74针　19针

7针

48针

前身片

144针

12针

134针

结构示意图

花样图

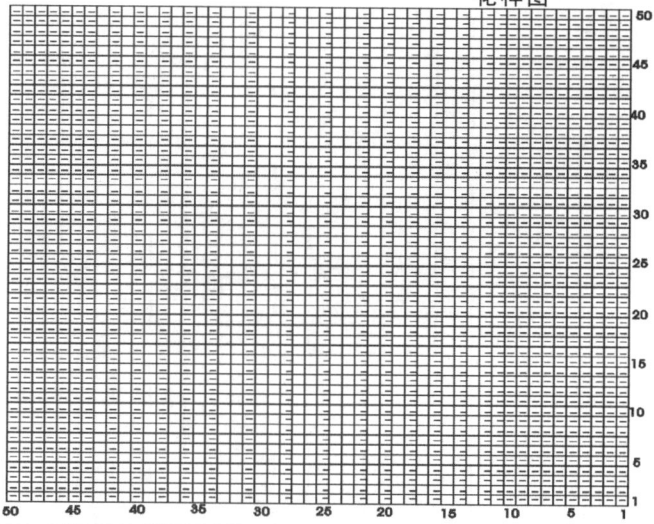

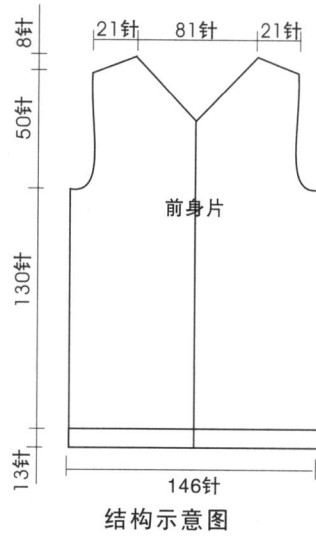

21针　81针　21针

前身片

130针

146针

13针

结构示意图

鲜亮开衫

【成品规格】胸围120cm，背肩宽
　　　　　　38cm，袖长53cm
【工　　具】9号针
【材　　料】细线

85

实物图

带帽粗针休闲外套

【成品规格】胸围120cm，背肩宽
　　　　　　38cm，袖长53cm
【工　　具】9号针
【材　　料】中细线

86

实物图

7针

19针　74针　19针

50针

前身片

168针

12针

134针

结构示意图

花样图

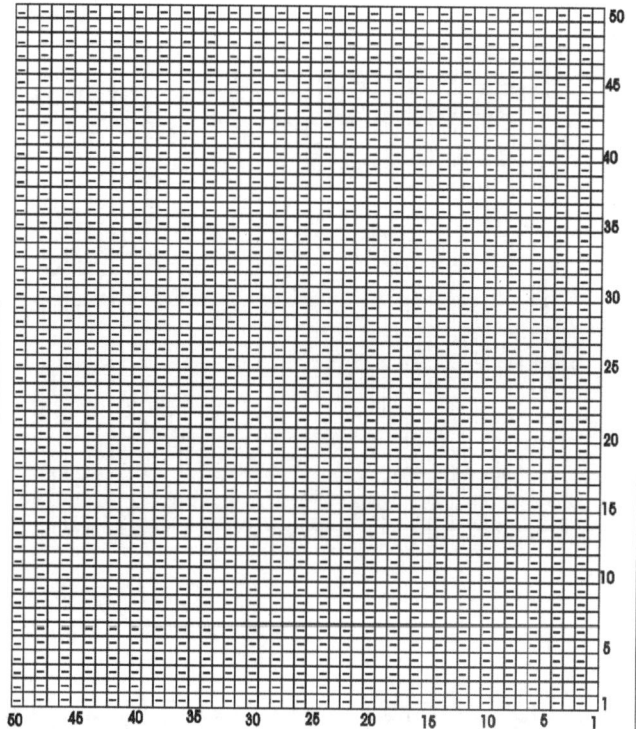

花样图

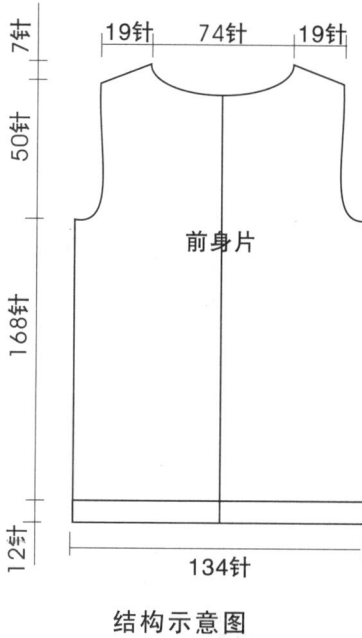

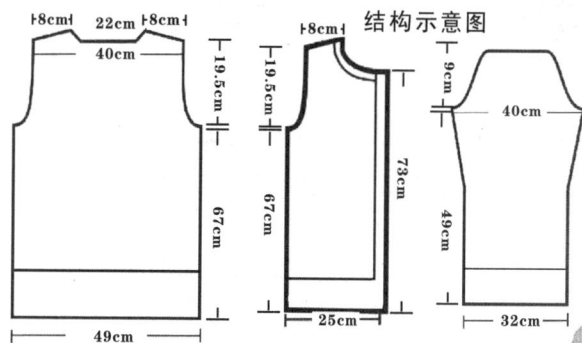

结构示意图

8cm　22cm　8cm
40cm
19.5cm
67cm
49cm

8cm
19.5cm
67cm
73cm
25cm

9cm
40cm
49cm
32cm

87

粉色带帽开衫

【成品规格】胸围120cm，背肩宽
　　　　　　38cm，袖长53cm
【工　　具】9号针
【材　　料】细线

实物图

实物图

带帽花纹开衫

【成品规格】胸围120cm，背肩宽
38cm，袖长53cm
【工　　具】8号针
【材　　料】中细线

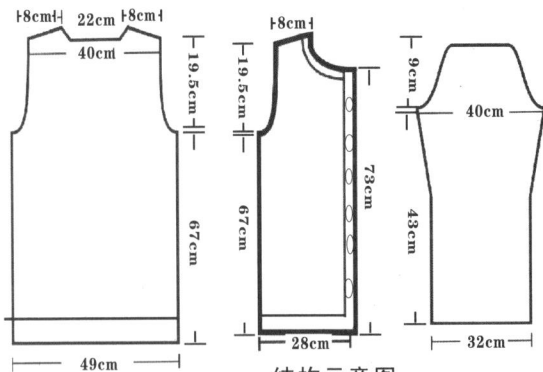

88

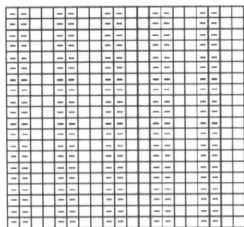

花样图

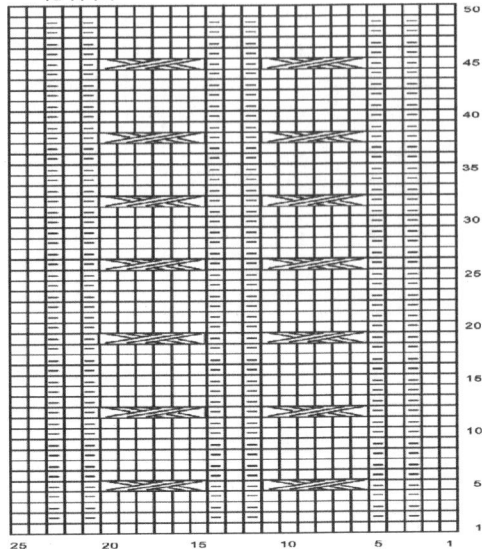

8cm 22cm 8cm
40cm
19.5cm
67cm
49cm

8cm
19.5cm
67cm
73cm
28cm

9cm
40cm
43cm
32cm

结构示意图

花样图

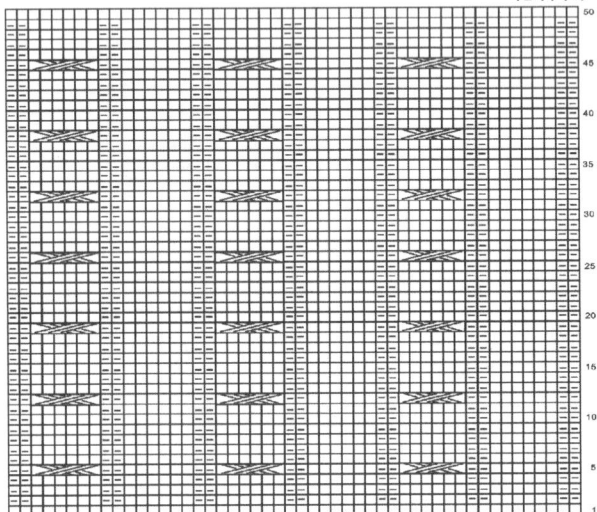

大开口无扣衫

【成品规格】胸围120cm，背肩宽
38cm，袖长53cm
【工　　具】8号针
【材　　料】中细线

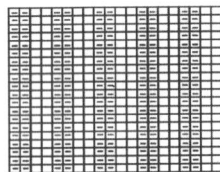

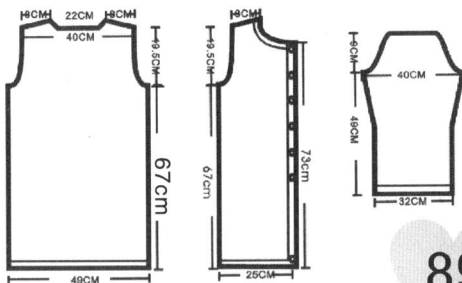

8cm 22cm 8cm
40cm
19.5cm
67cm
49cm

8cm
19.5cm
67cm
73cm
25cm

8cm
40cm
49cm
32cm

结构示意图

89

实物图

花样图
下摆

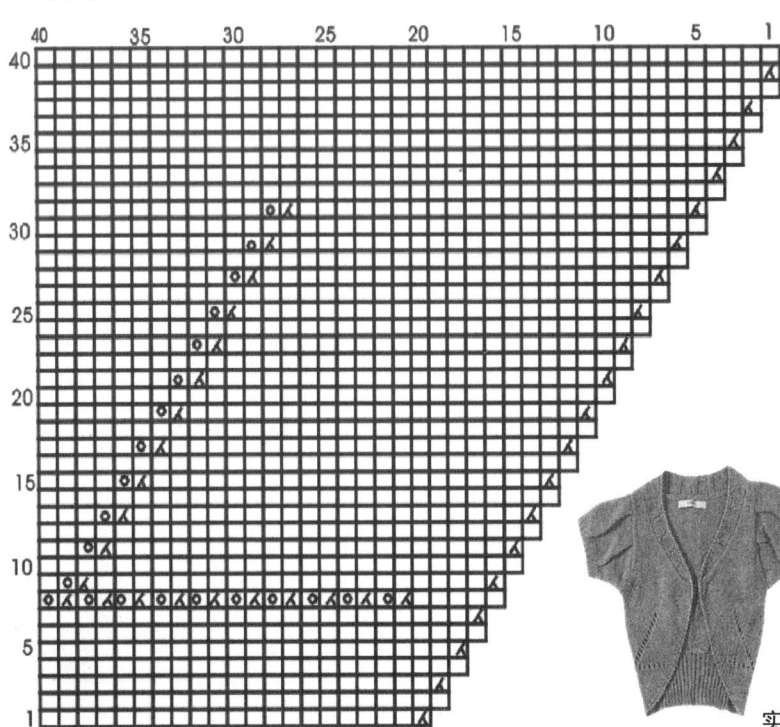

实物图

21针　81针　21针

前身片

50cm
78cm

146针　结构示意图

短袖小坎肩

【成品规格】胸围120cm，背肩宽
38cm，袖长28cm
【工　　具】10号针
【材　　料】细线

90

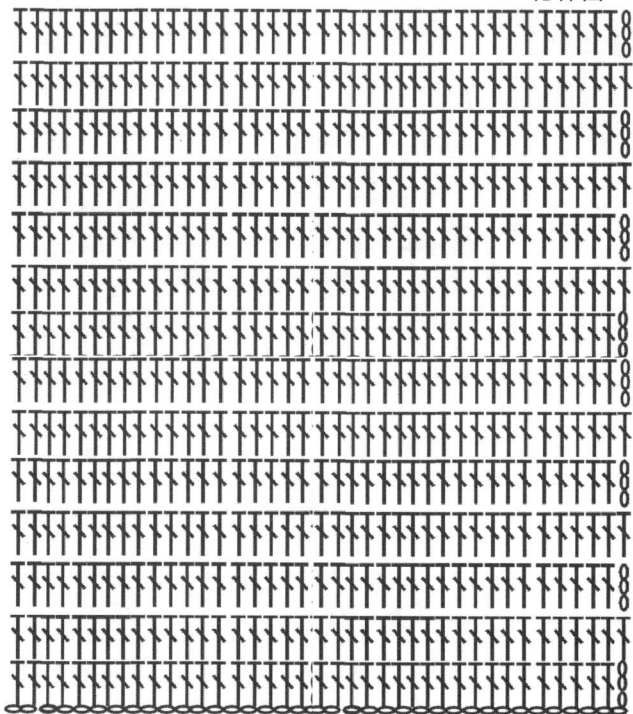

花样图

镂空花朵下摆迷人装

91

【成品规格】胸围120cm，背肩宽38cm，袖长53cm
【工　　具】6号针
【材　　料】中粗线

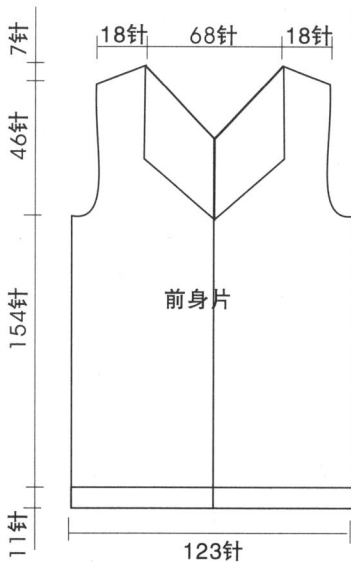

| 18针 | 68针 | 18针 |

前身片

7针
46针
154针
11针

123针

结构示意图

实物图

92

带帽严谨开衫

【成品规格】胸围120cm，背肩宽38cm，袖长53cm
【工　　具】9号针
【材　　料】细线

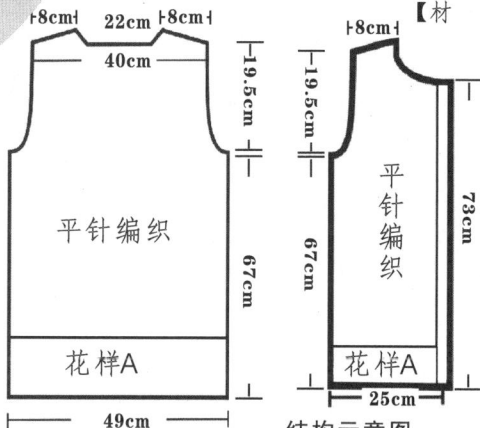

8cm 22cm 8cm
40cm
19.5cm

平针编织

67cm

花样A

49cm

19.5cm
8cm

平针编织

73cm

花样A

25cm

9cm
40cm

平针编织

49cm

花样A

32cm

结构示意图

花样A

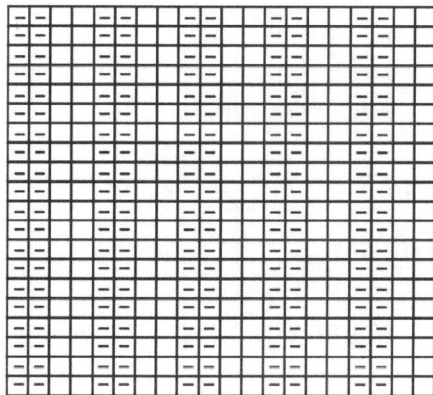

花样图

实物图

花样图

花 样B

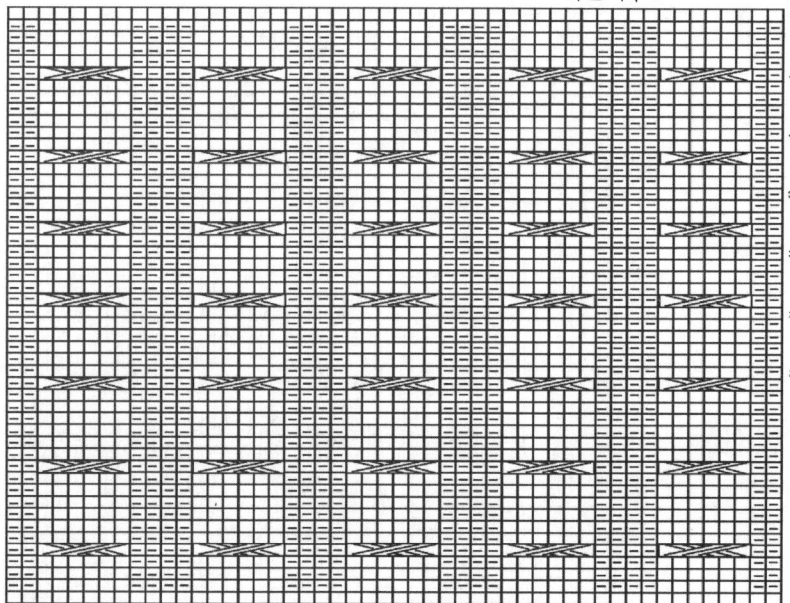

50
45
40
35
30
25
20
15
10
5
1

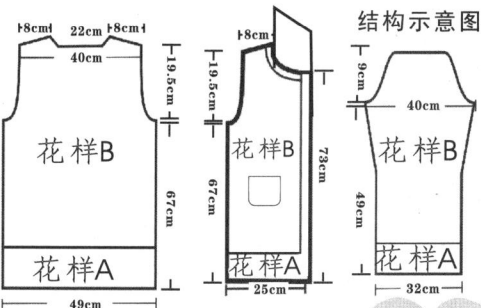

8cm 22cm 8cm
40cm
19.5cm

花样B

67cm

花样A

49cm

19.5cm
8cm

花样B

73cm

花样A

25cm

结构示意图

9cm
40cm

花样B

49cm

花样A

32cm

白色带帽外套

93

【成品规格】胸围120cm，背肩宽38cm，袖长53cm
【工　　具】8号针
【材　　料】中细线

花样A

实物图

经典韩式毛衣外套1800

花样图

小球纽扣长衫

94

【成品规格】胸围120cm，背肩宽38cm，袖长53cm
【工　　具】钩针
【材　　料】细线

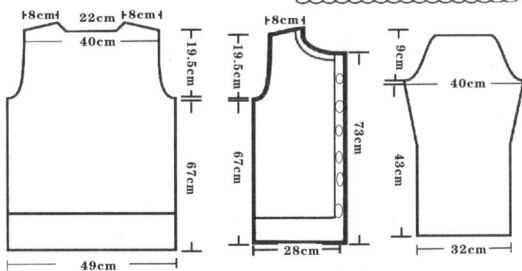

8cm　22cm　8cm
40cm
19.5cm
67cm
49cm

8cm
19.5cm
67cm
73cm
28cm

9cm
40cm
43cm
32cm

结构示意图

实物图

花样图

气质高贵淑女装

【成品规格】胸围120cm，背肩宽38cm
【工　　具】9号针
【材　　料】细线

95

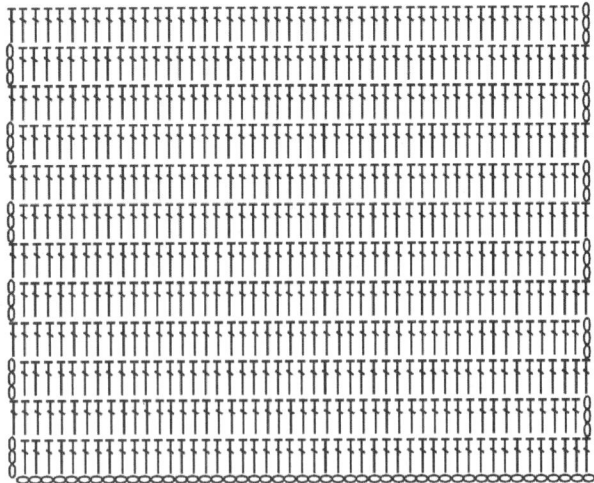

8cm　17cm　8cm
21cm
27.5cm
44cm

8cm
21cm
27.5cm
23cm

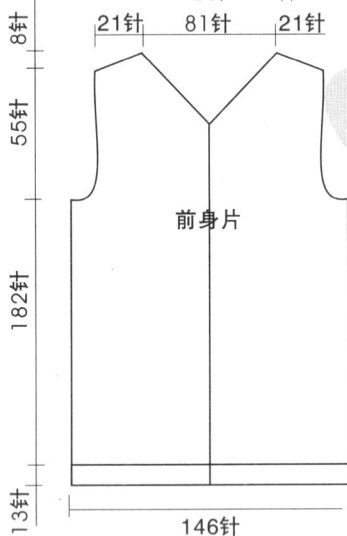

21针　81针　21针
8针
55针
182针
前身片
13针
146针

结构示意图

实物图

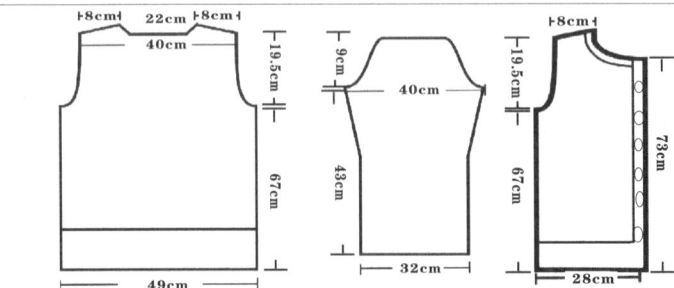

8cm　22cm　8cm
40cm
19.5cm
67cm
49cm

9cm
40cm
43cm
32cm

8cm
19.5cm
67cm
73cm
28cm

结构示意图

96

小开口领开衫

【成品规格】胸围120cm，背肩宽38cm，袖长53cm
【工　　具】8号针
【材　　料】中细线

实物图

花样图

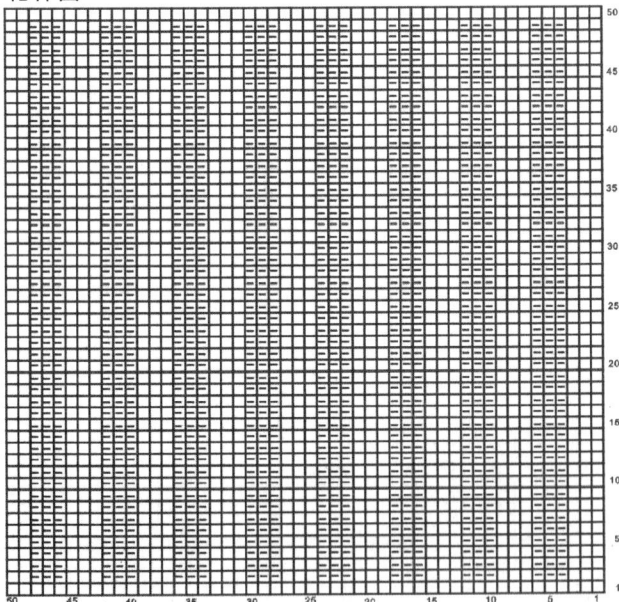

97

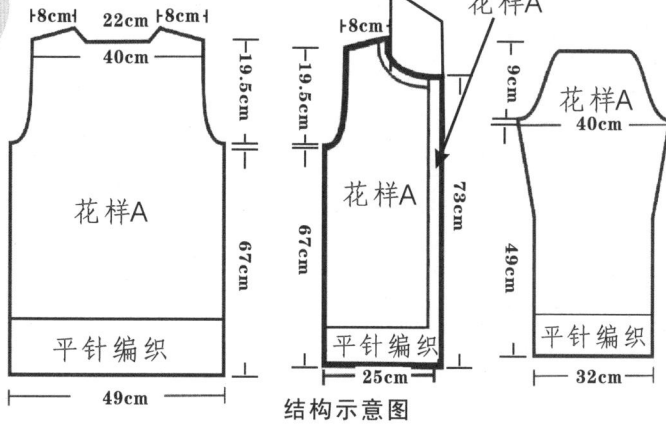

8cm 22cm 8cm
40cm
19.5cm
花样A
平针编织
67cm
49cm
实物图

8cm
19.5cm
花样A
67cm
平针编织
25cm
花样A
73cm

9cm
花样A
40cm
49cm
平针编织
32cm

结构示意图

小高领外套

【成品规格】胸围120cm，背肩宽
　　　　　　38cm，袖长48cm
【工　　具】9号针
【材　　料】细线

花样A

花样图

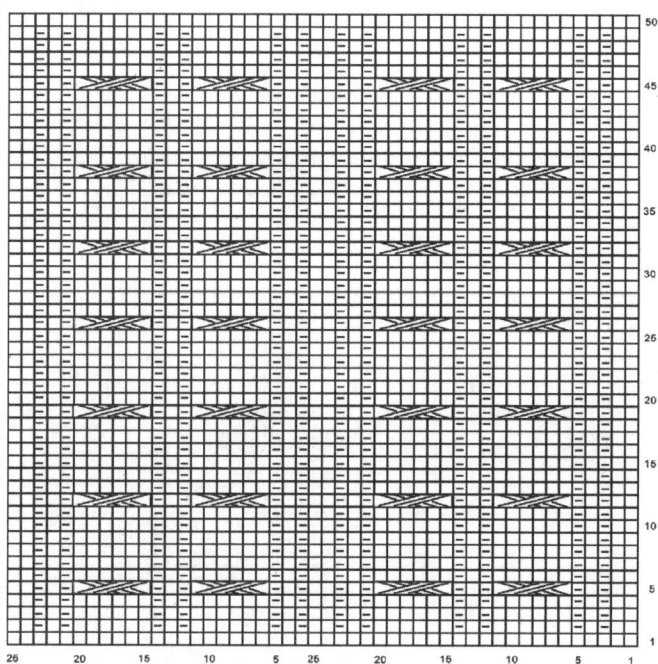

花样图

月牙扣开衫

【成品规格】胸围120cm，背肩宽
　　　　　　38cm，袖长53cm
【工　　具】8号针
【材　　料】中粗线

98

8cm 22cm 8cm
40cm
19.5cm
67cm
49cm

8cm
19.5cm
67cm
73cm
28cm

9cm
40cm
43cm
32cm

结构示意图

实物图

时尚创意外套

【成品规格】胸围120cm，背肩宽
　　　　　　38cm，袖长48cm
【工　　具】9号针
【材　　料】中粗线

99

实物图

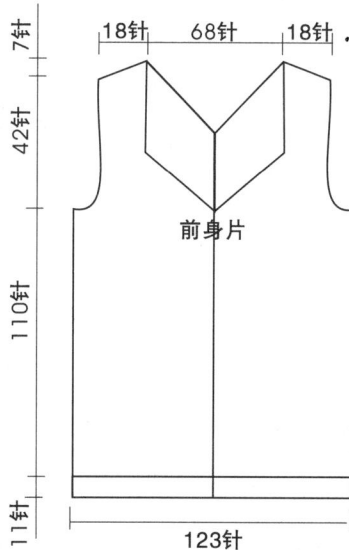

7针
18针 68针 18针
42针
前身片
110针
11针
123针

结构示意图

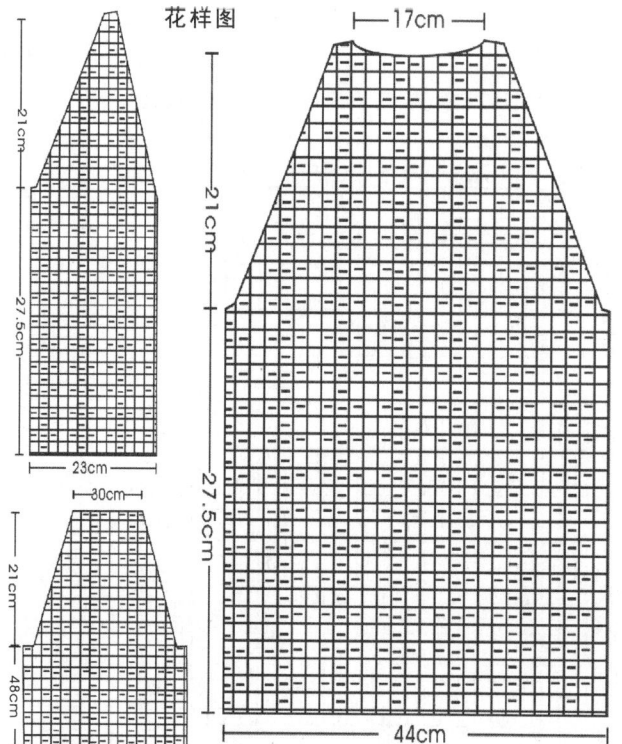

花样图

21cm
27.5cm
23cm

17cm
21cm
27.5cm
44cm

30cm
21cm
48cm

带帽性感豹纹开衫

【成品规格】胸围120cm，背肩宽38cm，袖长48cm
【工　　具】9号针
【材　　料】中细线

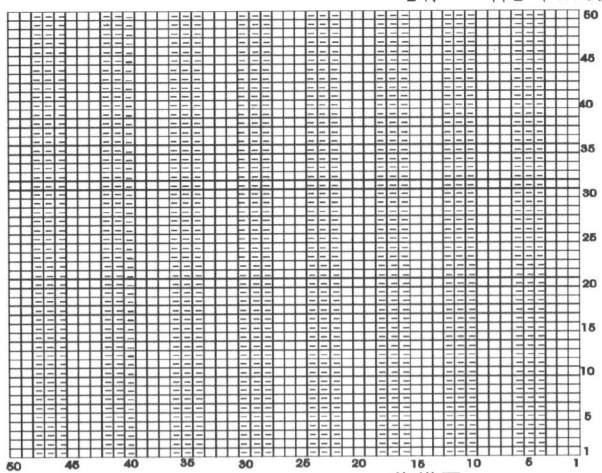

花样图

19针　74针　19针

7针
43针
116针
12针

前身片

结构示意图　134针

100

实物图

101

简约花纹开衫

【成品规格】胸围120cm，背肩宽38cm，袖长48cm
【工　　具】9号针
【材　　料】细线

21针　81针　21针

8针
50针
130针
13针

前身片

146针

结构示意图

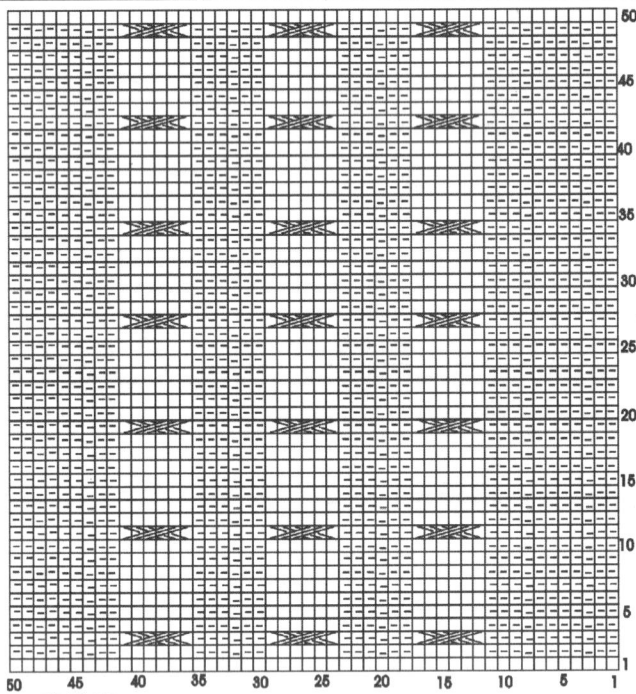

花样图

花样图

8cm　17cm　8cm

21cm

25CM

44cm

21针　81针　21针

8针
50针
130针
13针

前身片

146针

结构示意图

102

实物图

蝴蝶结桃心领装

【成品规格】胸围120cm，背肩宽38cm，袖长53cm
【工　　具】9号针
【材　　料】细线

103

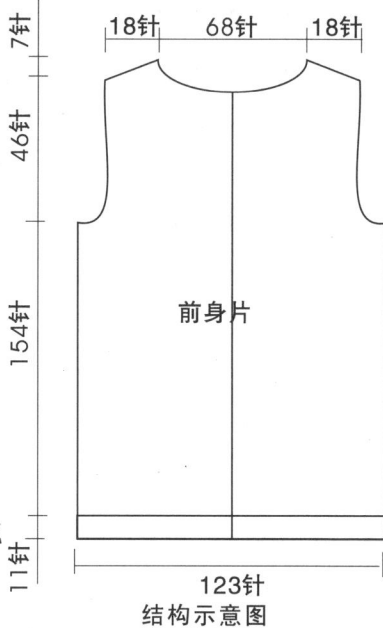

实物图

简洁裙装开衫

【成品规格】胸围120cm，背肩宽38cm
【工　　具】9号针
【材　　料】中粗线

7针　18针　68针　18针
46针
154针
11针
前身片
123针
结构示意图

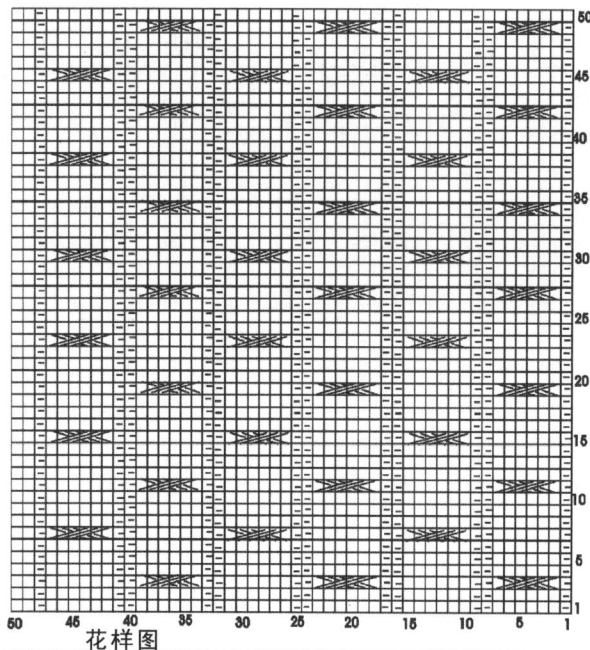

花样图

【成品规格】胸围120cm，背肩宽38cm，袖长53cm
【工　　具】9号针
【材　　料】中细线

花样图

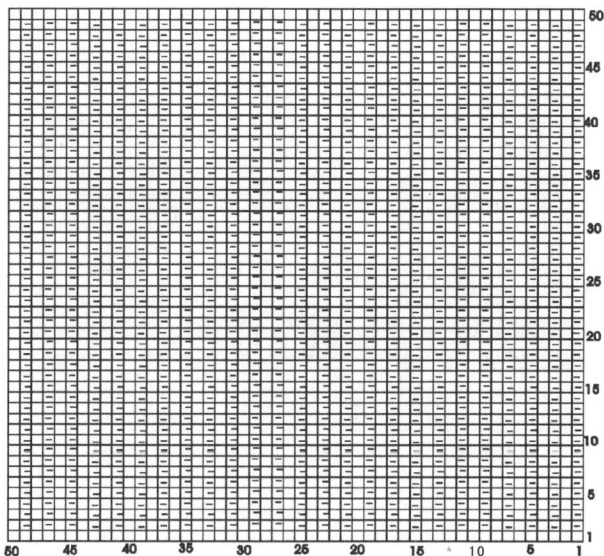

简洁翻领外套

104

实物图

7针　19针　74针　19针
48针
144针
12针
前身片
134针
结构示意图

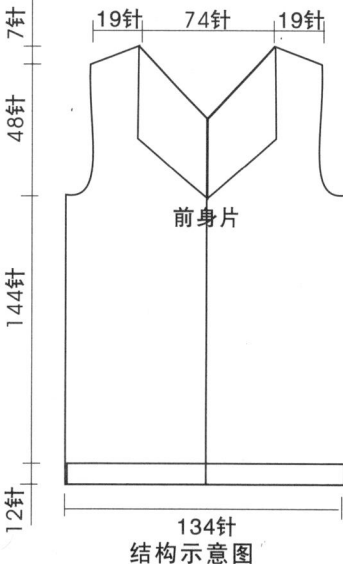

105

实物图

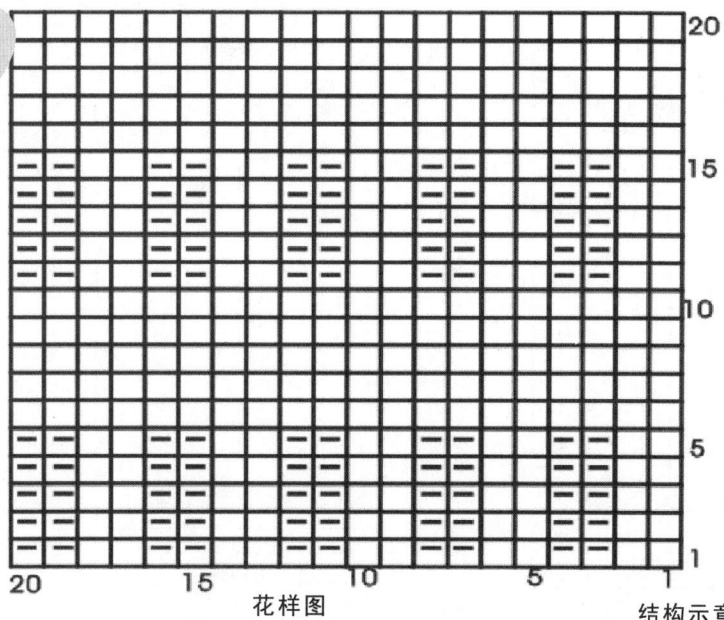

花样图

小开口领开衫

【成品规格】胸围120cm，背肩宽
38cm，袖长53cm
【工　　具】8号针
【材　　料】中细线

后片X1
起针

前片X2
起针

袖X2
起针

结构示意图

花样图

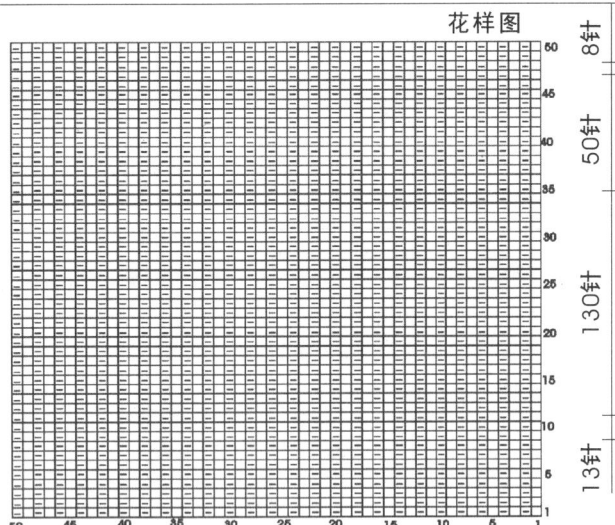

21针　81针　21针

前身片

146针

结构示意图

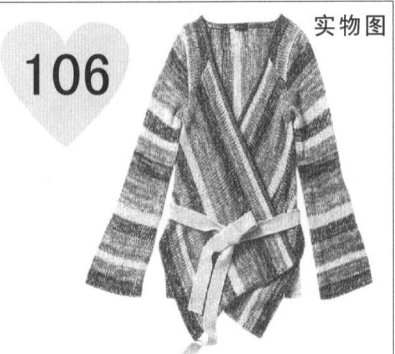

实物图

民族风开衫

【成品规格】胸围120cm，背肩宽38cm，袖长48cm
【工　　具】9号针
【材　　料】细线

107

实物图

【成品规格】胸围120cm，背肩宽38cm，袖长53cm
【工　　具】9号针
【材　　料】中粗线

18针　68针　18针

前身片

123针

结构示意图

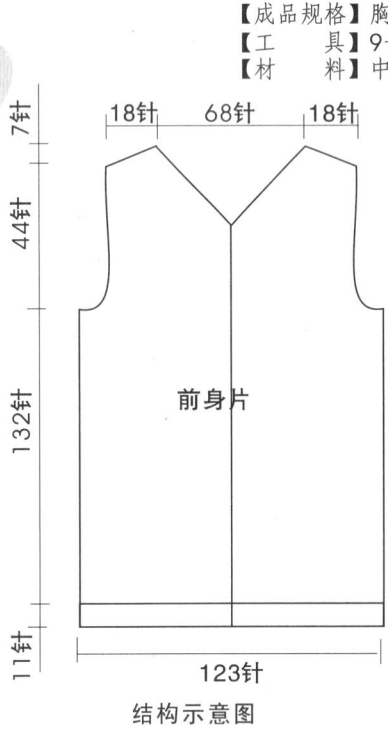

迷人素雅丽人装

花样图

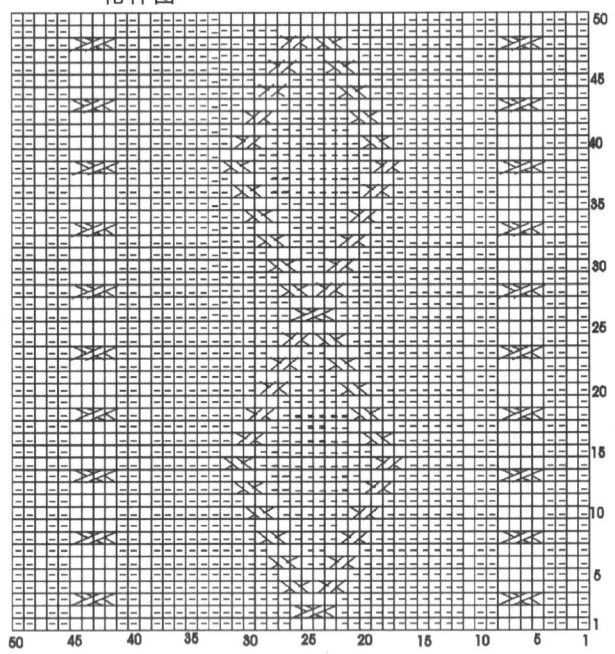

【成品规格】胸围120cm，背肩宽38cm，袖长53cm
【工　　具】9号针
【材　　料】中粗线

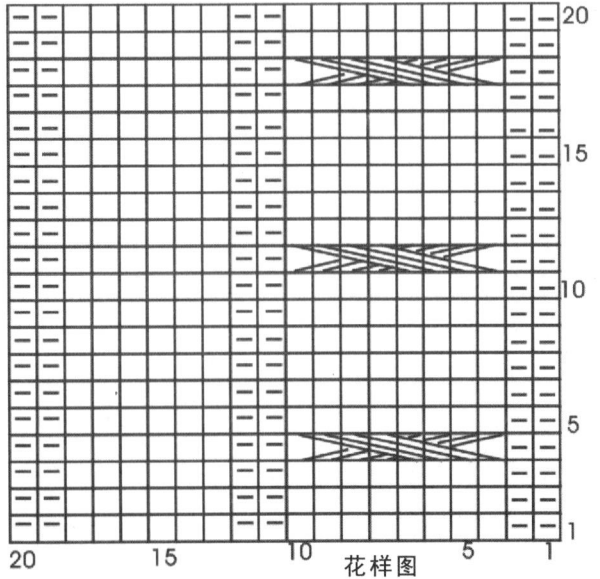

花样图

带帽开衫

108

18针　68针　18针

前身片

123针

结构示意图

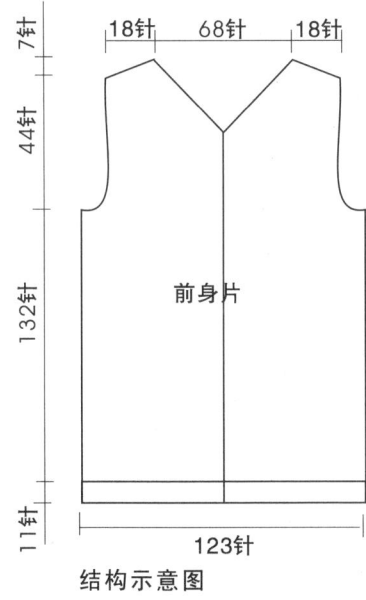

实物图

实物图

大开领无扣装

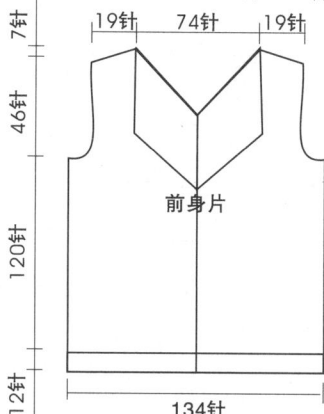

花样图

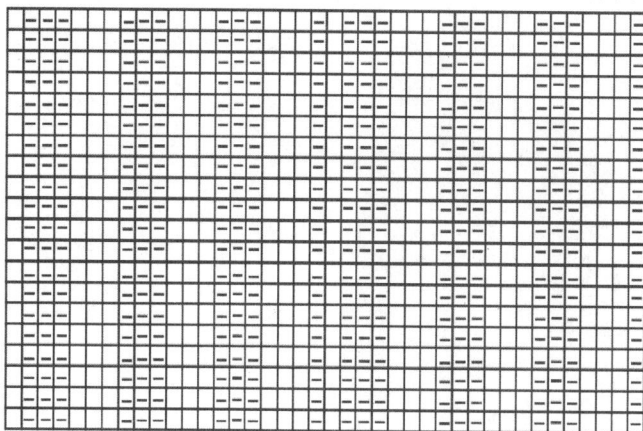

109

19针　74针　19针

7针

46针

120针

前身片

12针

134针

结构示意图

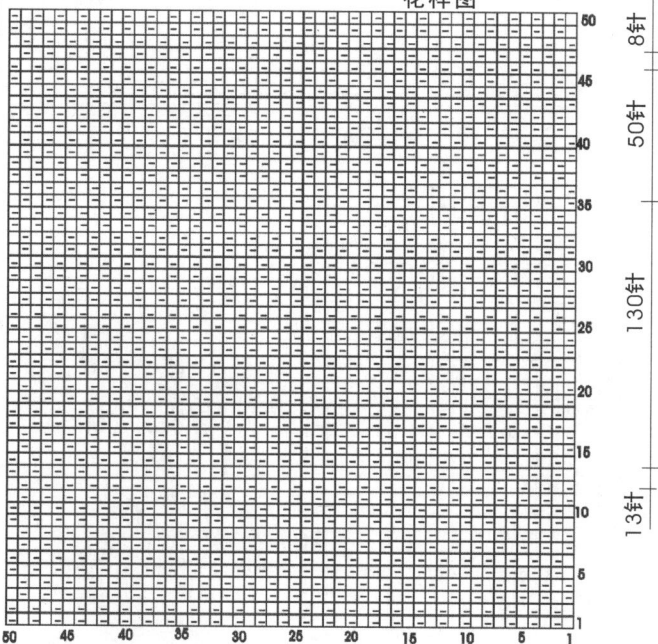

花样图

8针

50针

21针　81针　21针

130针

前身片

13针

146针

结构示意图

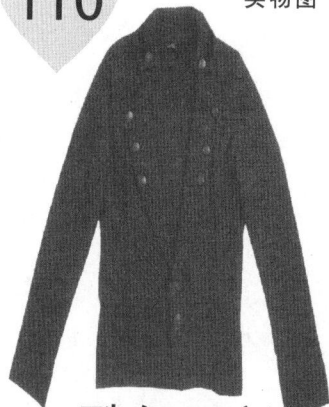

110　实物图

酷领开衫

【成品规格】胸围120cm，背肩宽38cm，袖长53cm
【工　具】10号针
【材　料】细线

111　**无领休闲淑女衫**

【成品规格】胸围120cm，背肩宽38cm，袖长53cm
【工　具】8号针
【材　料】中粗线

花样图

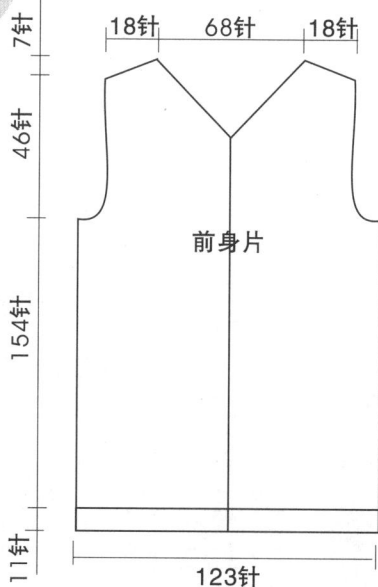

7针

18针　68针　18针

46针

前身片

154针

11针

123针

结构示意图

实物图

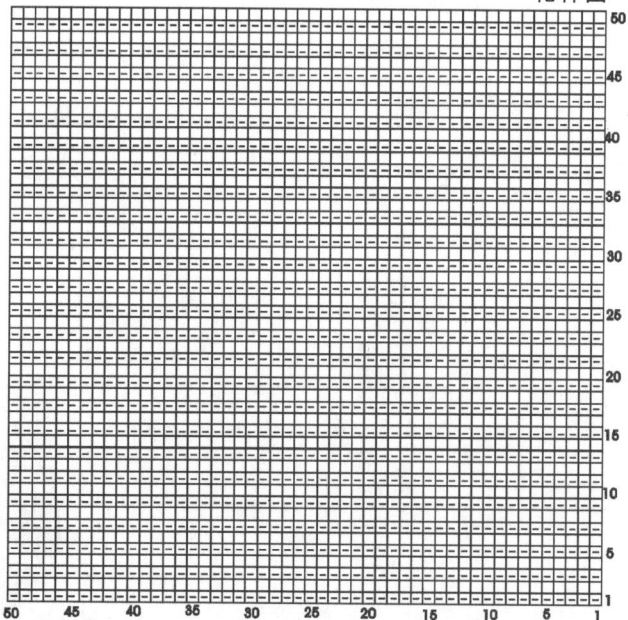

经典韩式毛衣外套1800

112

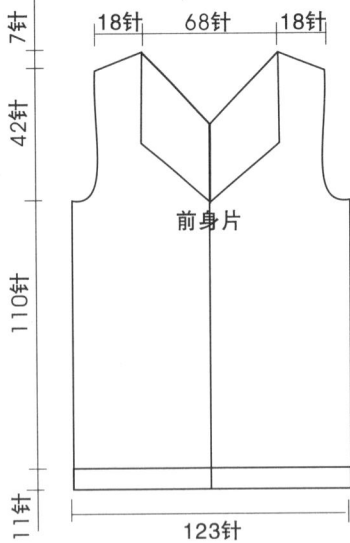

【成品规格】胸围120cm，背肩宽38cm，袖长48cm
【工　　具】8号针
【材　　料】中粗线

花边袖口无扣衫

花样图

实物图

18针　68针　18针

7针

42针

110针

前身片

11针

123针

结构示意图

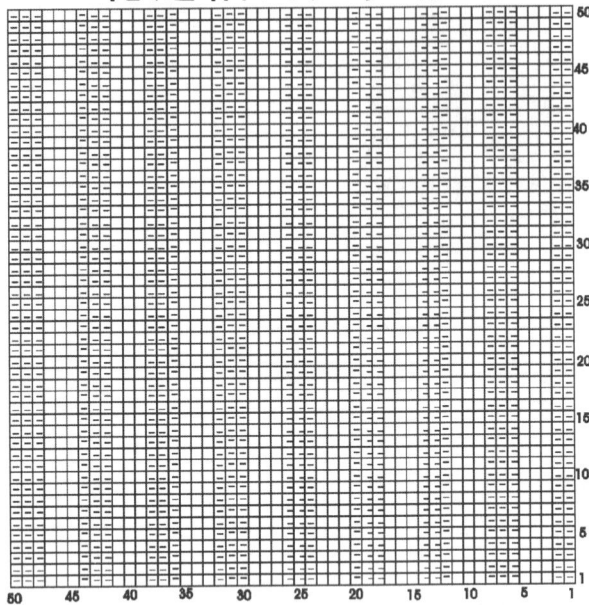

【成品规格】胸围120cm，背肩宽38cm，袖长53cm
【工　　具】9号针
【材　　料】中细线

镂空花朵衫

两边各平收20针

加2-1-20

平收5针

加2-1-20

平收5针

113

结构示意图

花样图

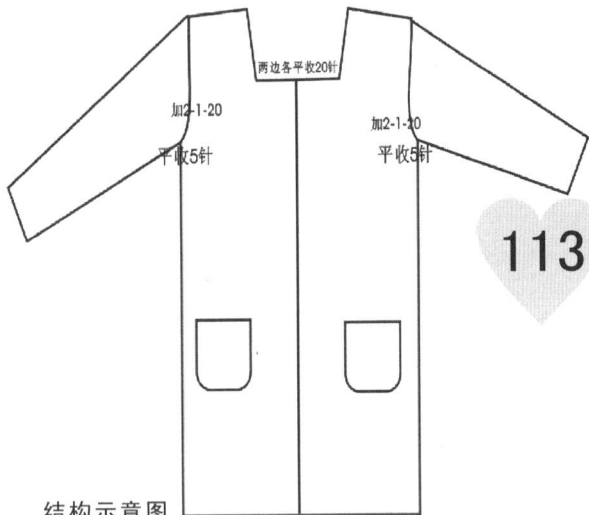

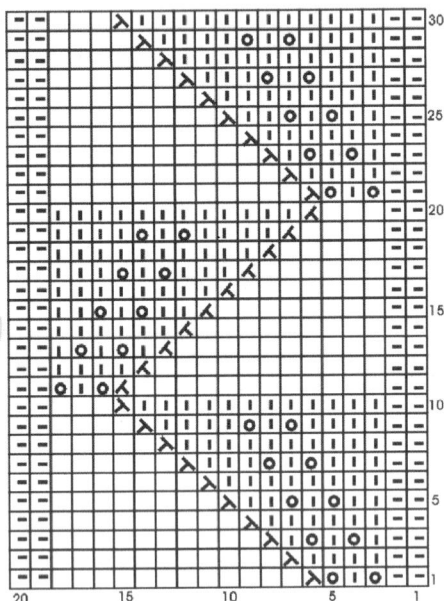

实物图

飘动下摆无扣衫

21针　81针　21针

8针

50针

前身片

130针

13针

146针

结构示意图

从方形后片四周挑起织圆形

挑针织方形

114

【成品规格】胸围120cm，背肩宽38cm，袖长48cm
【工　　具】10号针
【材　　料】细线

实物图

花样图

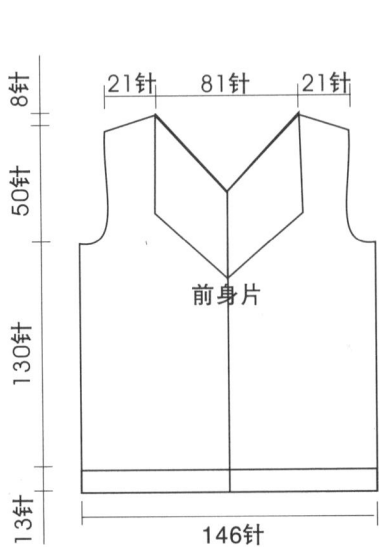

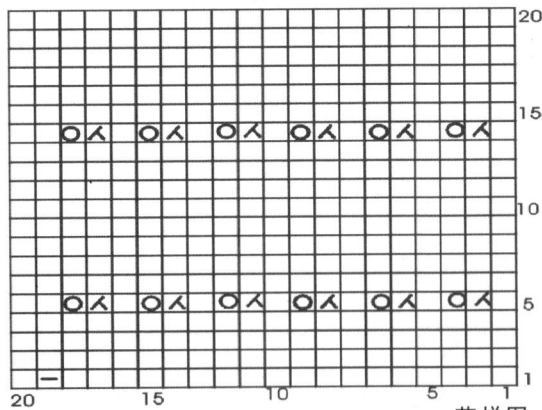

115

精致编花淑女装

【成品规格】胸围120cm，背肩宽38cm，袖长48cm
【工　　具】9号针
【材　　料】中粗线

花样图

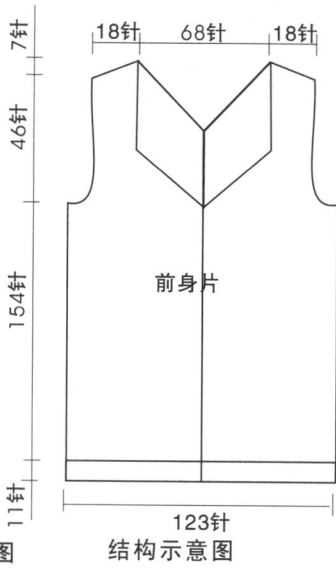

18针　68针　18针

7针

46针

154针

前身片

11针

123针

结构示意图

实物图

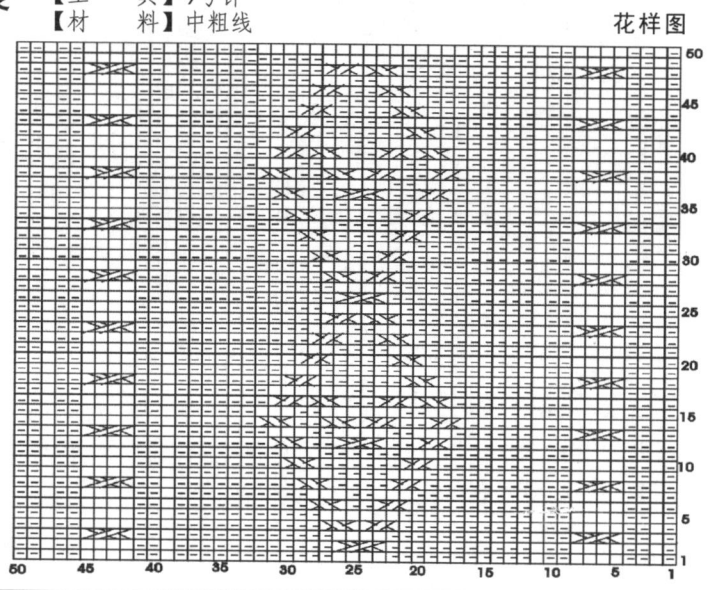

【成品规格】胸围120cm，背肩宽38cm，袖长53cm
【工　　具】9号针
【材　　料】中粗线

小竖领开衫

116

花样图

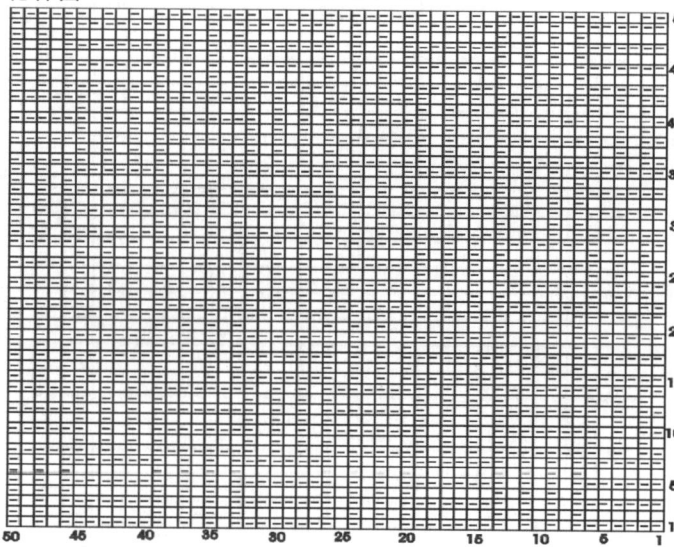

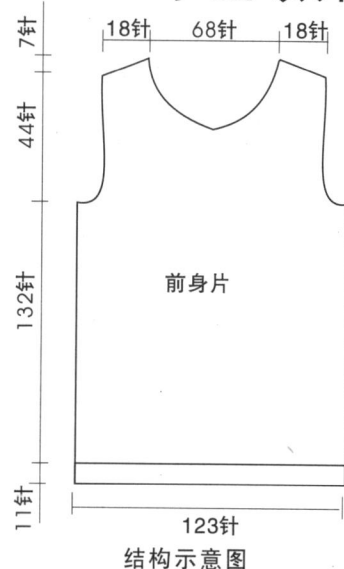

18针　68针　18针

7针

44针

132针

前身片

11针

123针

结构示意图

实物图

117

2-1-5　下收5针　下收5针　2-1-5

花样A

结构示意图

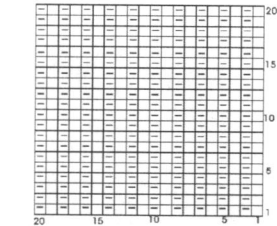

随性无扣衫

【成品规格】胸围120cm，背肩宽
38cm，袖长53cm
【工　　具】9号环针
【材　　料】中细线

实物图

花样图

门襟领口

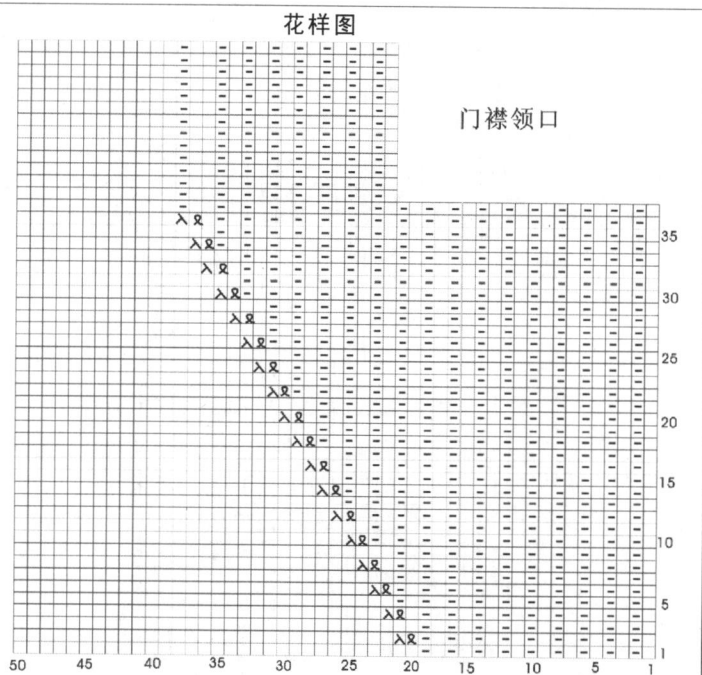

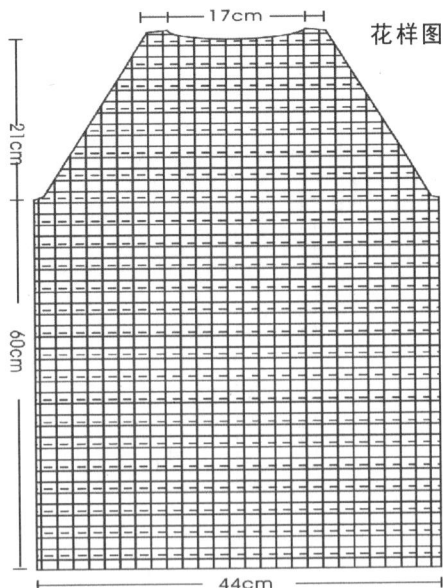

花样图

17cm

21cm

60cm

44cm

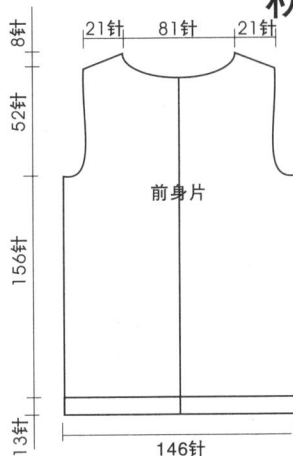

23cm

30cm

21cm

27.5cm

25cm

【成品规格】胸围120cm，背肩宽38cm，袖长53cm
【工　　具】9号针
【材　　料】细线

粉红圆领开衫 118

21针　81针　21针

8针
52针
156针
13针

前身片

146针

结构示意图

实物图

119

实物图

【成品规格】胸围120cm，背肩宽38cm，袖长53cm
【工　　具】9号针
【材　　料】中细线

蓝色带扣佳人装

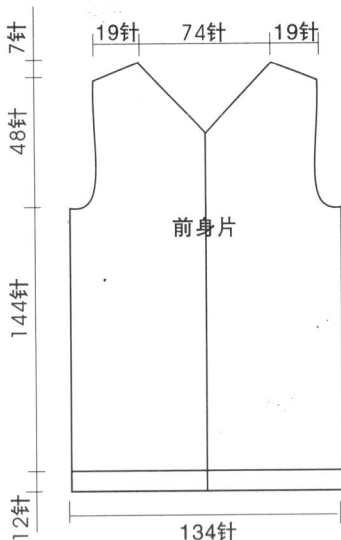

19针　74针　19针

7针
48针
144针
12针

前身片

134针

结构示意图

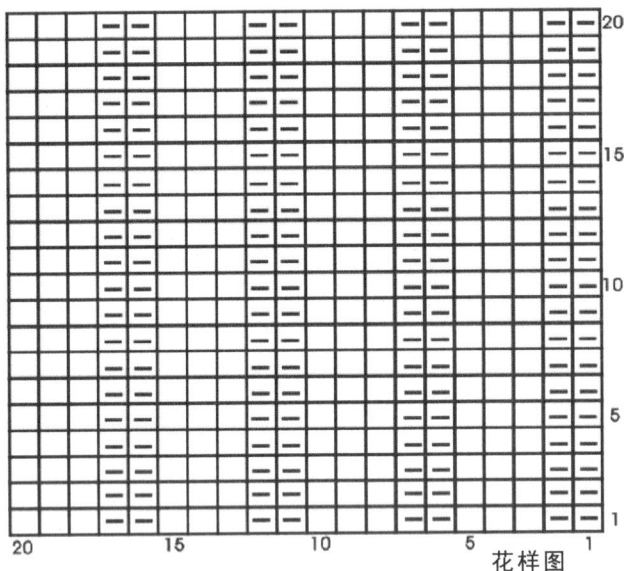

20

15

10

5

1

20　15　10　1

花样图

【成品规格】胸围120cm，背肩宽38cm，袖长28cm
【工　　具】9号针
【材　　料】中粗线

无领无扣开衫 120

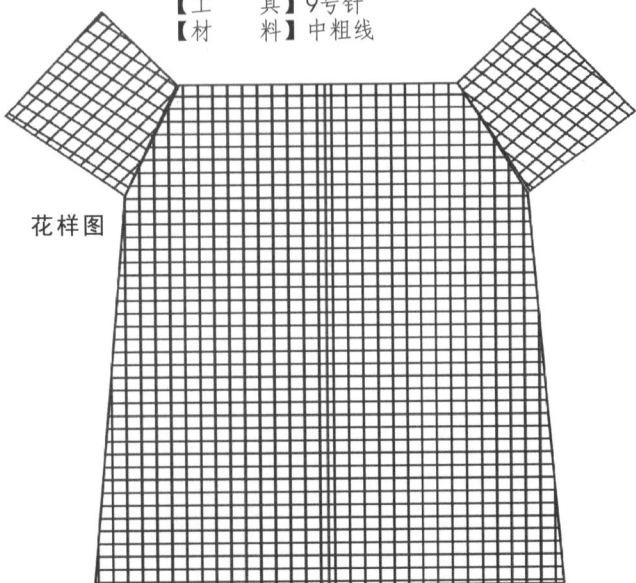

花样图

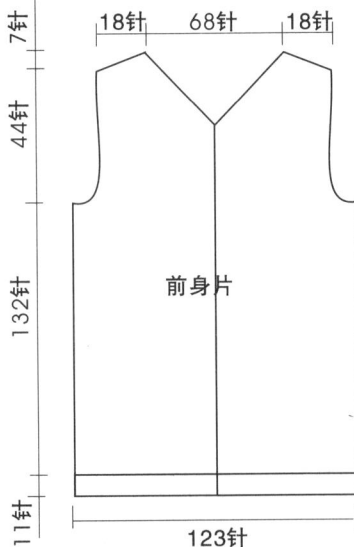

18针　68针　18针

7针
44针
132针
11针

前身片

123针

结构示意图

实物图

【成品规格】胸围120cm，背肩宽38cm，袖长53cm
【工　　具】9号针
【材　　料】中细线

花样图

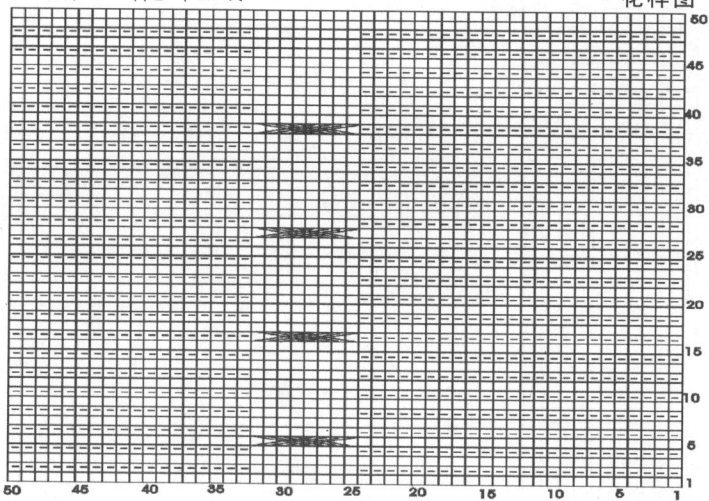

墨绿色开衫

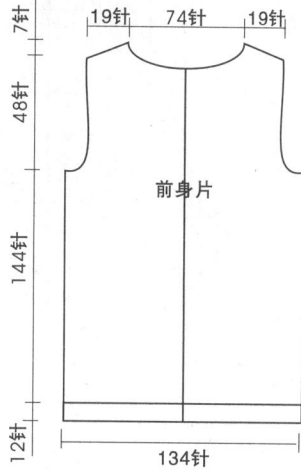

19针　74针　19针

前身片

134针

结构示意图

实物图

121

结构示意图

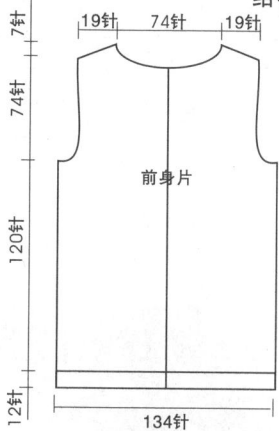

19针　74针　19针

前身片

134针

灯笼袖外套

【成品规格】胸围120cm，背肩宽38cm，袖长53cm
【工　　具】8号针
【材　　料】中细线

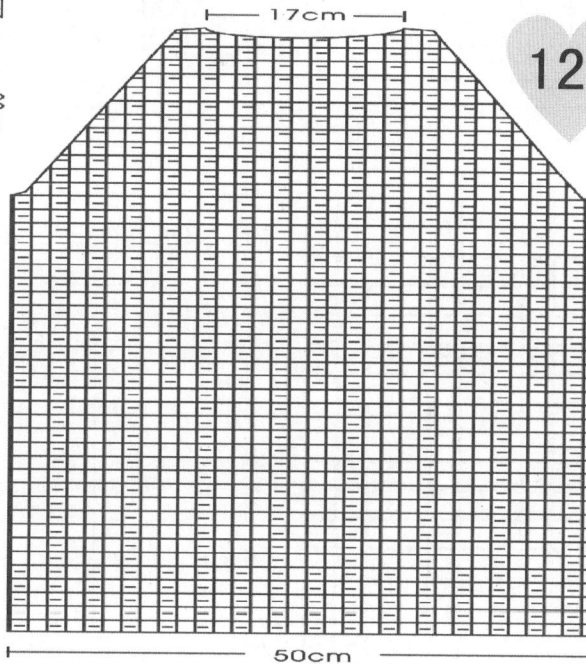

17cm

22cm

80cm

50cm

122

18cm

22cm

27cm

28cm

花样图

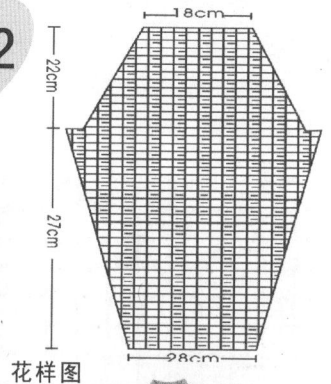

实物图

花样图

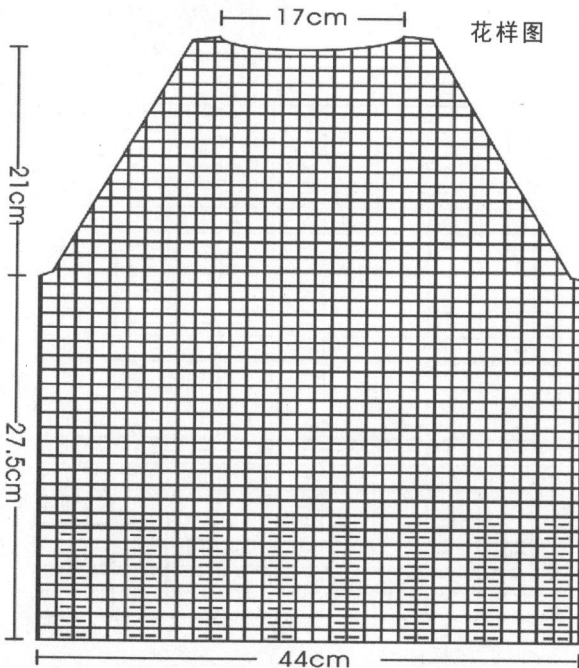

17cm

21cm

27.5cm

44cm

30cm

21cm

27.5cm

25cm

123

【成品规格】胸围120cm，背肩宽38cm，袖长53cm
【工　　具】6号针
【材　　料】中粗线

极具个性艺术气质衫

18针　68针　18针

前身片

123针

结构示意图

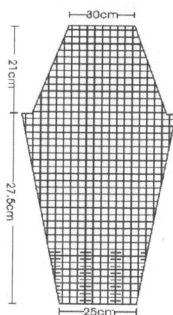

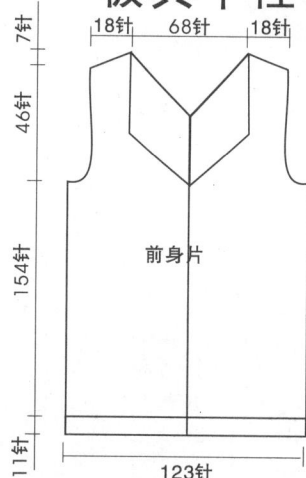

实物图

124

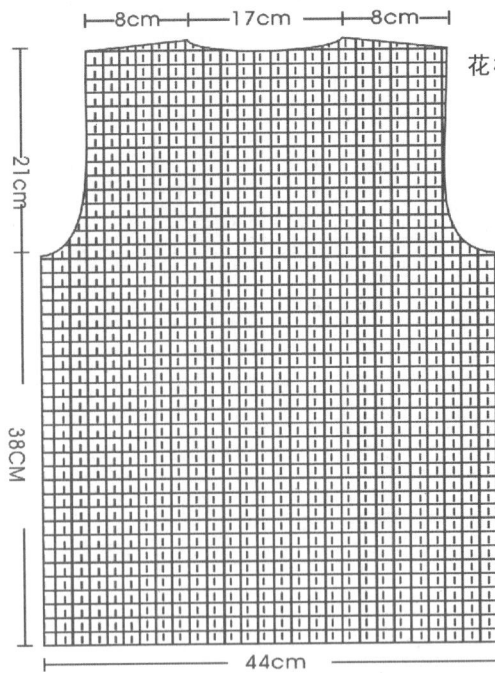

花样图

├─8cm─┤├─17cm─┤├─8cm─┤

21cm

38CM

44cm

实物图

带围巾灯笼裙

【成品规格】胸围120cm，背肩宽
　　　　　　38cm，袖长38cm
【工　　具】8号针
【材　　料】细线

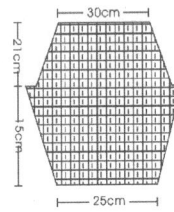

├─30cm─┤
21cm
15cm
├─25cm─┤

8针

├─21针─┤├─81针─┤├─21针─┤

52针

前身片

156针

13针

146针

结构示意图

花样图

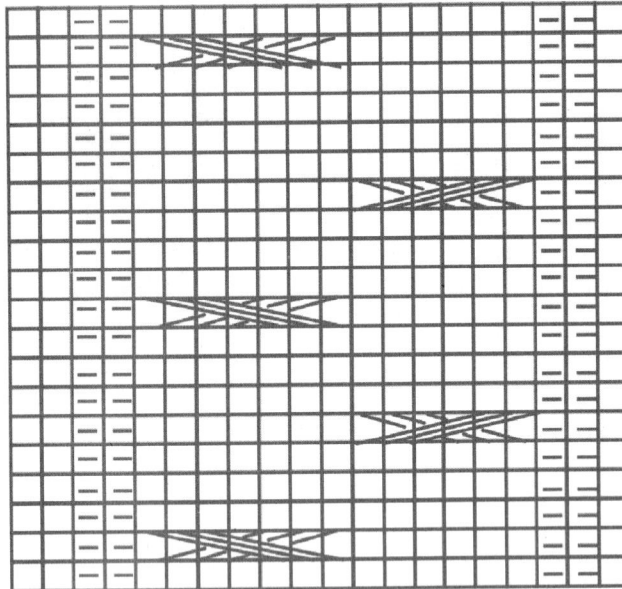

小圆领外套

【成品规格】胸围120cm，背肩宽
　　　　　　38cm，袖长48cm
【工　　具】8号针
【材　　料】中细线

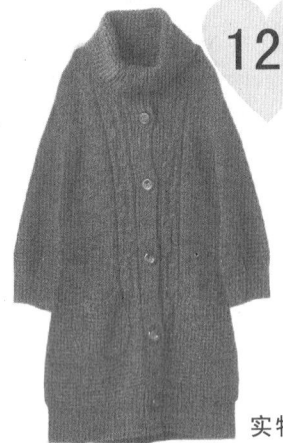

125

实物图

7针
├─19针─┤├─74针─┤├─19针─┤

48针

前身片

144针

12针

134针

结构示意图

126

实物图

小翻领外套

【成品规格】胸围120cm，背肩宽
　　　　　　38cm，袖长53cm
【工　　具】6号针
【材　　料】中粗线

7针
├─18针─┤├─68针─┤├─18针─┤

46针

前身片

154针

11针

123针

结构示意图

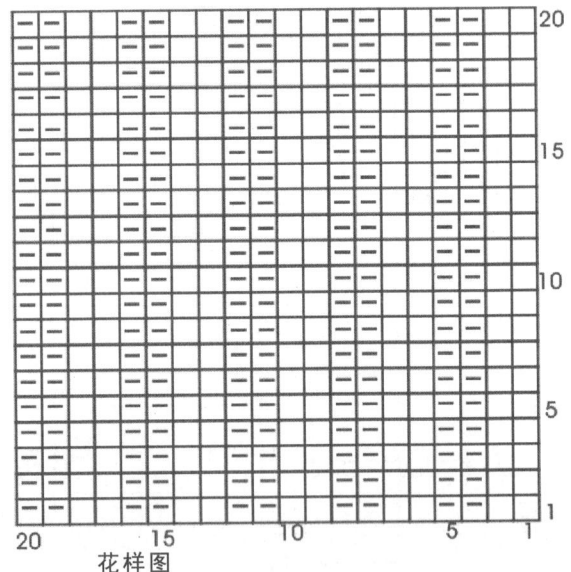

花样图

20

15

10

5

1

20　　　15　　　10　　　5　　　1
花样图

简洁百搭时尚衫

【成品规格】胸围120cm，背肩宽38cm，袖长53cm
【工　　具】8号针
【材　　料】中粗线

花样图

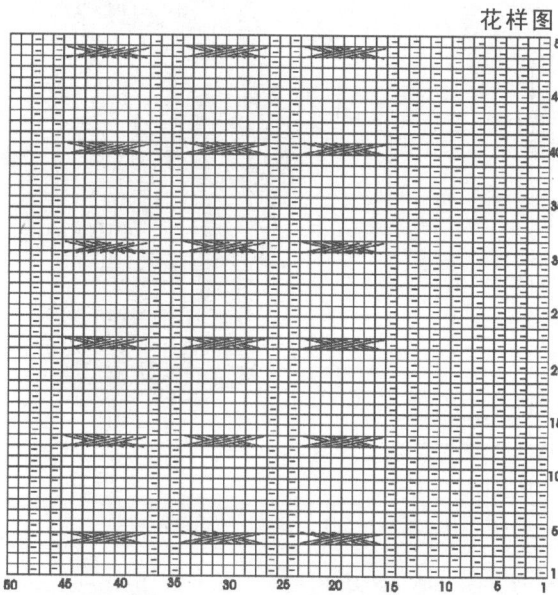

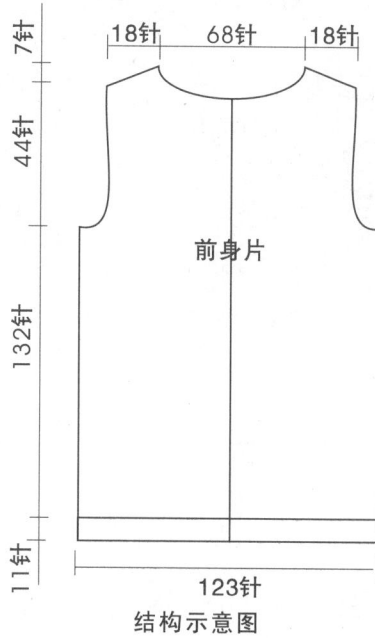

18针　68针　18针

7针
44针
132针
11针

前身片

123针

结构示意图

127

实物图

花样图

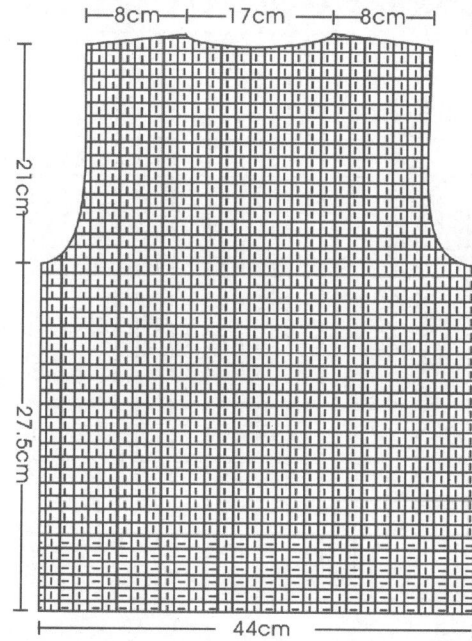

8cm　17cm　8cm

21cm
27.5cm
44cm

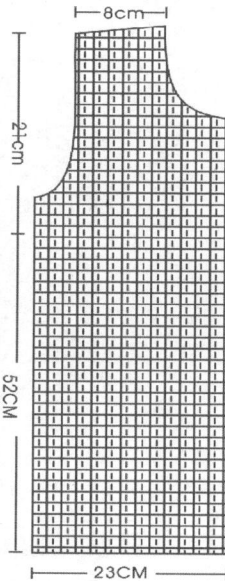

8cm
21cm
52cm
23CM

扭花翻领装

【成品规格】胸围120cm，背肩宽38cm，袖长53cm
【工　　具】8号针
【材　　料】细线

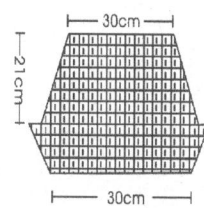

30cm
21cm
30cm

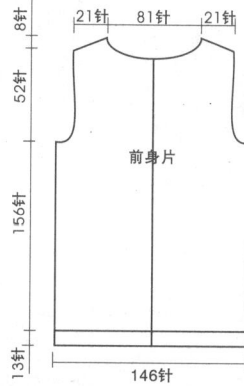

21针　81针　21针

8针
52针
156针
13针

前身片

146针

结构示意图

实物图

128

小开口领开衫

【成品规格】胸围120cm，背肩宽38cm，袖长53cm
【工　　具】9号针
【材　　料】中粗线

花样图

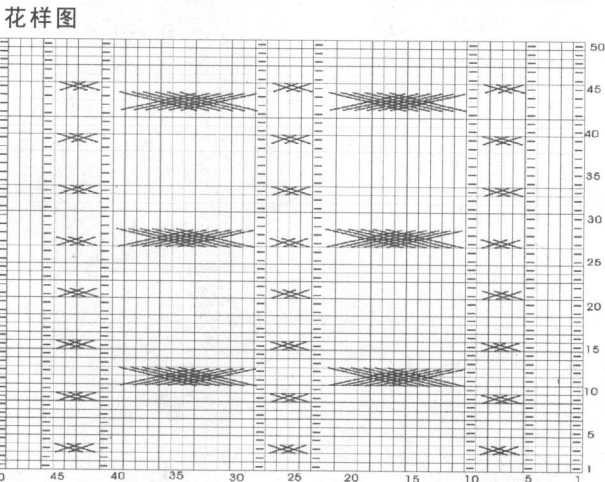

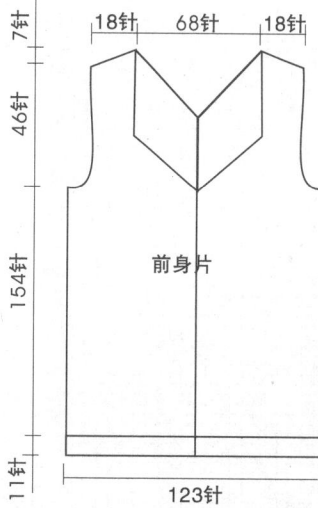

18针　68针　18针

7针
46针
154针
11针

前身片

123针

结构示意图

129

实物图

大圆领外套

【成品规格】胸围120cm，背肩宽38cm，袖长48cm
【工　　具】8号针
【材　　料】中粗线

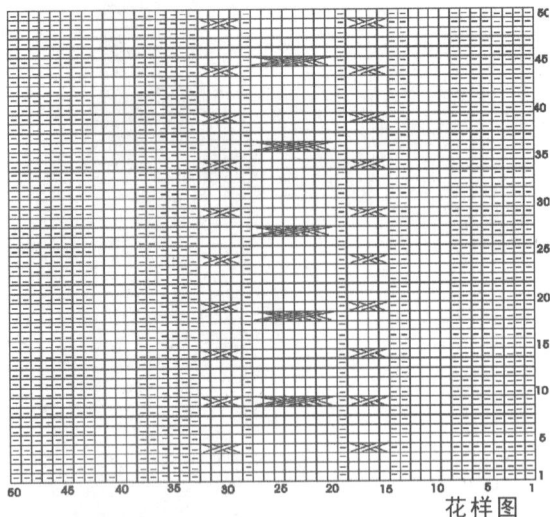

花样图

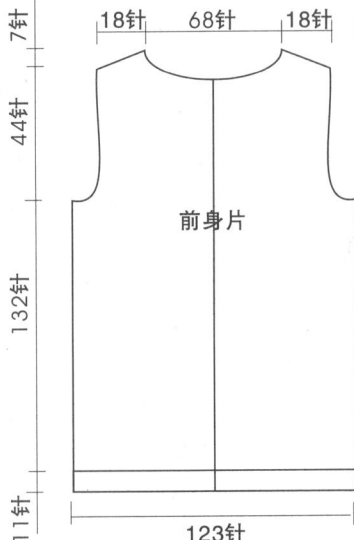

18针　68针　18针

前身片

123针

结构示意图

130

实物图

超可人勾花长衫

【成品规格】胸围120cm，背肩宽38cm，袖长53cm
【工　　具】钩针
【材　　料】细线

131

实物图

21针　81针　21针

前身片

146针

结构示意图

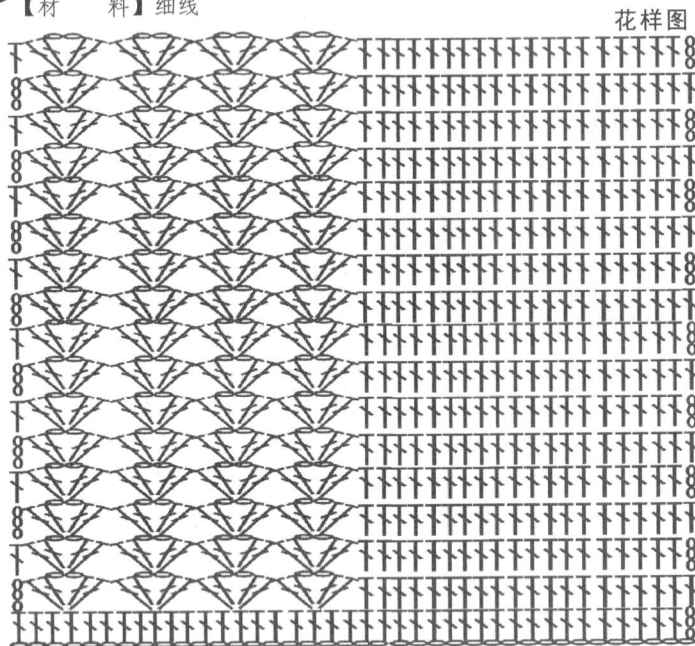

花样图

大翻领外套

【成品规格】胸围120cm，背肩宽38cm，袖长53cm
【工　　具】6号针
【材　　料】粗线

132

花样图

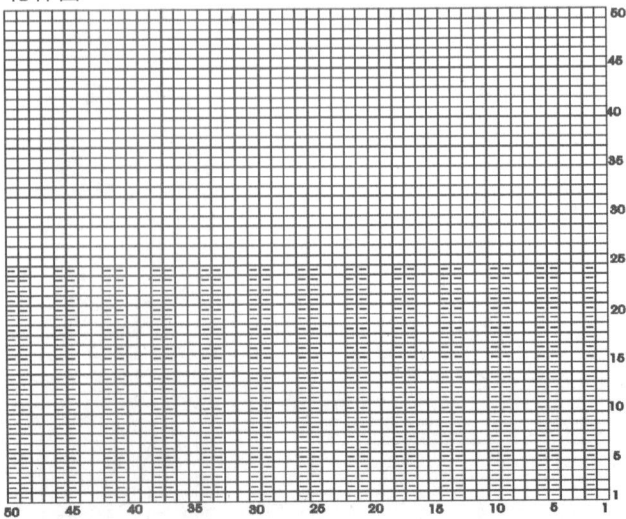

16针　62针　16针

前身片

112针

结构示意图

实物图

133 大开口无扣衫 【成品规格】胸围120cm，背肩宽38cm，袖长48cm
【工 具】9号针
【材 料】细线

实物图

结构示意图

花样图

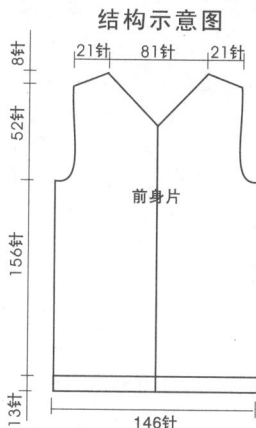

8针
52针
21针 81针 21针
156针
前身片
13针
146针

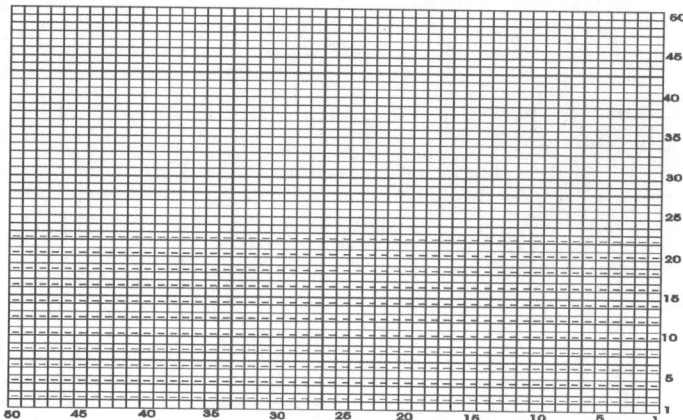

带帽无扣开衫 【成品规格】胸围120cm，背肩宽38cm，袖长53cm
【工 具】9号针
【材 料】细线

134

花样图

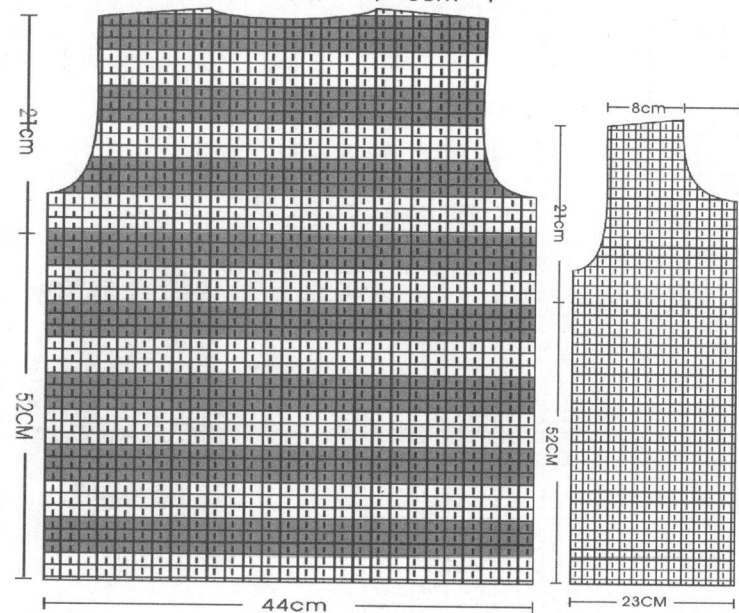

8cm 17cm 8cm
21cm
52CM
44cm

8cm
24cm
52CM
23CM

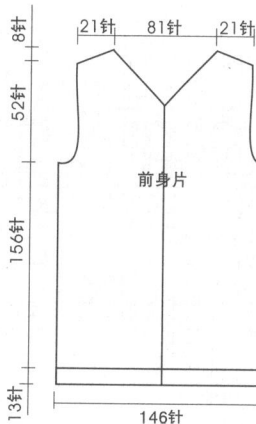

8针
52针
21针 81针 21针
156针
前身片
13针
146针

结构示意图

实物图

135 简洁时尚佳人装 【成品规格】胸围120cm，背肩宽38cm，袖长53cm
【工 具】8号针
【材 料】中粗线

实物图

花样图

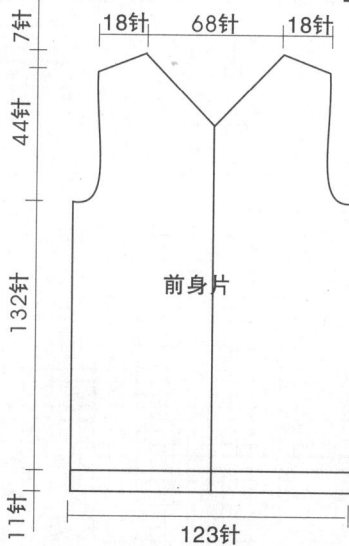

7针
44针
18针 68针 18针
132针
前身片
11针
123针

结构示意图

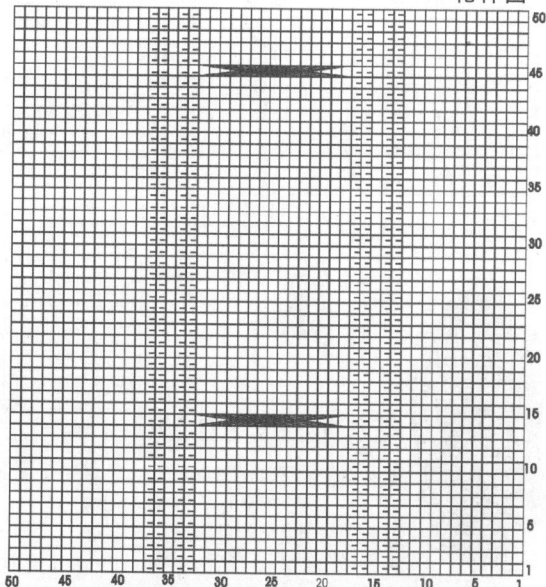

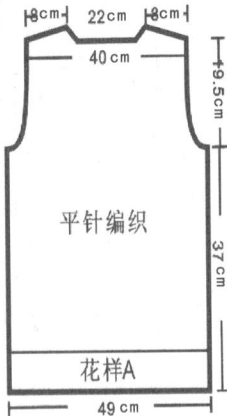

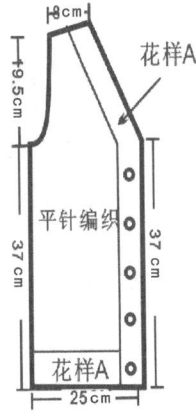

136 带帽波浪花纹装

【成品规格】胸围120cm，背肩宽38cm，袖长48cm
【工　　具】9号针
【材　　料】细线

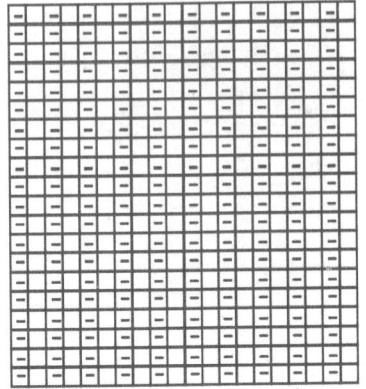

花样A　花样图

8cm　22cm　8cm
40 cm
19.5cm

平针编织

花样A
37cm

平针编织
37 cm
花样A
25cm
49 cm

8cm
19.5cm
平针编织
37 cm

花样A

40cm
49
平针编织
花样A
32 cm

结构示意图

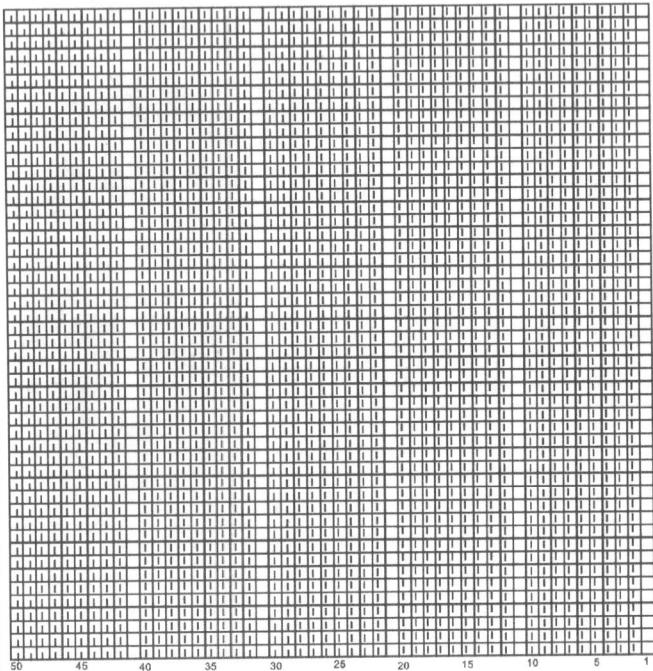

花样图

50　45　40　35　30　25　20　15　10　5　1

花样A

8cm　22cm　8cm
40cm
19.5cm
花样B
67cm
49cm

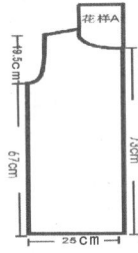

花样A
19.5cm
花样B
67cm
73cm
25cm

结构示意图

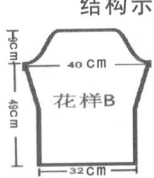

40 cm
花样B
49cm
32cm

花样B

137

小圆翻领装

【成品规格】胸围120cm，背肩宽
　　　　　　38cm，袖长53cm
【工　　具】8号针
【材　　料】中粗线

花样A

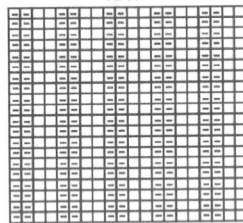

实物图

帽子　结构示意图　帽子

8cm　22cm　8cm
40cm
19.5cm
花样B
67cm
花样A
49cm

19.5cm
花样B
67cm
花样A
25cm

40cm
花样B
73cm
花样A
32cm

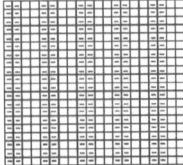

花样A

花样图　　　　花样B

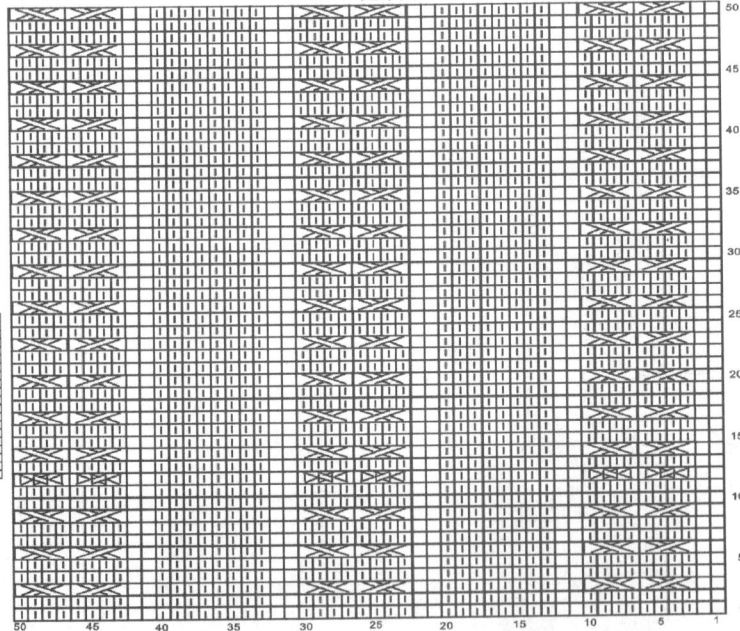

50　45　40　35　30　25　20　15　10　5　1

138

带帽暖和装

【成品规格】胸围120cm，背肩宽
　　　　　　38cm，袖长53cm
【工　　具】8号针
【材　　料】中粗线

实物图

经典韩式毛衣外套1800

实物图

宽下摆休闲外套

【成品规格】胸围120cm，背肩宽38cm，袖长53cm
【工　具】6号针
【材　料】中粗线

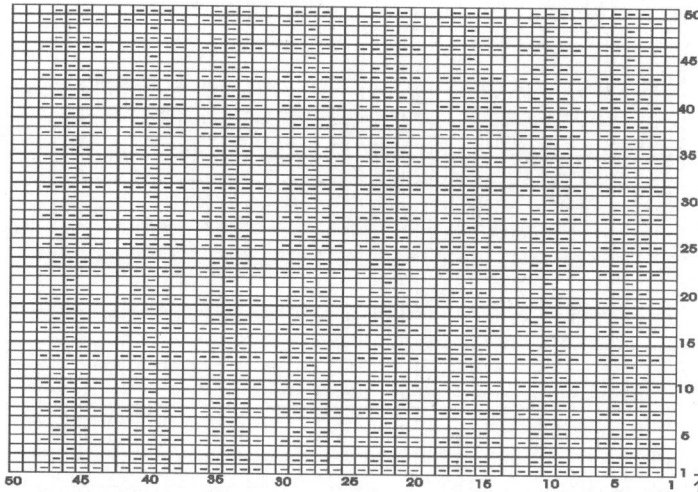

花样图

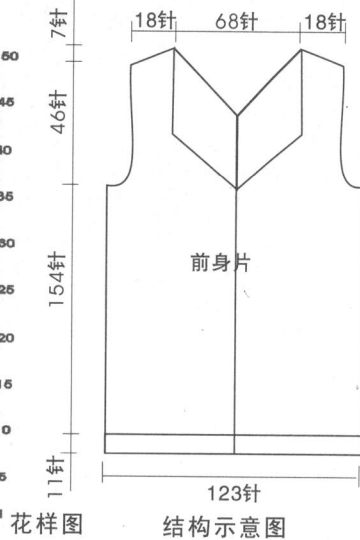

18针　68针　18针
7针
46针
154针
11针
123针

前身片

结构示意图

139

实物图

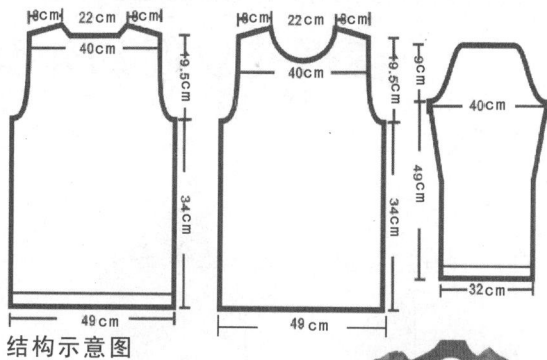

8cm　22cm　8cm
40cm
49.5cm
34cm
49cm

8cm　22cm　8cm
40cm
49.5cm
34cm
49cm

9cm
40cm
49cm
32cm

结构示意图

140

带帽月牙扣衫

【成品规格】胸围120cm，背肩宽
38cm，袖长53cm
【工　具】9号针
【材　料】细线

实物图

花样图

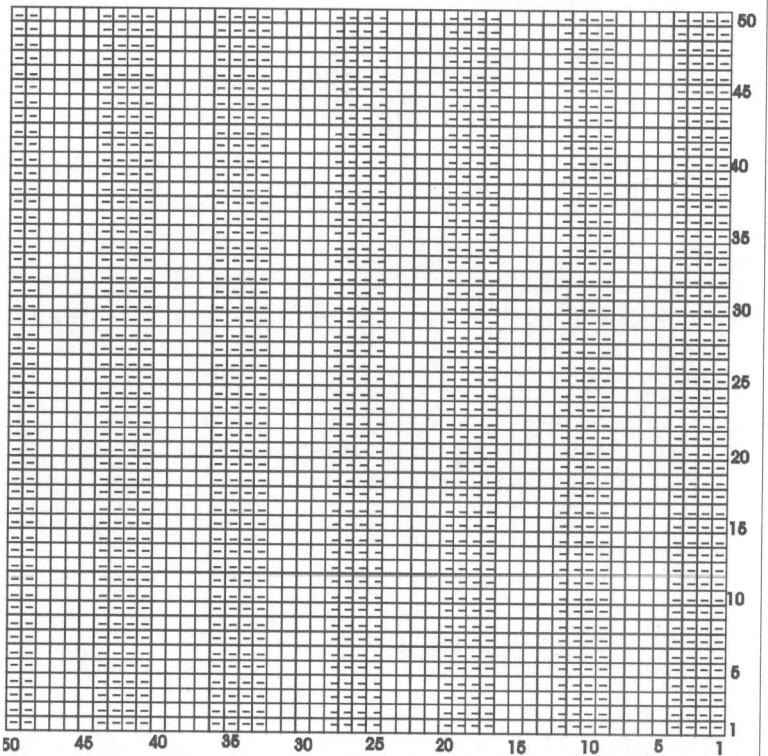

50 45 40 35 30 25 20 15 10 5 1

花样图

边缘花样

8cm　22cm　8cm
40cm
49.5cm
37cm
49cm

8cm
49.5cm
37cm
25cm

9cm
40cm
49cm
32cm

结构示意图

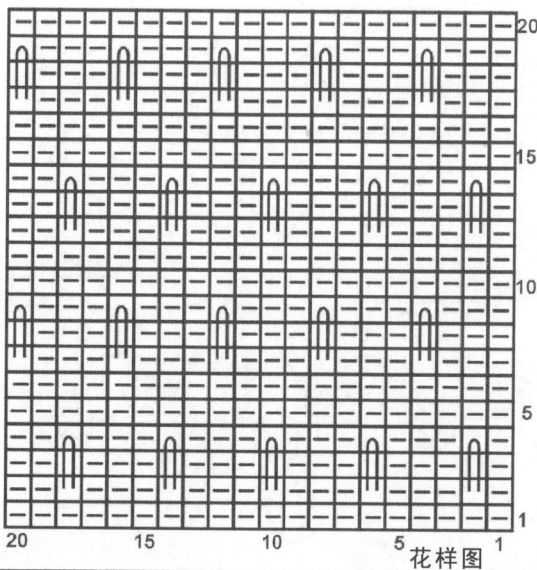

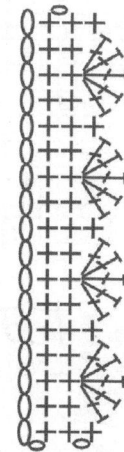

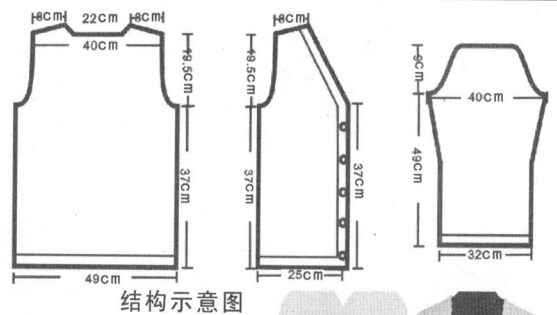

141

波浪领口无扣衫

【成品规格】胸围120cm，背肩宽
38cm，袖长53cm
【工　具】8号针
【材　料】中细线

实物图

V领网眼开衫

【成品规格】胸围120cm，背肩宽
38cm，袖长53cm
【工　　具】8号针
【材　　料】中粗线

142

花样A

花样图

实物图

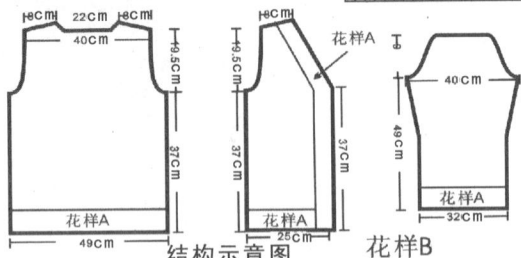

花样A

结构示意图　　花样B

菱形花纹简约外套

143

【成品规格】胸围120cm，背肩宽
38cm，袖长53cm
【工　　具】8号针
【材　　料】中粗线

花样图

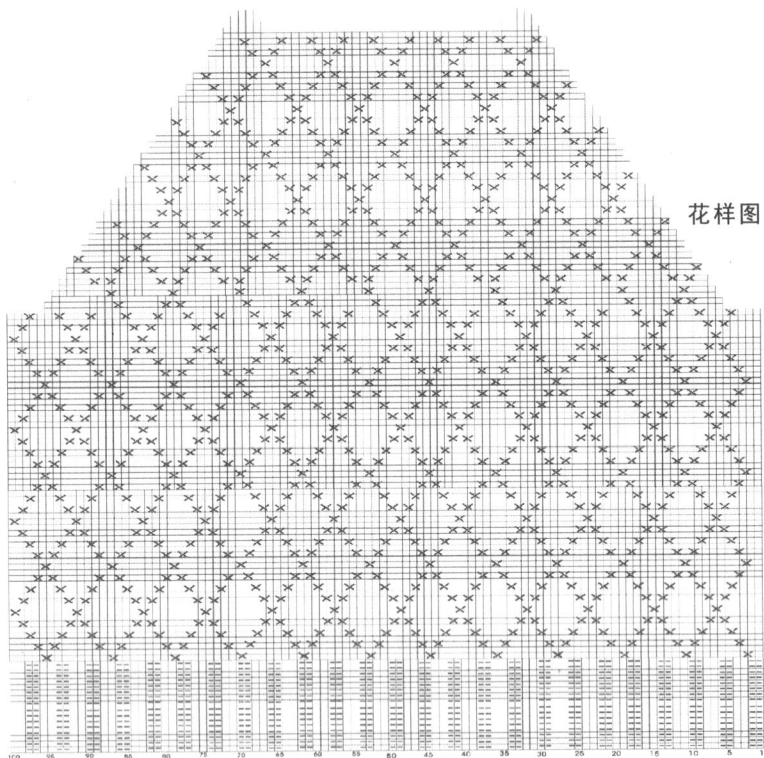

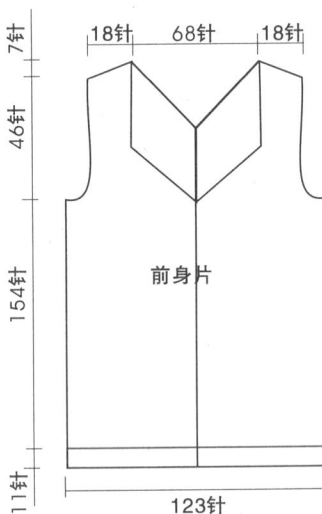

18针　68针　18针

7针
46针
154针
前身片

11针

123针

结构示意图　　　实物图

结构示意图　　花样图

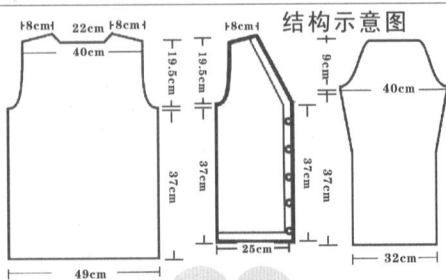

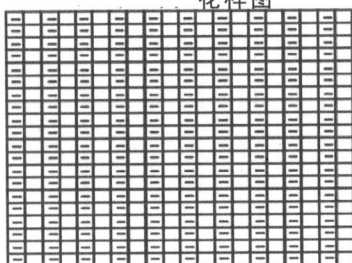

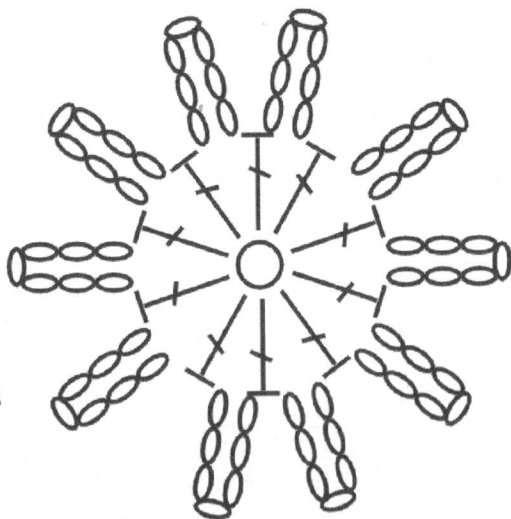

144

独特绣花开衫

【成品规格】胸围120cm，背肩宽
38cm，袖长53cm
【工　　具】9号针
【材　　料】中细线

实物图

方格纹带扣衫

【成品规格】胸围120cm，背肩宽38cm，袖长53cm
【工　　具】9号针
【材　　料】中细线

花样A

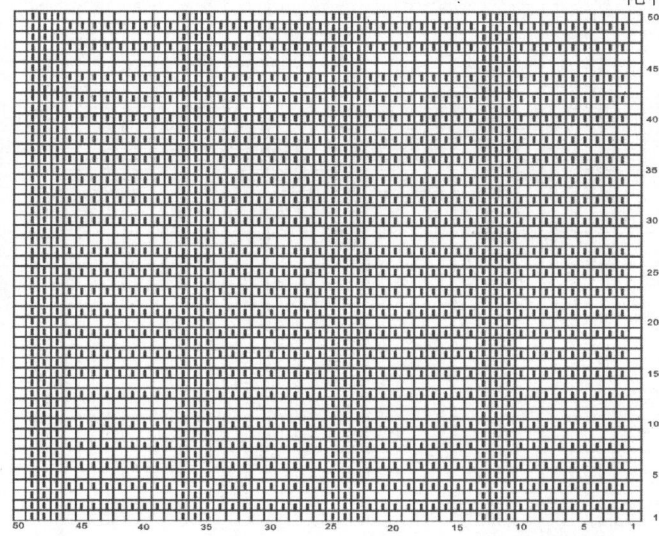

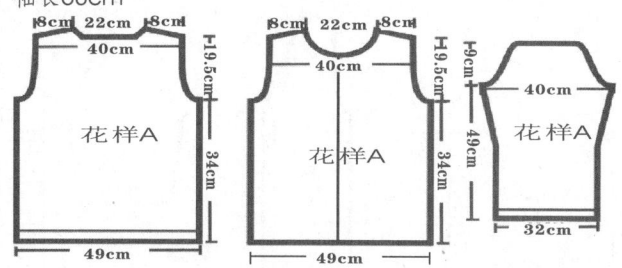

8cm 22cm 8cm
40cm
花样A
49cm
34cm
↕19.5cm

8cm 22cm 8cm
40cm
花样A
49cm
34cm
↕9.5cm

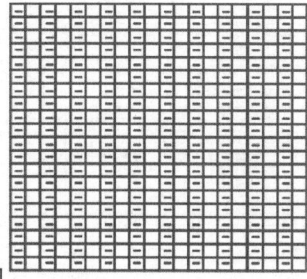

40cm
花样A
32cm
↕9cm

结构示意图

门襟、领口、下摆花样

145

花样图

实物图

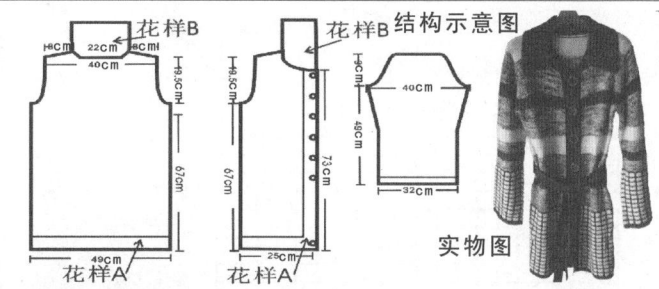

花样B
8cm 22cm 8cm
40cm
↕9.5cm
67cm
花样A
49cm

花样B 结构示意图
40cm
↕9.5cm
73cm
48cm
67cm
25cm

40cm
花样B
32cm

实物图

花样A　　花样B

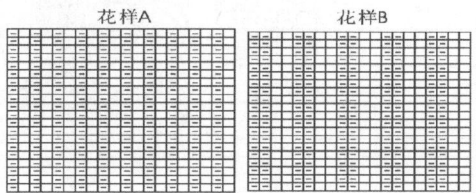

146

【成品规格】胸围120cm，背肩宽38cm，袖长53cm

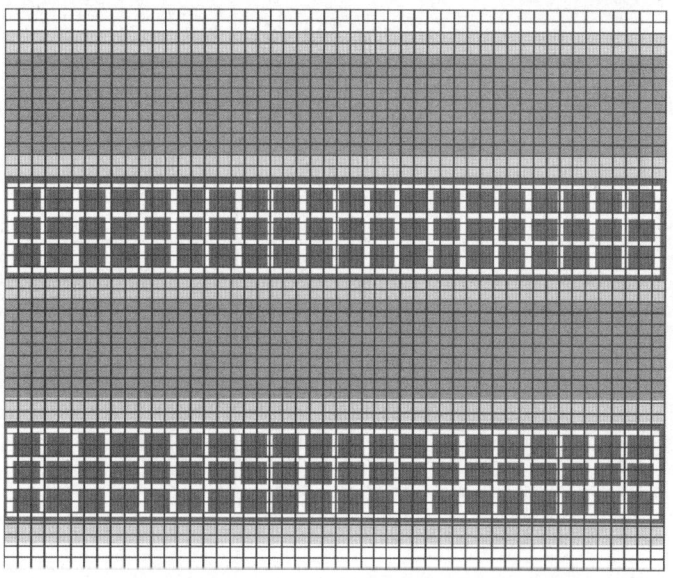

花样图

小翻领外套
【工　　具】8号针
【材　　料】中粗线

清纯简洁长外套

【成品规格】胸围120cm，背肩宽38cm，袖长53cm
【工　　具】9号针
【材　　料】中粗线

花样图

147

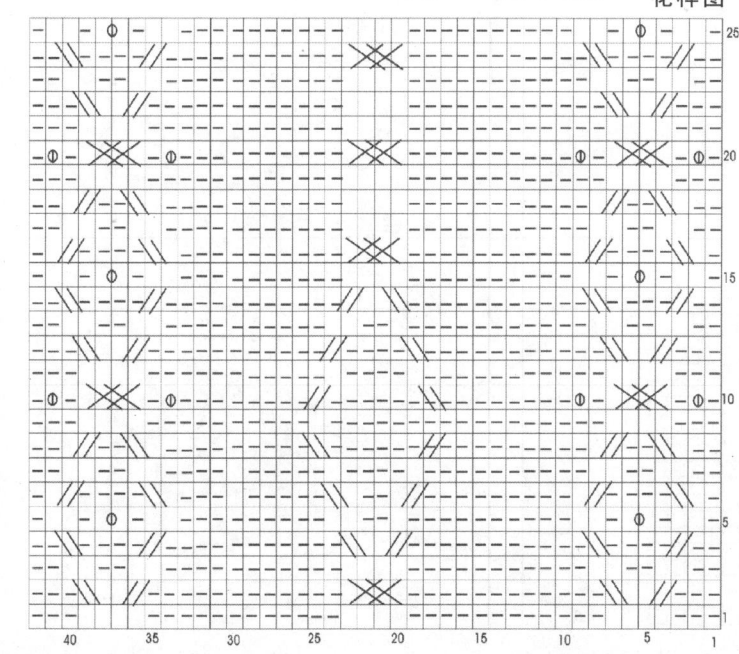

18针　68针　18针
7针
46针
154针
前身片
11针
123针

结构示意图

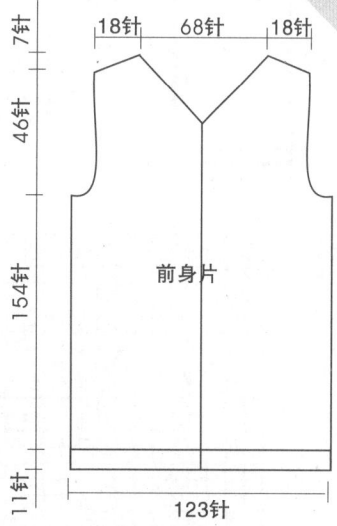

实物图

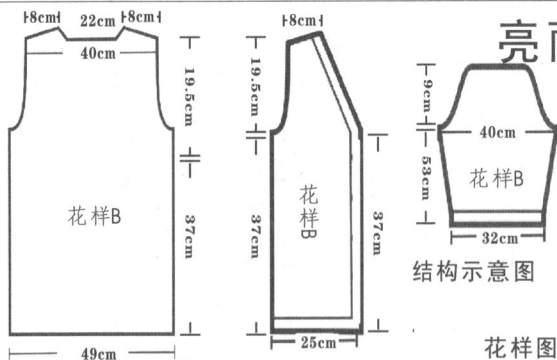

亮丽桃红开衫

【成品规格】胸围120cm，背肩宽38cm，袖长53cm
【工　具】8号针
【材　料】中细线

8cm　22cm　8cm
40cm
19.5cm
37cm
花样B
49cm

8cm
19.5cm
37cm
花样B
25cm

9cm
40cm
53cm
花样B
32cm

结构示意图

花样图

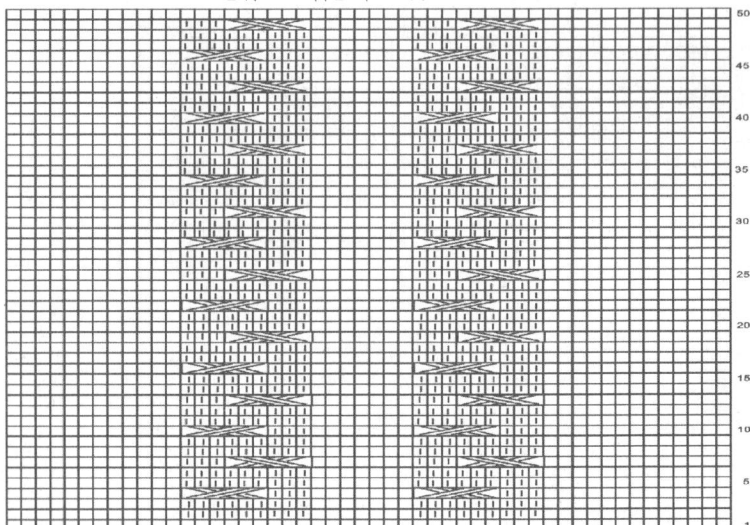

148

实物图

无领无扣衫

【成品规格】胸围120cm，背肩宽38cm，袖长49cm
【工　具】8号针
【材　料】中细线

8cm　22cm　8cm
40cm
19.5cm
37cm
平针编织
49cm

8cm
19.5cm
37cm
平针编织
花样A
25cm

9cm
40cm
49cm
平针编织
32cm

结构示意图

花样A

149

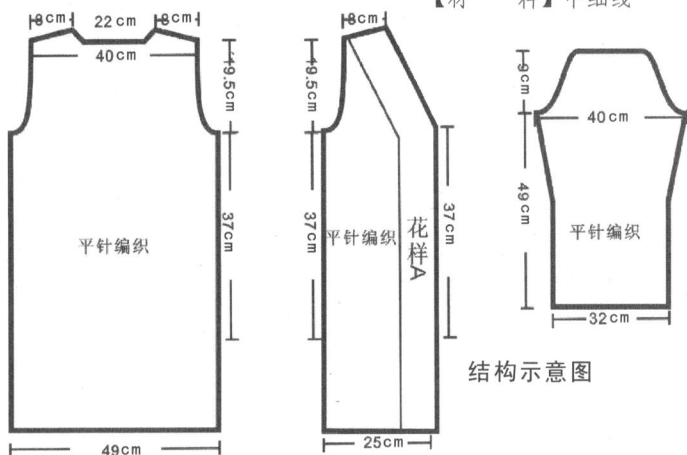

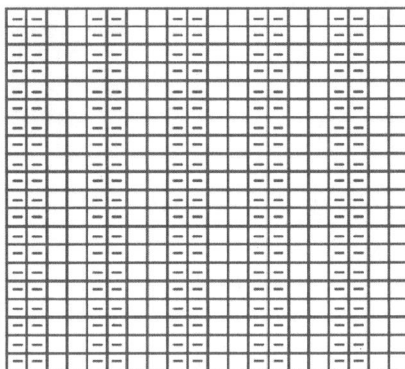

花样图

实物图

大开口领开衫

【成品规格】胸围120cm，背肩宽
　　　　　　38cm，袖长53cm
【工　具】9号针
【材　料】细线

8cm　22cm　8cm
40cm
19.5cm
37cm
49cm

8cm
19.5cm
37cm
25cm

9cm
40cm
53cm
32cm

结构示意图

花样图

150

实物图

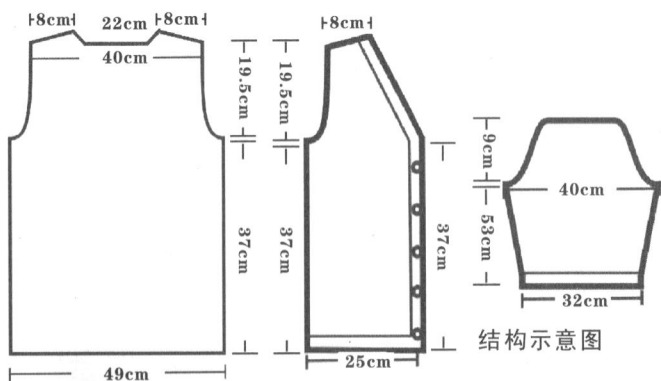

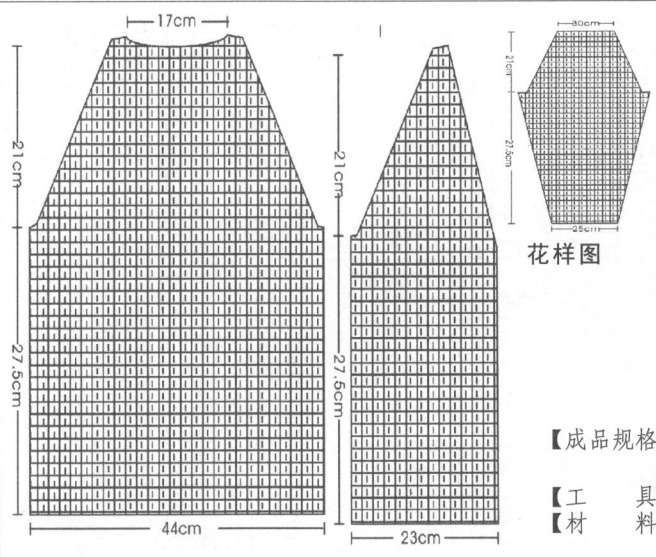

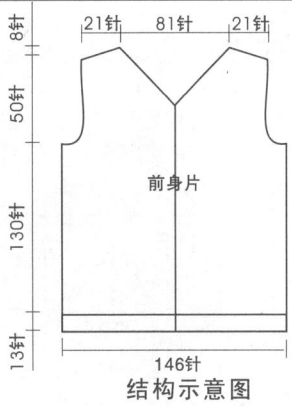

17cm

21cm

27.5cm

44cm

21cm

27.5cm

23cm

30cm

21cm

21cm

25cm

花样图

21针　81针　21针

前身片

50针

130针

13针

8针

146针

结构示意图

实物图

♡ 151

【成品规格】胸围120cm，背肩宽
　　　　　　38cm，袖长53cm
【工　　具】9号针
【材　　料】细线

舒适休闲潮流装

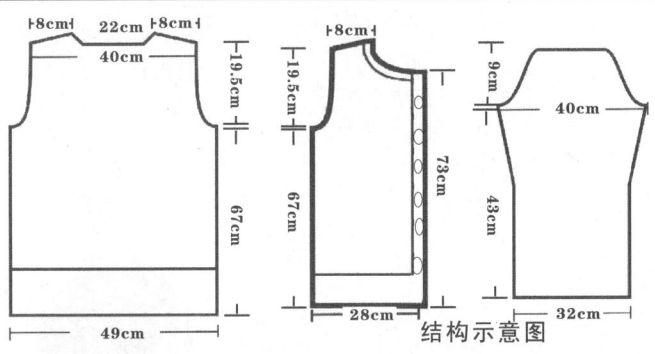

8cm　22cm　8cm
40cm
19.5cm
67cm
49cm

8cm
19.5cm
73cm
67cm
28cm

9cm
40cm
43cm
32cm

结构示意图

实物图

♡ 152

大纽扣带帽衫

【成品规格】胸围120cm，背肩宽
　　　　　　38cm，袖长53cm
【工　　具】9号针
【材　　料】中粗线

花样图

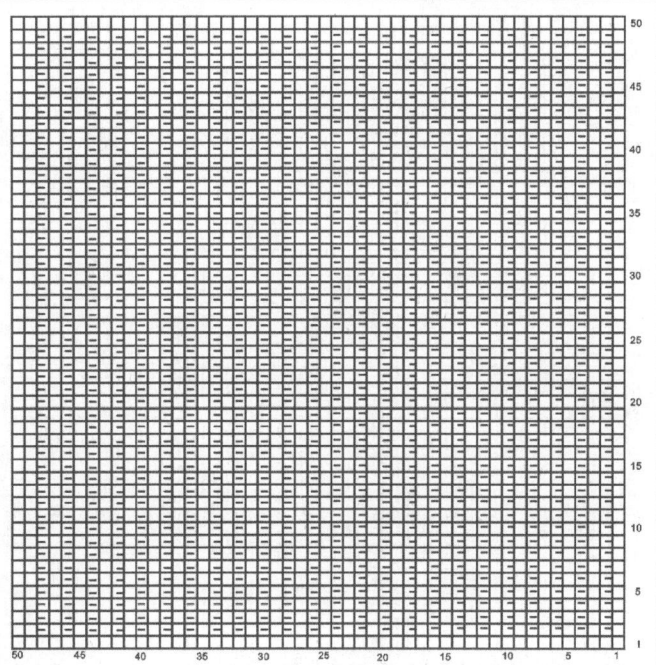

花样图

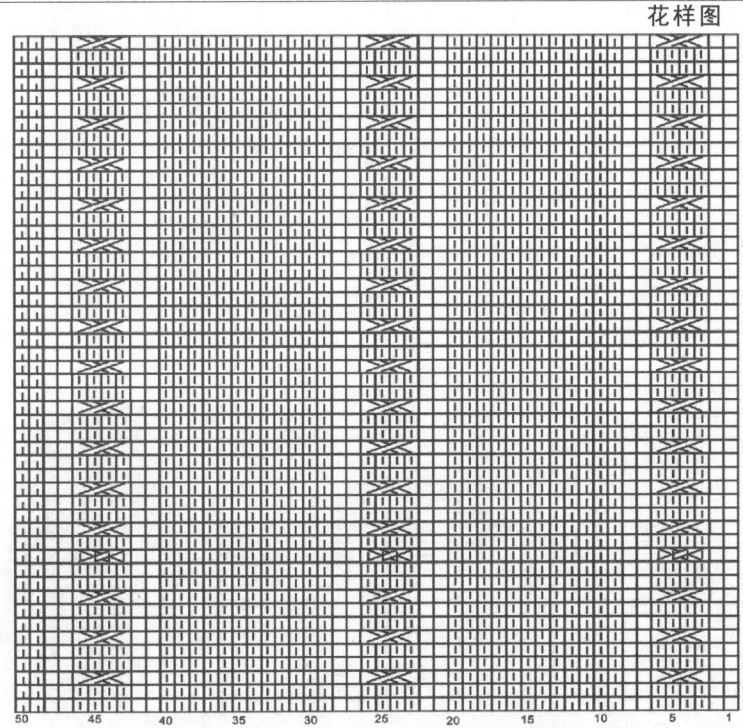

8cm　22cm　8cm
40cm
19.5cm
37cm
49cm

8cm
19.5cm
37cm
25cm

37cm

9cm
40cm
53cm
32cm

结构示意图

♡ 153

渐变绣花衫

【成品规格】胸围120cm，背肩宽
　　　　　　38cm，袖长53cm
【工　　具】10号针
【材　　料】细线

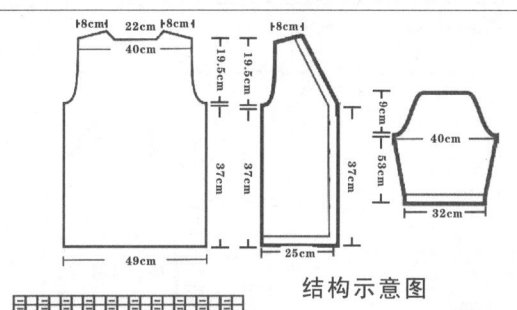

实物图

154 几何花纹外套

【成品规格】胸围120cm，背肩宽38cm，袖长53cm
【工　　具】9号针
【材　　料】细线

花样图

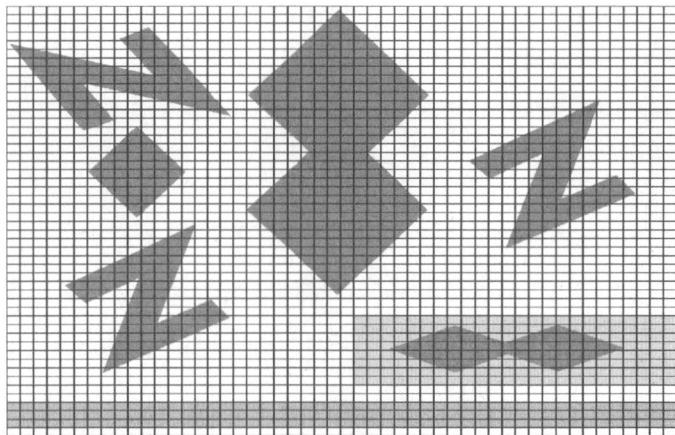

结构示意图

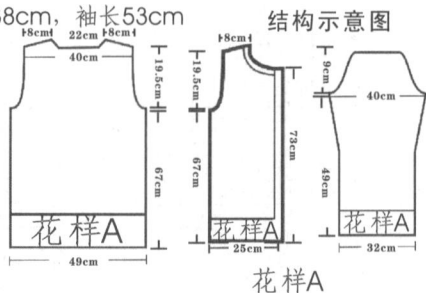

┝8cm┥ 22cm ┝8cm┥
40cm
19.5cm
67cm
花样A
49cm

┝8cm┥
40cm
19.5cm
67cm
25cm
花样A

9cm
40cm
73cm
49cm
32cm
花样A

花样A

实物图

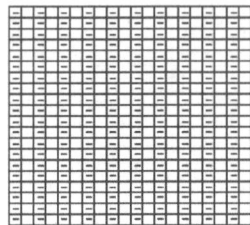

花样图

┝8cm┥ 17cm ┝8cm┥
8cm
21cm
52CM
44cm

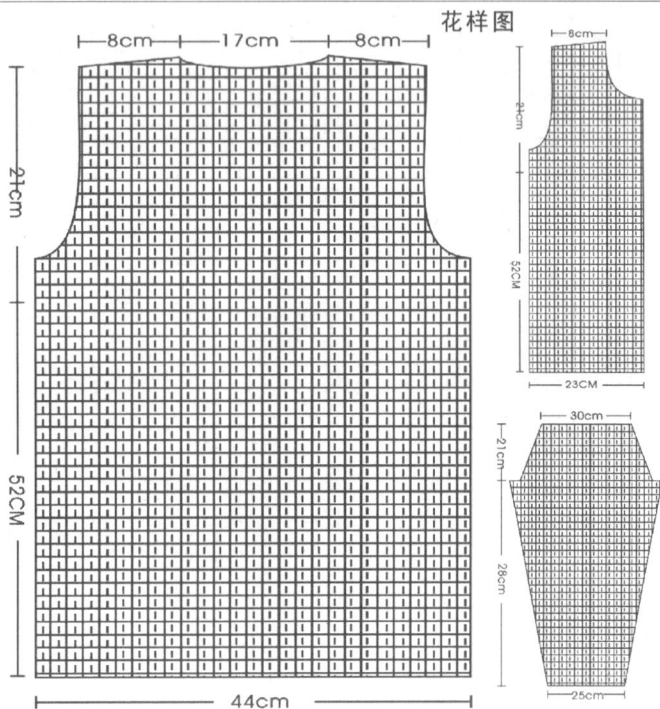

24cm
52CM
23CM

30cm
21cm
28cm
25cm

修身雅致丽人装

【成品规格】胸围120cm，背肩宽38cm，袖长53cm
【工　　具】8号针
【材　　料】中细线

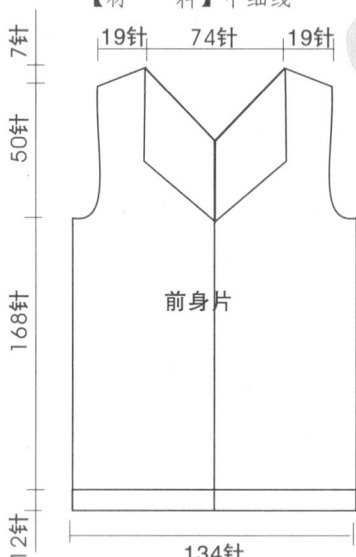

19针　74针　19针
7针
50针
168针
前身片
12针
134针
结构示意图

155

实物图

┝8cm┥ 22cm ┝8cm┥
40cm
19.5cm
花样B
37cm
花样A
49cm

┝8cm┥
19.5cm
花样B
37cm
25cm

花样A

9cm
40cm
花样B
53cm
32cm
结构示意图

球状纹开衫

【成品规格】胸围120cm，背肩宽
38cm，袖长53cm
【工　　具】9号针
【材　　料】细线

156

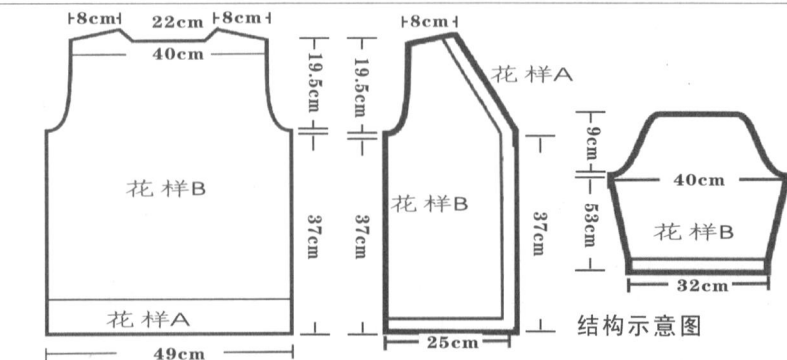

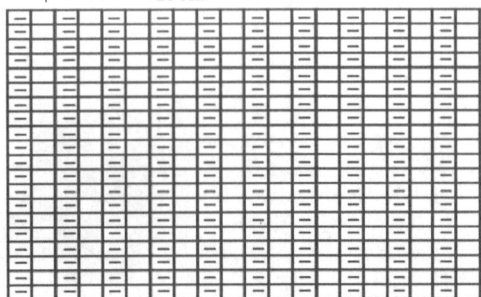

花样
A

花样图

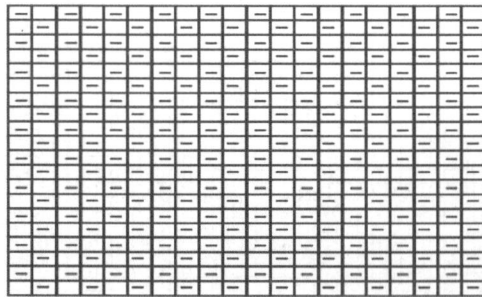

花样
B

实物图

大纽扣外套

【成品规格】胸围120cm，背肩宽38cm，袖长53cm
【工　　具】9号针
【材　　料】中粗线

花样A

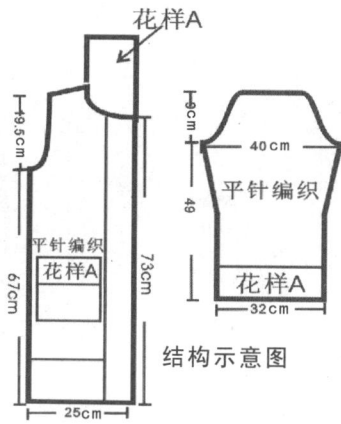

花样A　平针编织　花样A
结构示意图

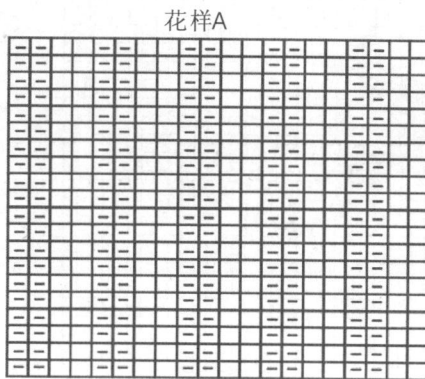

花样A

花样图

157

实物图

实物图

大翻领装

【成品规格】胸围120cm，背肩宽
　　　　　　38cm，袖长53cm
【工　　具】9号针
【材　　料】细线

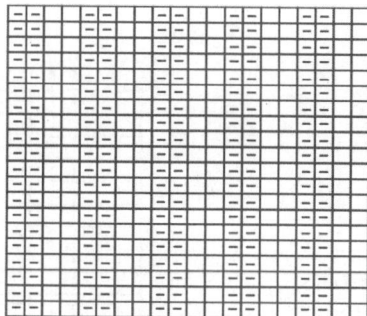

158

结构示意图

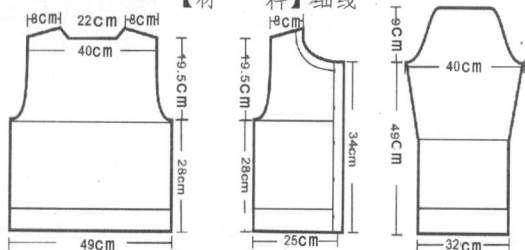

花样图

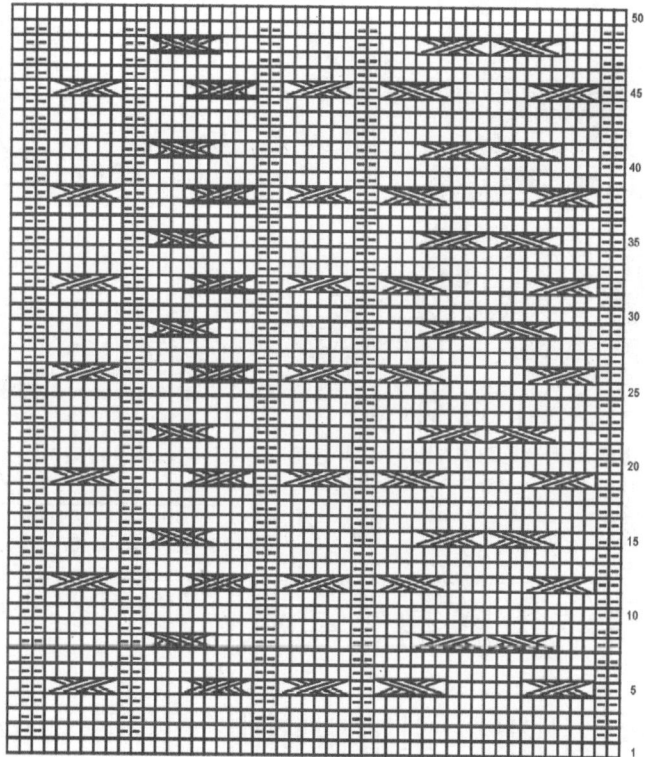

文雅休闲可人装

【成品规格】胸围120cm，背肩宽38cm，袖长53cm
【工　　具】6号针
【材　　料】中粗线　花样图

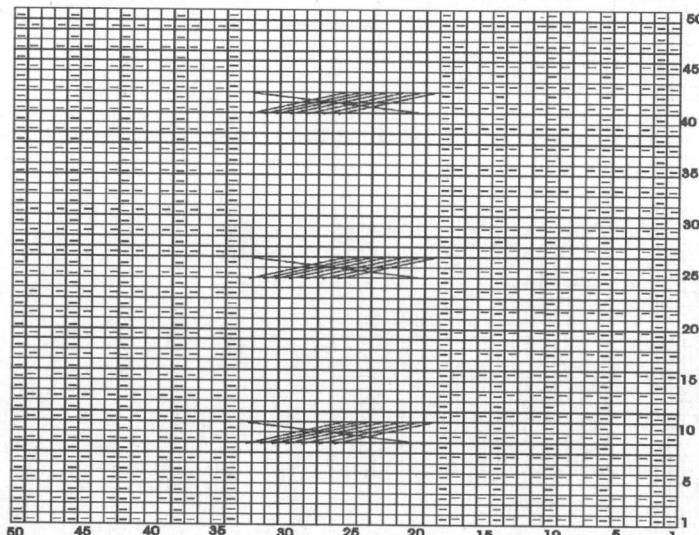

159

18针　68针　18针

前身片

123针

结构示意图

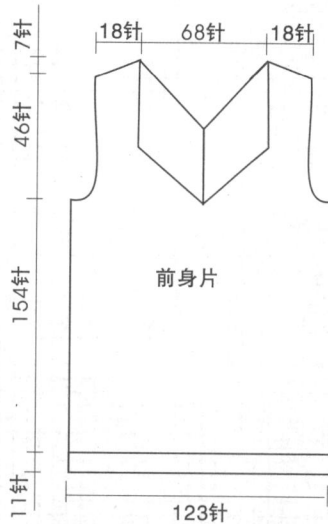

实物图

125

小圆翻领外套

【成品规格】胸围120cm，背肩宽38cm，袖长53cm
【工　具】10号针
【材　料】中粗线

花样图

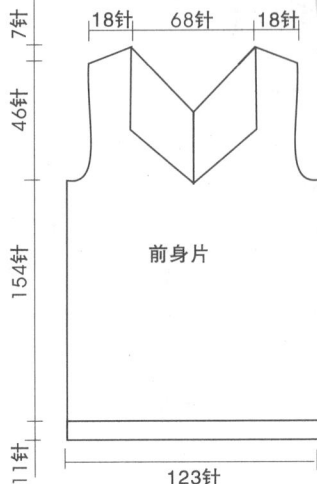

18针　68针　18针

7针
46针
154针
11针

前身片

123针

结构示意图

实物图

160

实物图

161

大翻领外套

【成品规格】胸围120cm，背肩宽38cm，袖长53cm
【工　具】9号针
【材　料】中细线

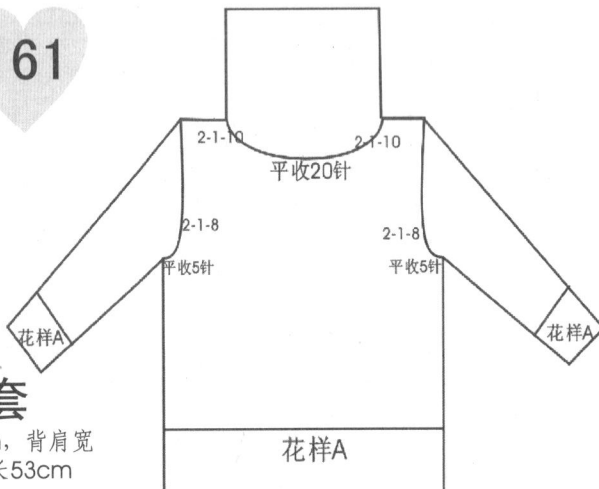

2-1-10　　　2-1-10
平收20针
2-1-8　　　　2-1-8
平收5针　　　平收5针
花样A　　　　花样A

花样A

结构示意图

花样A

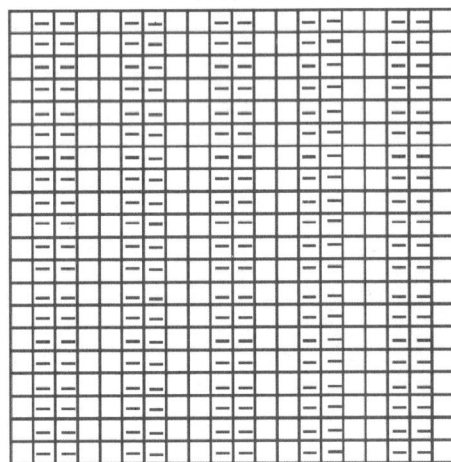

花样图

扭花大圆翻领装

【成品规格】胸围120cm，背肩宽38cm，袖长53cm
【工　具】9号针
【材　料】中粗线

花样A

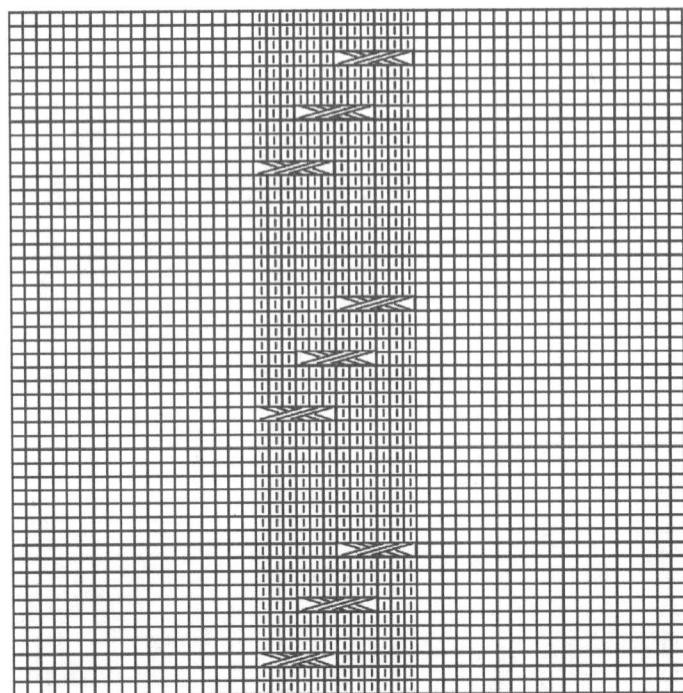

60
45
40
35
30
25
20
15
10
5
1

8cm　22cm　8cm
40cm
19.5cm
30cm

花样B

49cm

8cm　22cm　8cm
40cm
19.5cm
30cm

花样A

49cm

40cm
34cm
32cm

结构示意图

花样B

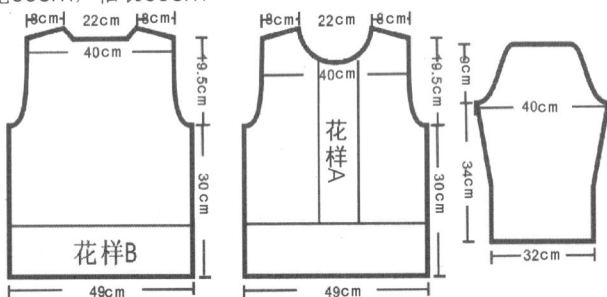

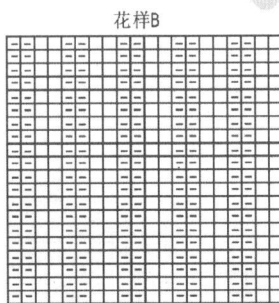

花样图

实物图

162

实物图

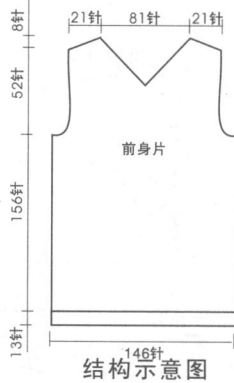

163

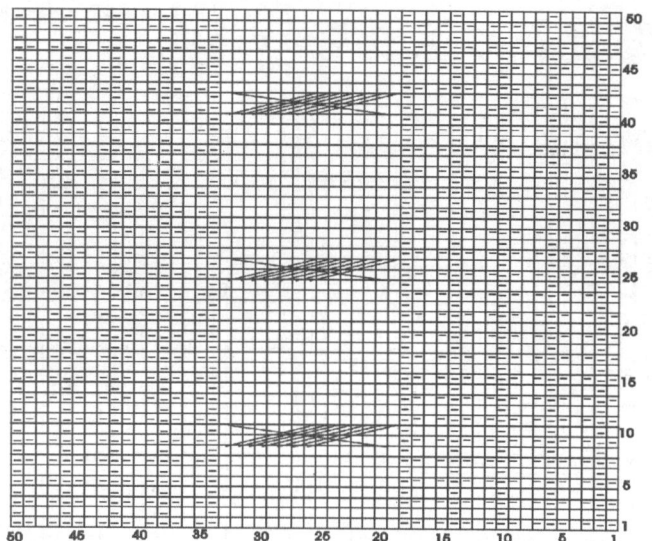

21针　81针　21针

8针
52针
156针
13针

前身片

146针

结构示意图

【成品规格】胸围120cm，背肩宽38cm，袖长53cm
【工　　具】10号针
【材　　料】细线

花样图

紧身绒毛素雅装

小圆翻领装

【成品规格】胸围120cm，背肩宽38cm，袖长53cm
【工　　具】9号针
【材　　料】细线

花样图

花样B

花样A

8cm　22cm　8cm
40cm
19.5cm
平针编织
34cm
花样A
49cm

8cm　22cm　8cm
40cm
19.5cm
平针编织
34cm
花样A
49cm

9cm
40cm
49cm
平针编织
花样A
32cm

结构示意图

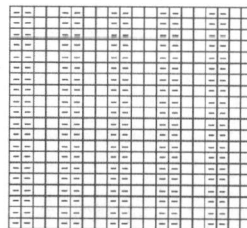

花样A

164

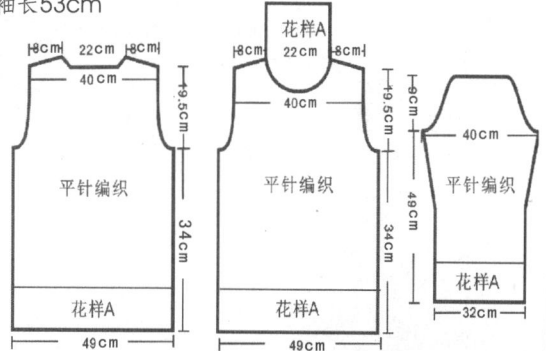

实物图

结构示意图

8cm
40cm
19.5cm
34cm
49cm

40cm
19.5cm
34cm
49cm

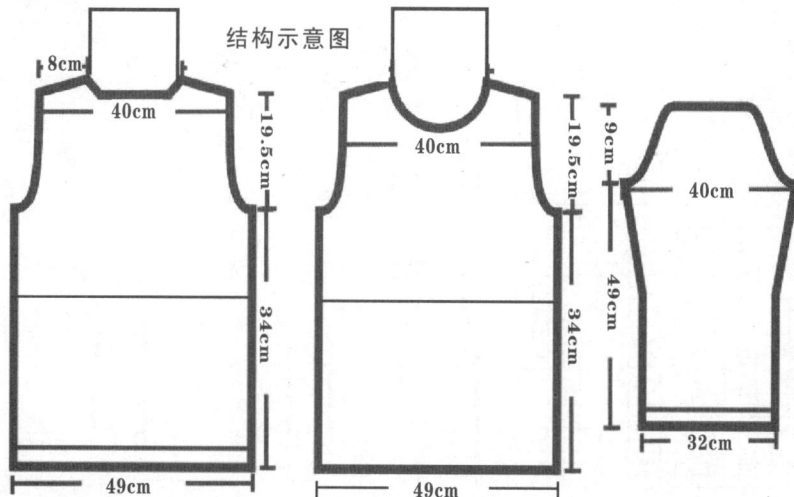

9cm
40cm
49cm
32cm

蝙蝠袖套头装

165

【成品规格】胸围120cm，背肩宽38cm，袖长53cm
【工　　具】9号针
【材　　料】中细线

花样图

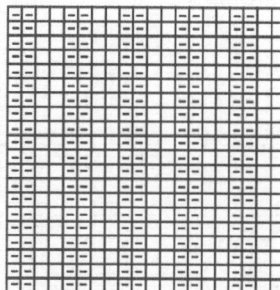

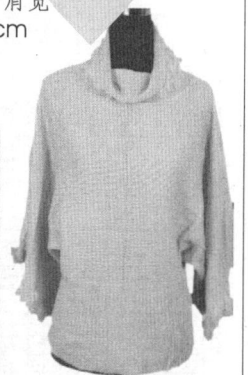

实物图

127

繁复花纹套头衫

【成品规格】胸围120cm，背肩宽38cm，袖长53cm
【工　　具】8号针
【材　　料】中细线

花样图

结构示意图

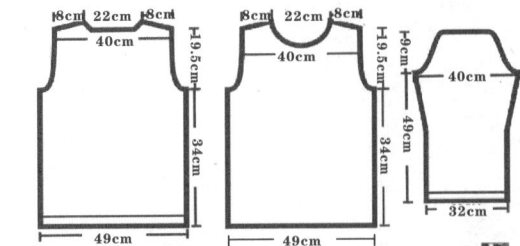

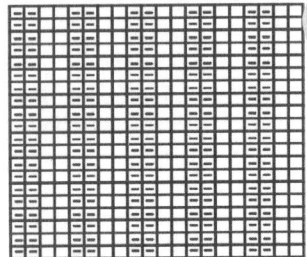

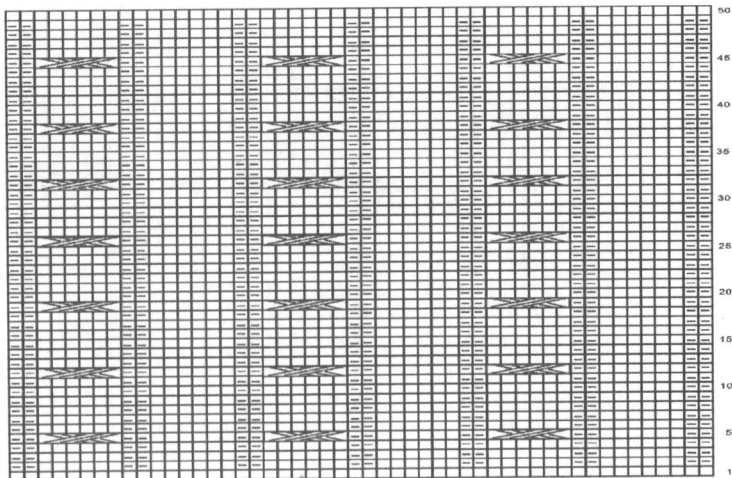

166

实物图

167

灯笼袖休闲可人衫

【成品规格】胸围120cm，背肩宽38cm，袖长53cm
【工　　具】6号针
【材　　料】中粗线

花样图

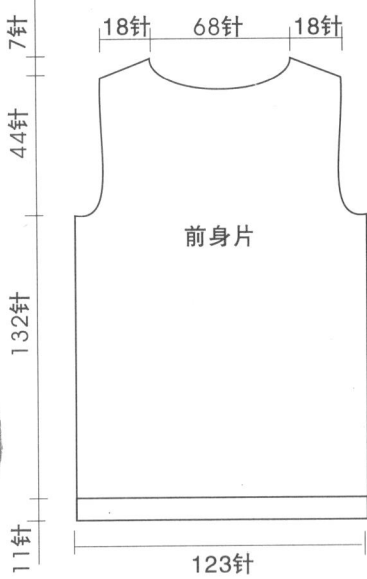

18针　68针　18针

7针
44针
132针
11针

前身片

123针

实物图　　　结构示意图

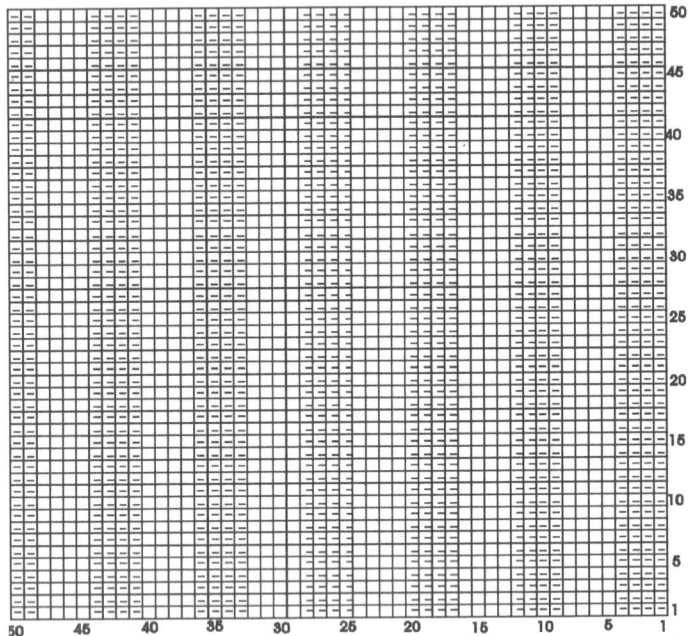

花样图

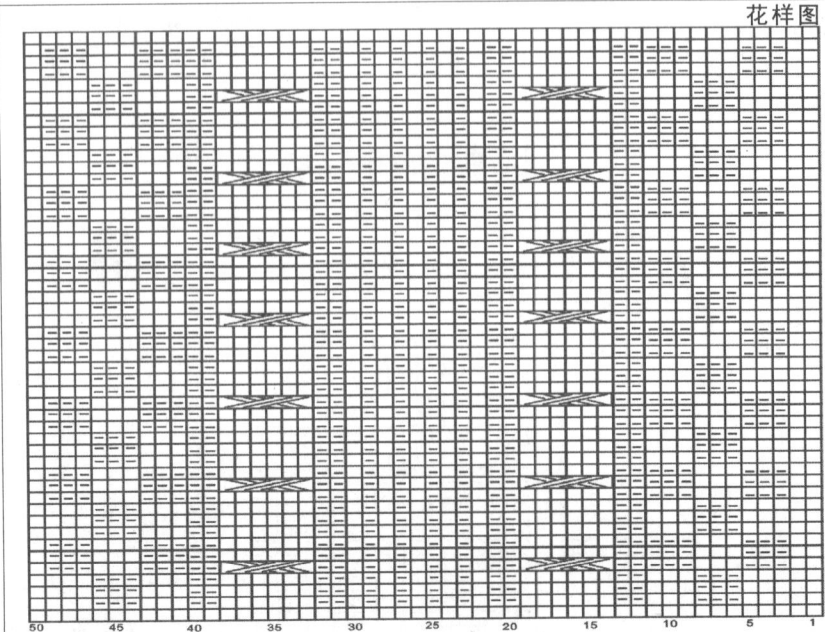

168

辫子圆领装

【成品规格】胸围120cm，背肩宽
38cm，袖长53cm
【工　　具】8号针
【材　　料】中粗线

实物图

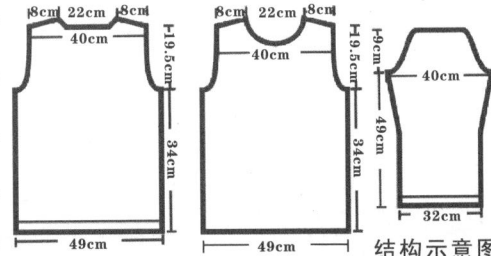

结构示意图

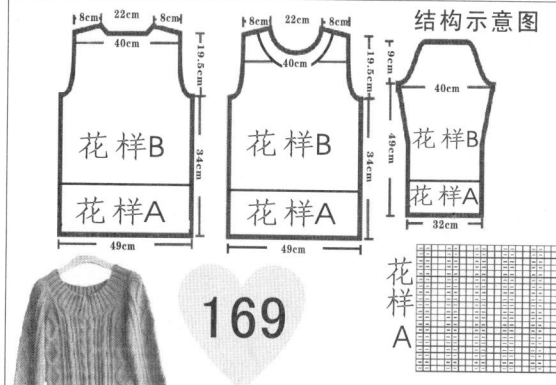

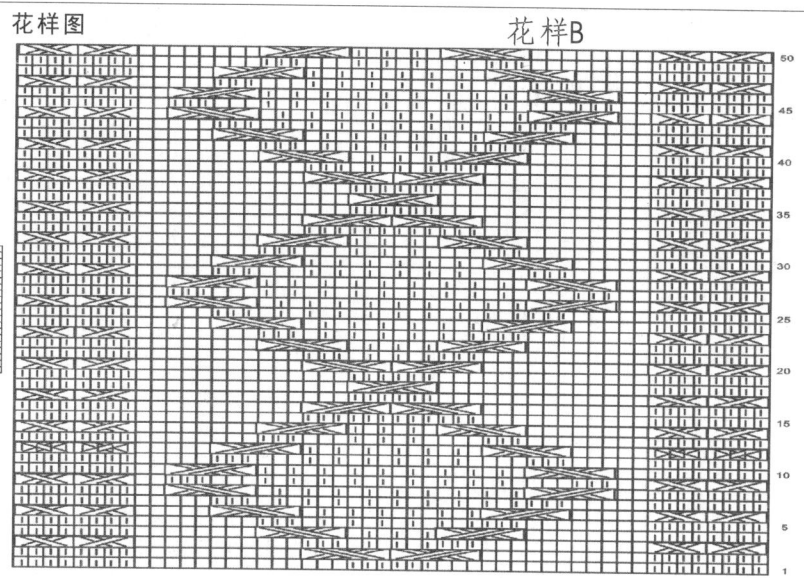

花样图　花样B

结构示意图

花样图

花样A

169

小圆领装

【成品规格】胸围120cm，背肩宽
38cm，袖长53cm
【工　具】8号针
【材　料】中细线

实物图

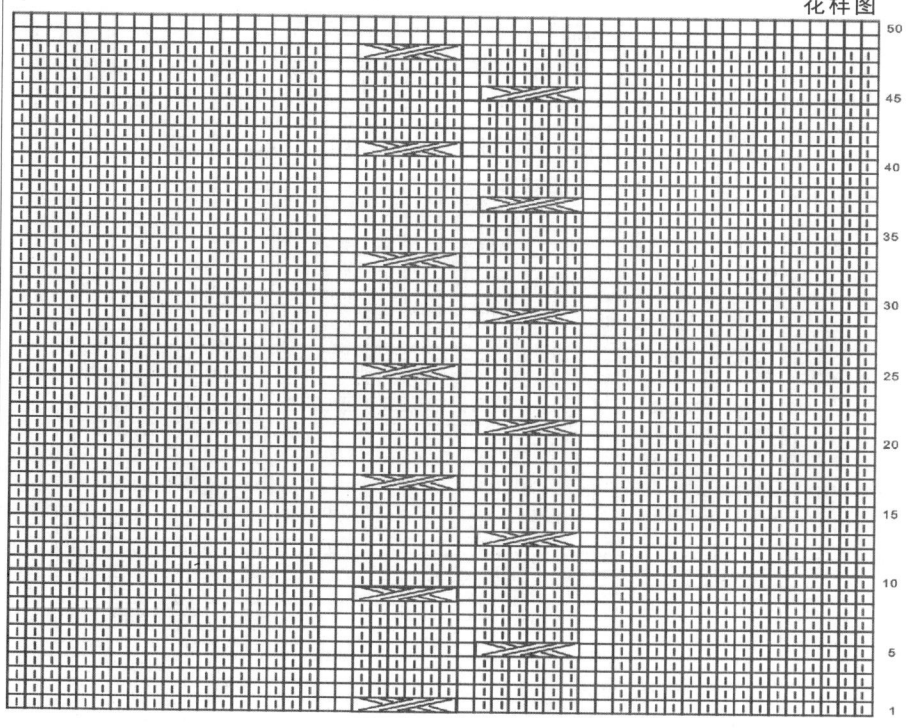

花样图

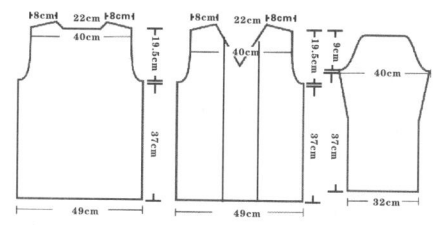

结构示意图

实物图

170

大开口领装

【成品规格】胸围120cm，背肩宽
38cm，袖长53cm
【工　具】8号针
【材　料】中粗线

171

实物图

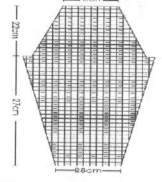

花样图

17cm

22cm

80cm

50cm

时尚独特长衫

【成品规格】胸围120cm，背肩宽
38cm，袖长53cm
【工　具】9号针
【材　料】中细线

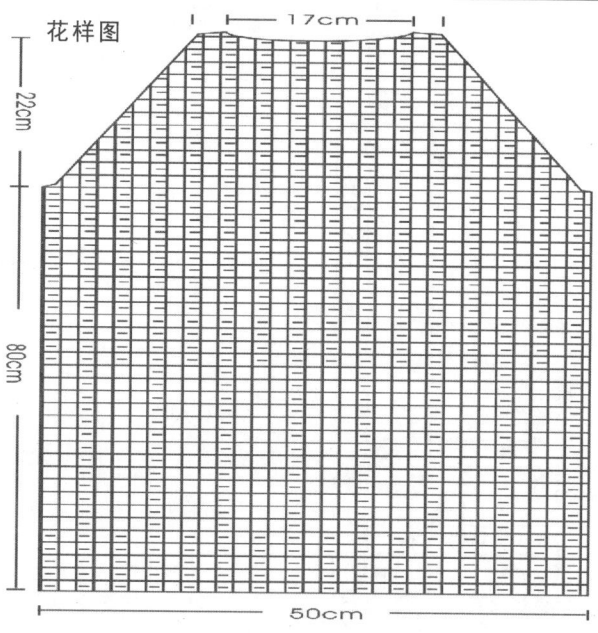

21针　81针　21针

55针

8针

182针

前身片

13针

146针　结构示意图

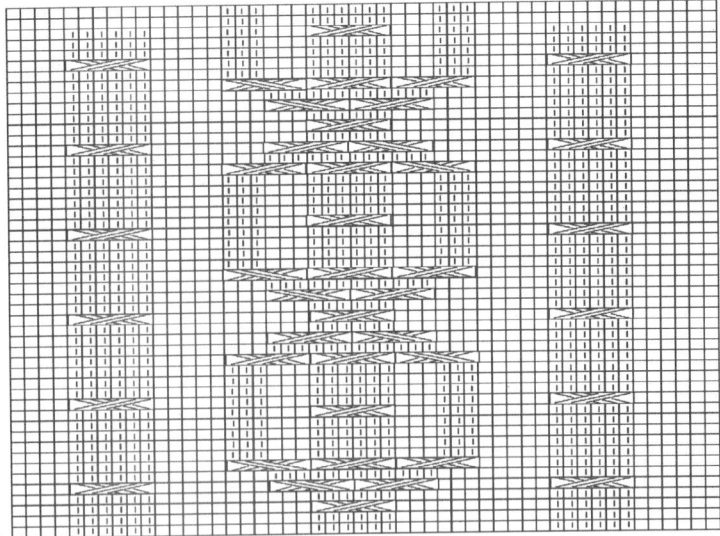

花样图

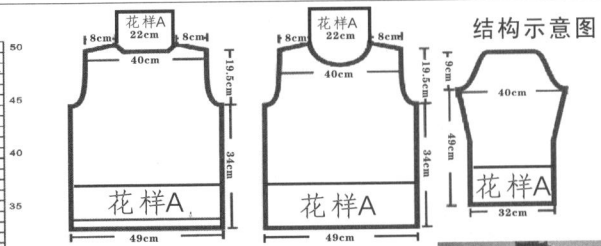

花样A

8cm | 22cm | 8cm
40cm
19.5cm

花样A

花样A

8cm | 22cm | 8cm
40cm
19.5cm

花样A

花样A

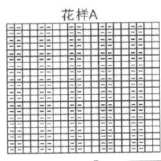

结构示意图

9cm
40cm
49cm
花样A
32cm

花样A

50
45
40
35
30
25
20
15
10
5
1

172

小圆翻领装

【成品规格】胸围120cm，背肩宽
38cm，袖长53cm
【工　　具】8号针
【材　　料】中细线

实物图

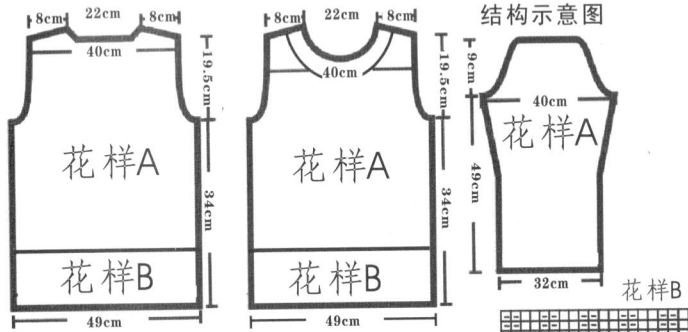

8cm | 22cm | 8cm
40cm
19.5cm

花样A

花样B

34cm

49cm

8cm | 22cm | 8cm
40cm
19.5cm

花样A

花样B

34cm

49cm

结构示意图

9cm
40cm
49cm
花样A
32cm

花样B

花样图

花样A

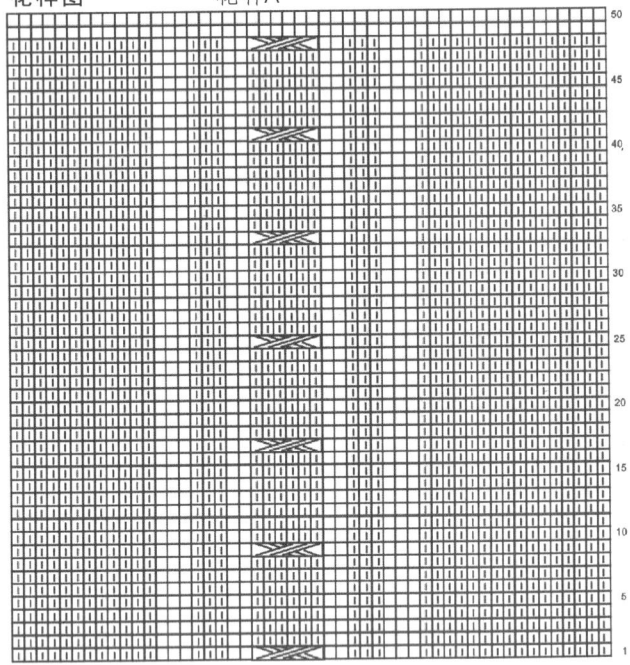

50
45
40
35
30
25
20
15
10
5

173

桃红带帽装

【成品规格】胸围120cm，背肩宽
38cm，袖长53cm
【工　　具】8号针
【材　　料】中粗线

实物图

花样B

花样图

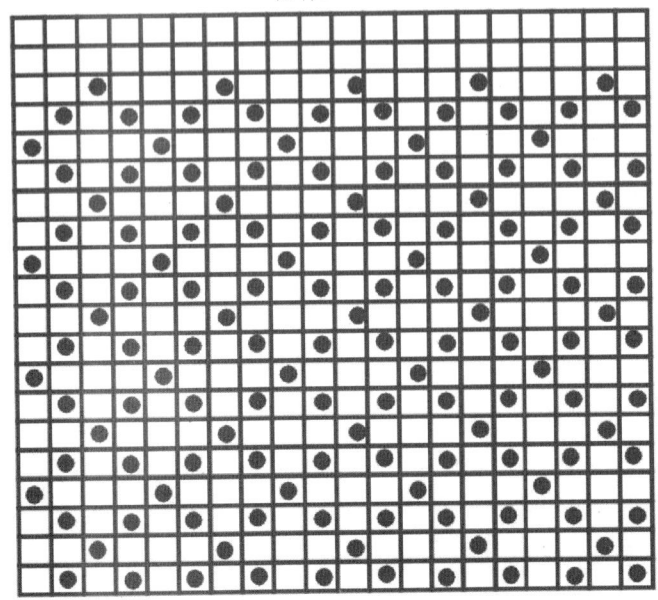

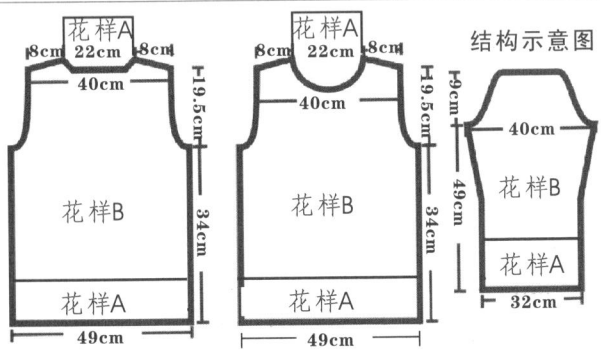

花样A

8cm | 22cm | 8cm
40cm
19.5cm

花样B

花样A

49cm

34cm

花样A

8cm | 22cm | 8cm
40cm
19.5cm

花样B

花样A

49cm

34cm

结构示意图

9cm
40cm
49cm
花样B
花样A
32cm

花样A

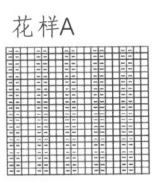

174

网眼装

【成品规格】胸围120cm，背肩宽
38cm，袖长53cm
【工　　具】9号针
【材　　料】中粗线

实物图

经典韩式毛衣外套1800

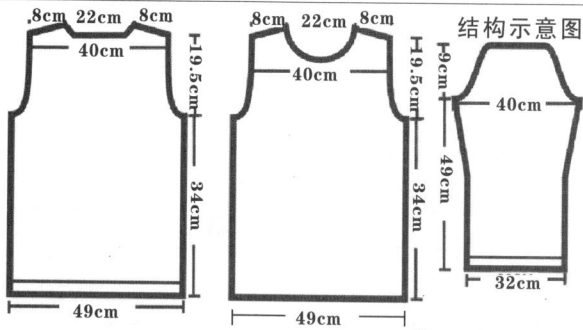

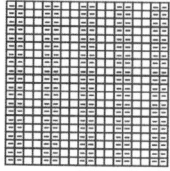

175

渐变宽摆时尚装

【成品规格】胸围120cm，背肩宽
38cm，袖长53cm
【工　　具】8号针
【材　　料】中粗线

实物图

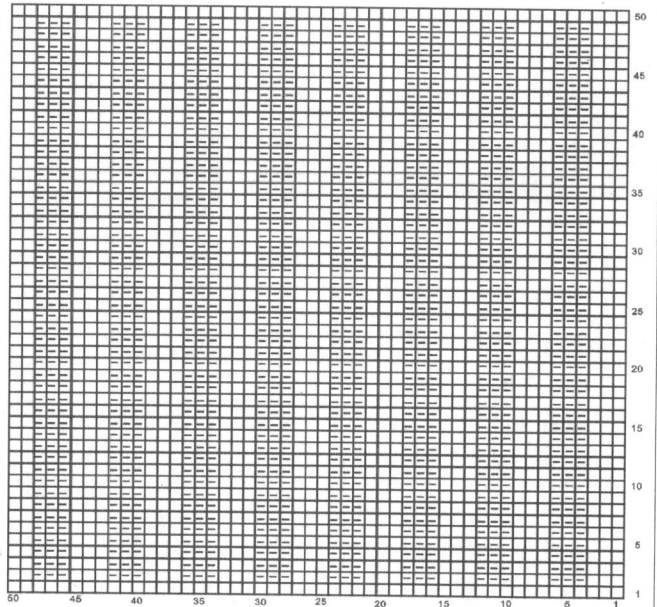

花样图

结构示意图

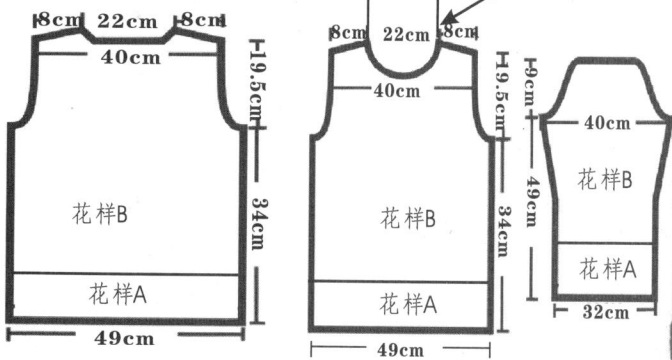

花样A

花样B

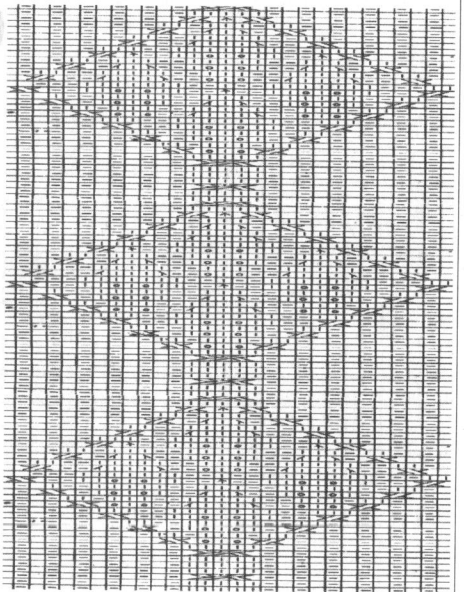

176

花圆领装

【成品规格】胸围120cm，背肩宽38cm，袖长53cm
【工　　具】8号针
【材　　料】中细线

实物图

花样图

花样A

结构示意图

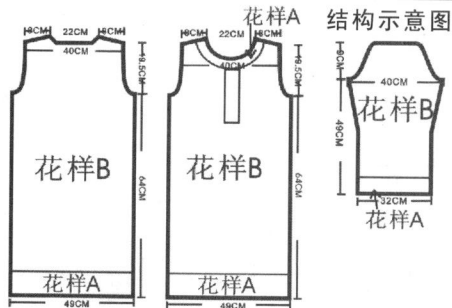

花样B

花样A

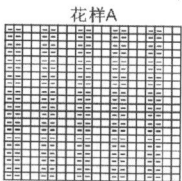

177

带帽系带装

【成品规格】胸围120cm，背肩宽
38cm，袖长53cm
【工　　具】9号针
【材　　料】中细线

实物图

花样图　　　　　　　花样B

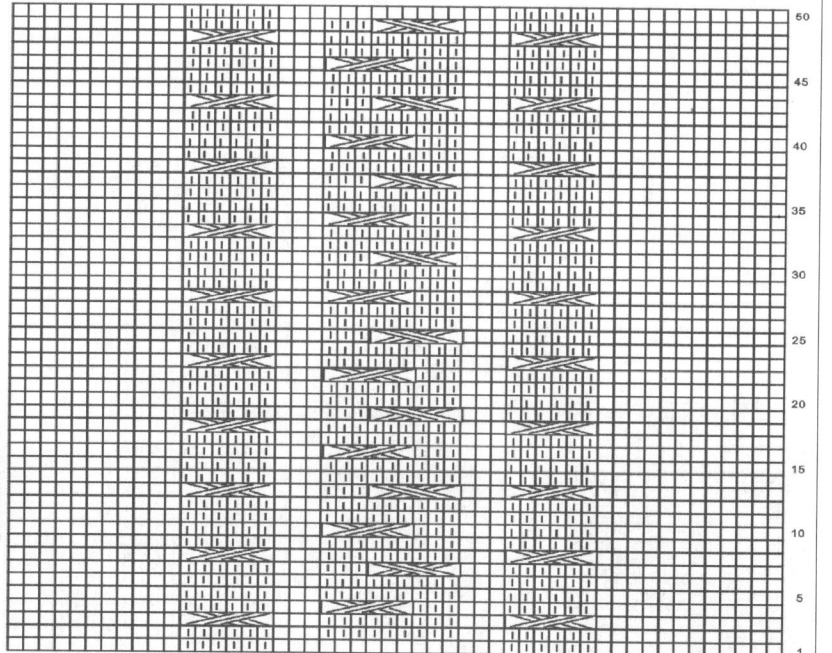

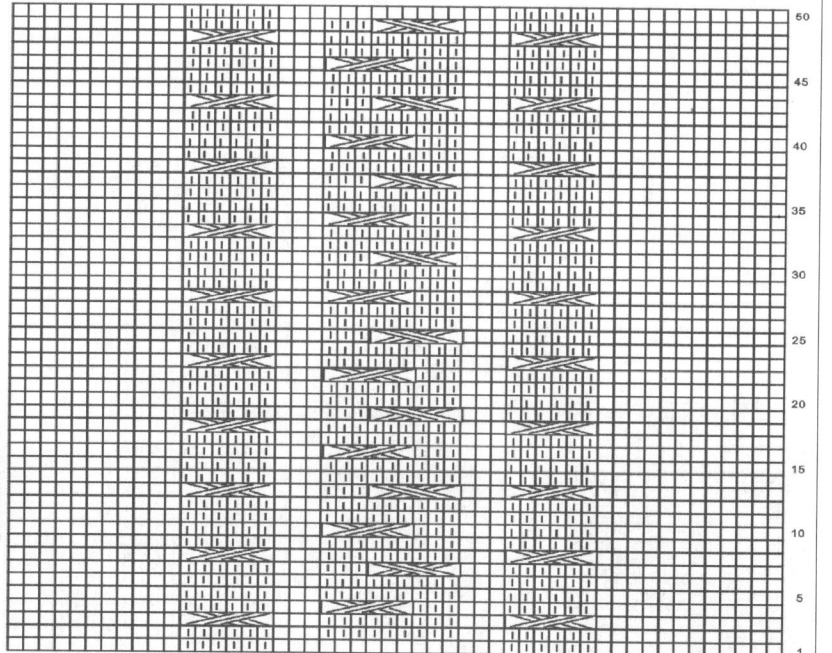

经典韩式毛衣外套1800

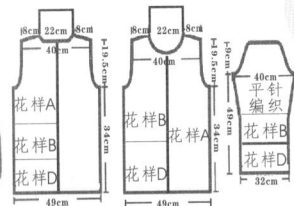

结构示意图

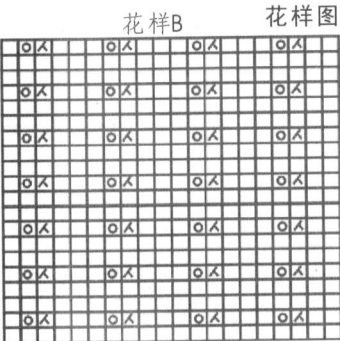

实物图

镂空花大翻领装

【成品规格】胸围120cm，背肩宽
38cm，袖长53cm
【工　　具】9号针
【材　　料】中细线

178

花样A

花样C

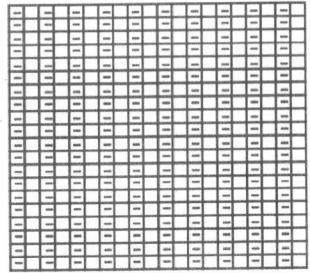

花样D

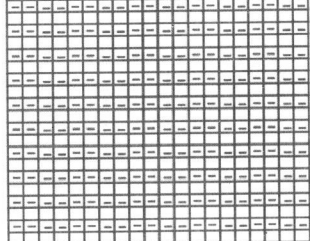

花样B　　花样图

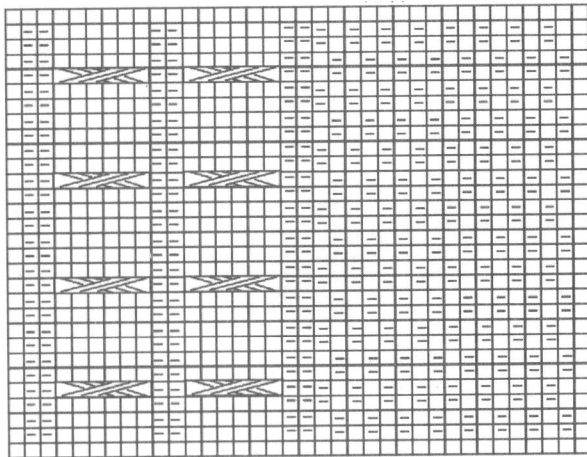

|5cm| ── 23cm ── |5cm|

领圈挑起
织双罗纹
至20CM

21cm

27.5cm

44cm

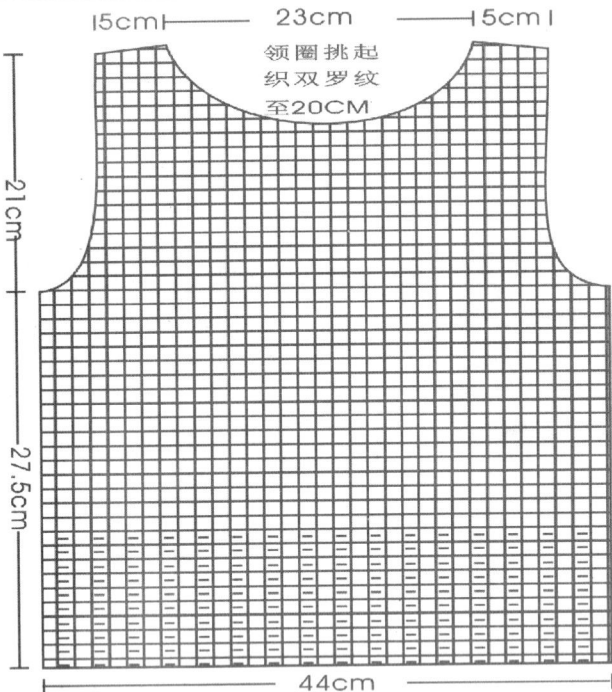

雅致套头装

【成品规格】胸围120cm，背肩宽
38cm，袖长53cm
【工　　具】8号针
【材　　料】中细线

179

19针　74针　19针

前身片

134针

结构示意图

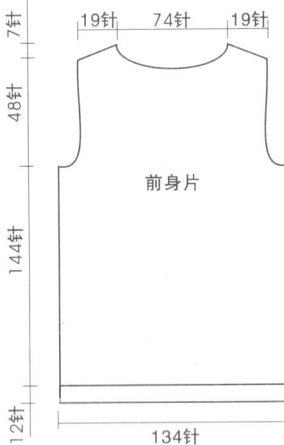

花样图

30cm

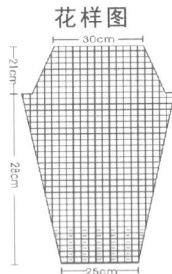

25cm

实物图

结构示意图

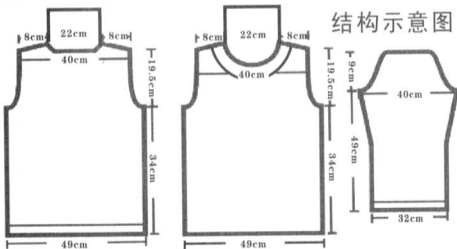

180

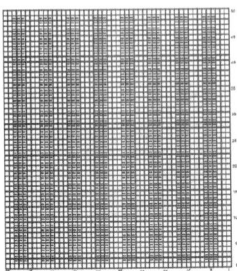

实物图

勾花翻领装

【成品规格】胸围120cm，背肩宽38cm，袖长53cm
【工　　具】8号针
【材　　料】中粗线

花样图

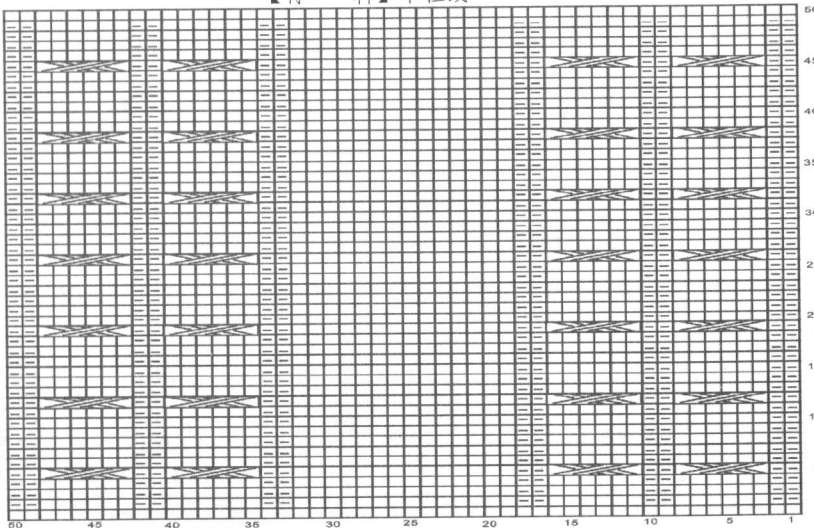

V字领长衫

【成品规格】胸围120cm，背肩宽38cm，袖长53cm
【工　　具】9号针
【材　　料】中粗线

花样图

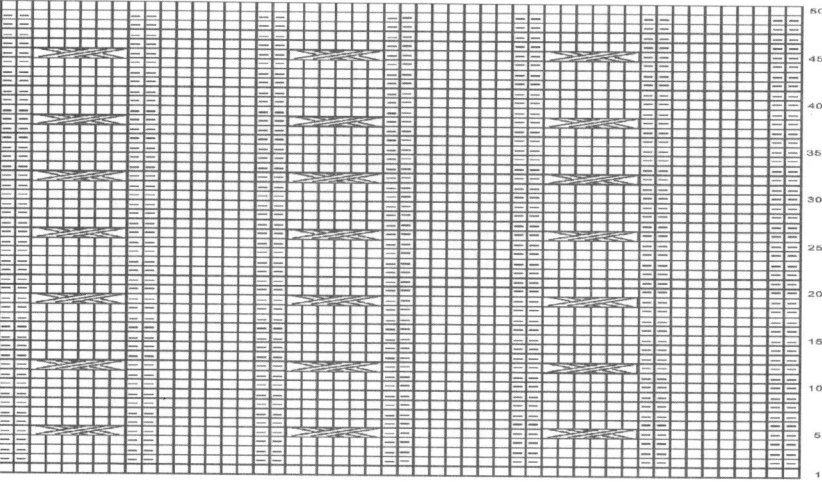

花样B

花样B　花样A　花样B　花样A　花样B　花样A

结构示意图

8cm 22cm 8cm　　8cm 22cm 8cm
40cm　　　　40cm　　　40cm

花样A

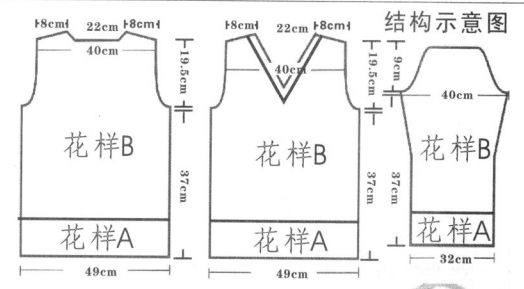

181

49cm　　49cm　　32cm

实物图

结构示意图

8cm 22cm 8cm　　8cm 22cm 8cm
40cm　　40cm　　40cm

花样B　花样B　花样B
花样A　花样A　花样A

49cm　　49cm　　32cm

182

花样A

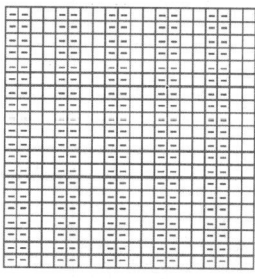

实物图

一字领长衫

【成品规格】胸围120cm，背肩宽38cm，袖长53cm
【工　　具】9号针
【材　　料】中细线

花样图

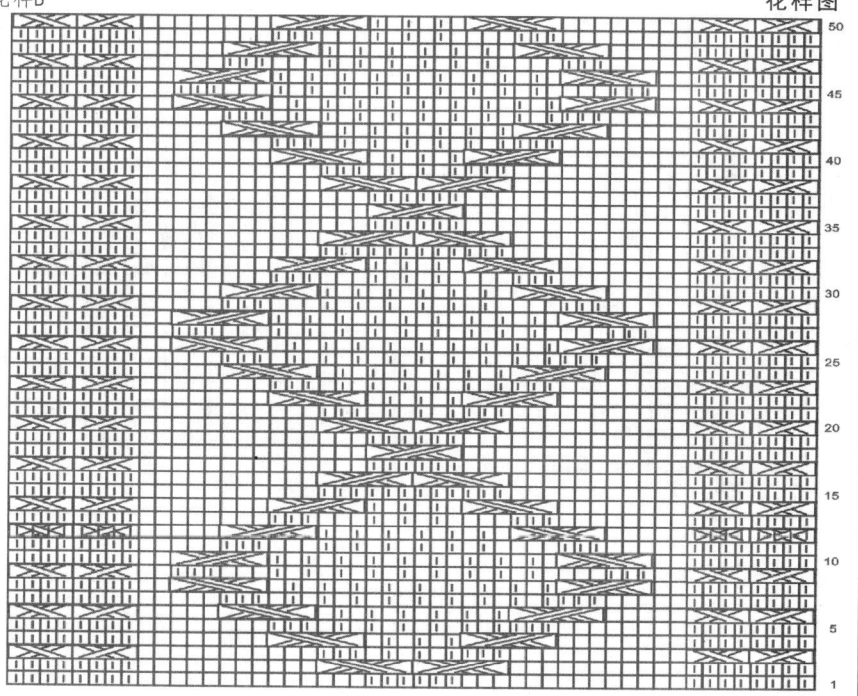

修身舒适休闲装

花样图　8cm　17cm　8cm

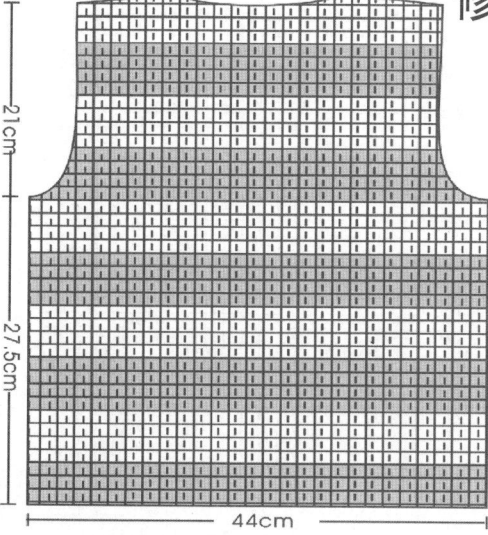

21cm　27.5cm

44cm

【成品规格】胸围120cm，背肩宽38cm，袖长48cm
【工　　具】9号针
【材　　料】细线

183

21针 81针 21针
8针
52针

前身片

156针

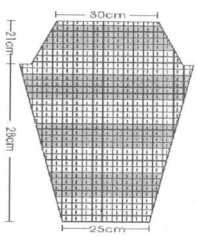

30cm
21cm
28cm
25cm

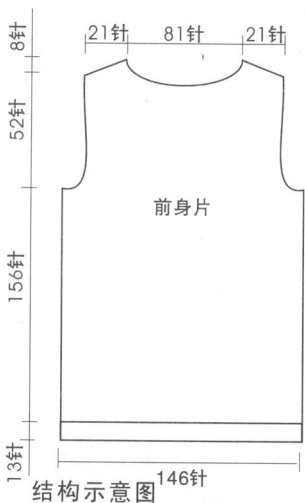

结构示意图　146针

实物图

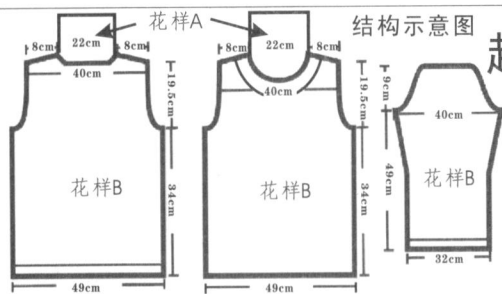

超大圆翻领装

【成品规格】胸围120cm，背肩宽38cm，袖长53cm
【工　　具】8号针
【材　　料】中细线

结构示意图

花样图

花样B

184

花样A

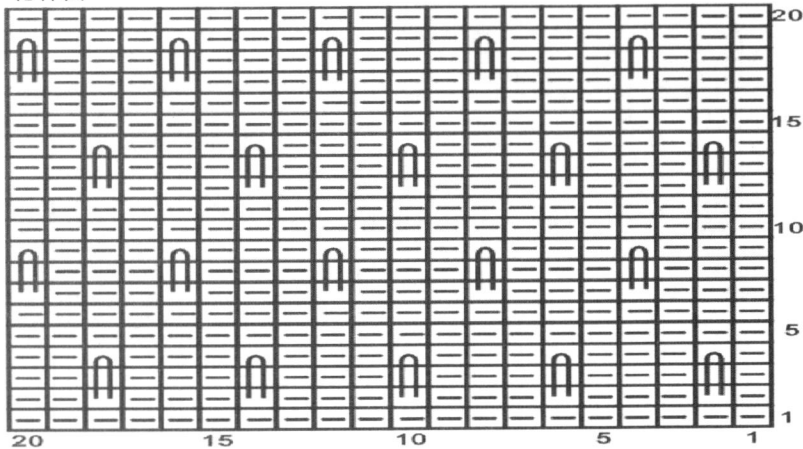

亮丽翻领装

【成品规格】胸围120cm，背肩宽38cm，袖长53cm
【工　　具】8号针
【材　　料】中细线

185

花样A

结构示意图

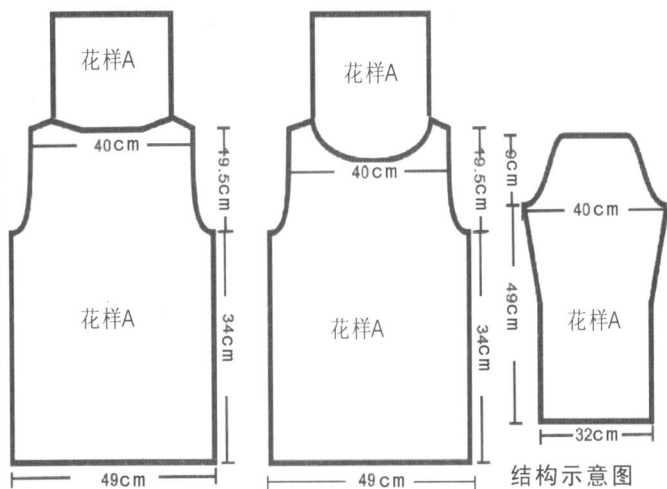

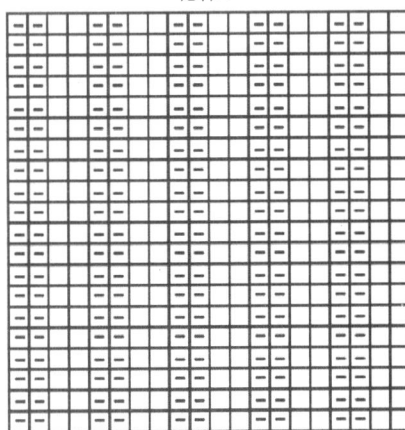

花样图

实物图

结构示意图

花样图

186

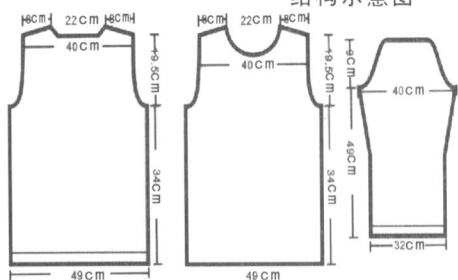

实物图

带帽活泼装

【成品规格】胸围120cm，背肩宽
38cm，袖长53cm
【工　　具】9号针
【材　　料】细线

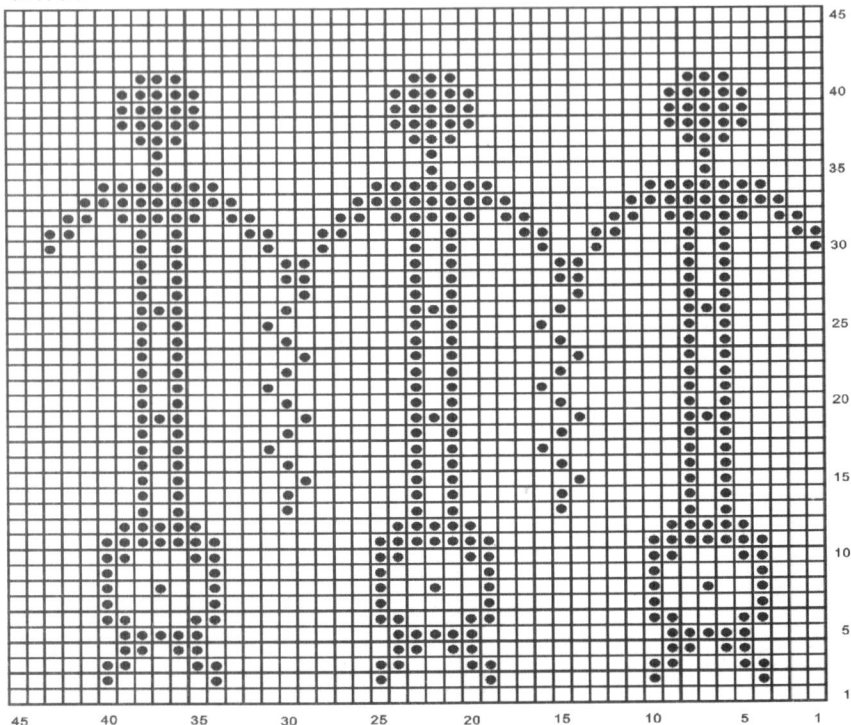

不等式个性装

【成品规格】胸围120cm，背肩宽
　　　　　　38cm，袖长53cm
【工　具】9号针
【材　料】细线

花样图

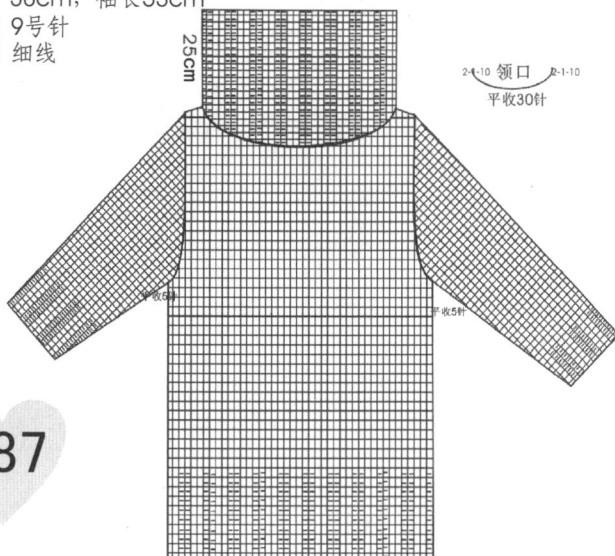

25cm

2-1-10 领口 2-1-10
平收30针

平收5针

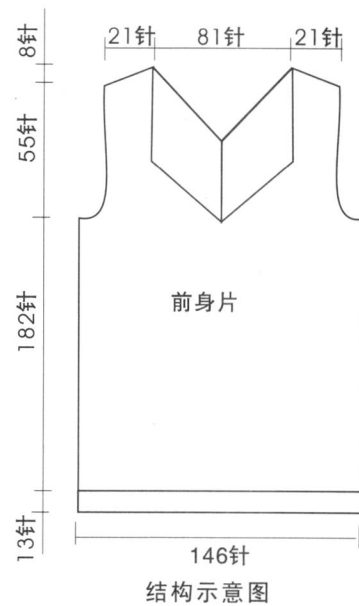

8针
55针
182针
13针

21针　81针　21针

前身片

146针

结构示意图

实物图

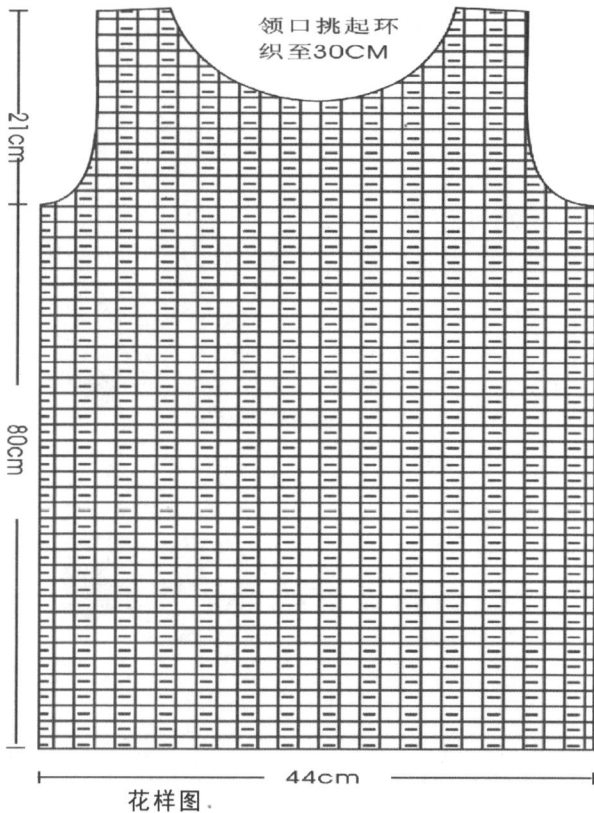

领口挑起环
织至30CM

21cm

80cm

花样图

44cm

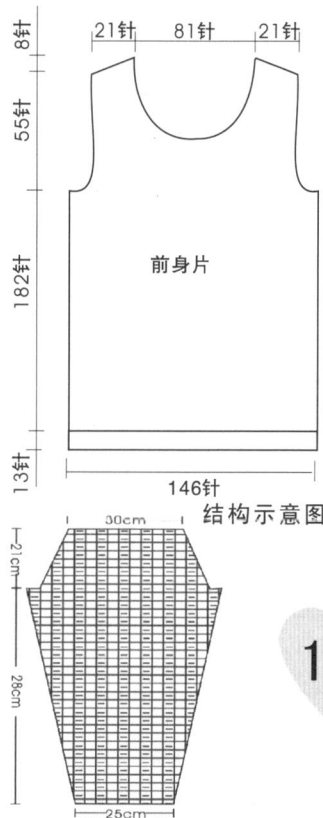

8针
55针
182针
13针

21针　81针　21针

前身片

146针

结构示意图

30cm

21cm

28cm

25cm

简洁长裙装

【成品规格】胸围120cm，背肩宽
　　　　　　38cm，袖长53cm
【工　具】9号针
【材　料】细线

实物图

189

结构示意图

花样A
22cm
40cm

22cm
40cm

34cm

花样B

40cm

34cm

49.5cm

花样A
49cm

花样A
49cm

花样A
32cm

花样A

小圆翻领装

【成品规格】胸围120cm，背肩宽
　　　　　　38cm，袖长53cm
【工　具】9号针
【材　料】中细线

实物图

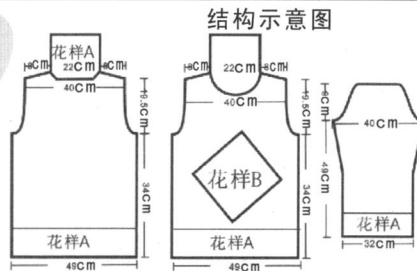

花样A

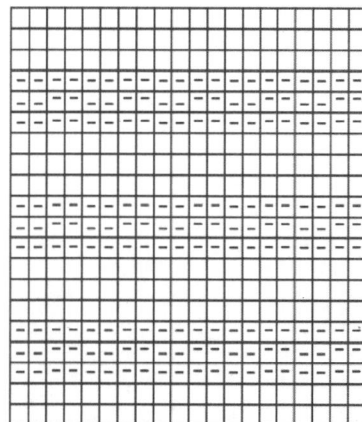

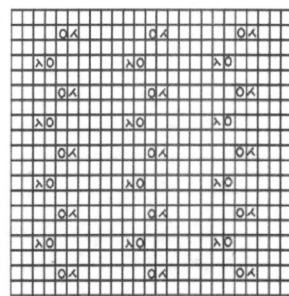

花样B

花样图

实物图

190

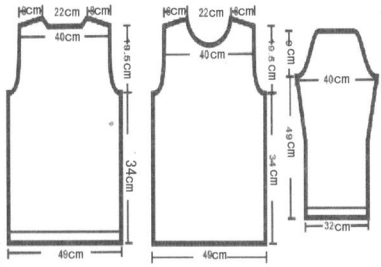

结构示意图

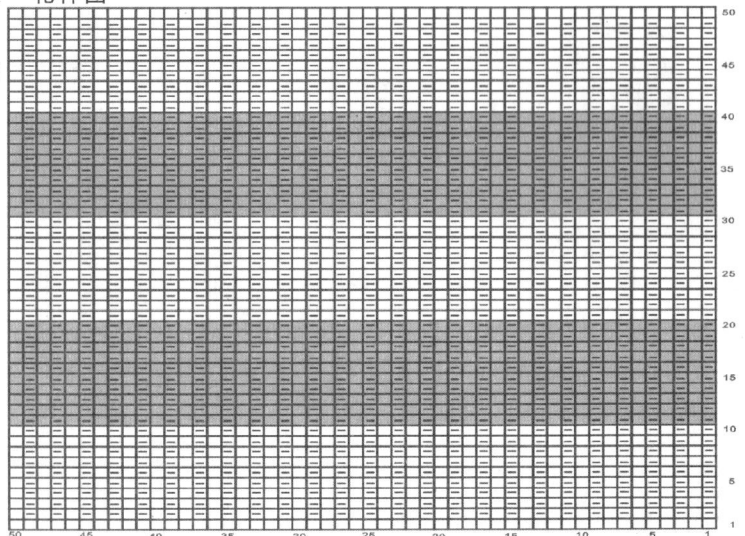

花样图

小圆领装

【成品规格】胸围120cm，背肩宽
38cm，袖长53cm
【工　　具】9号针
【材　　料】中细线

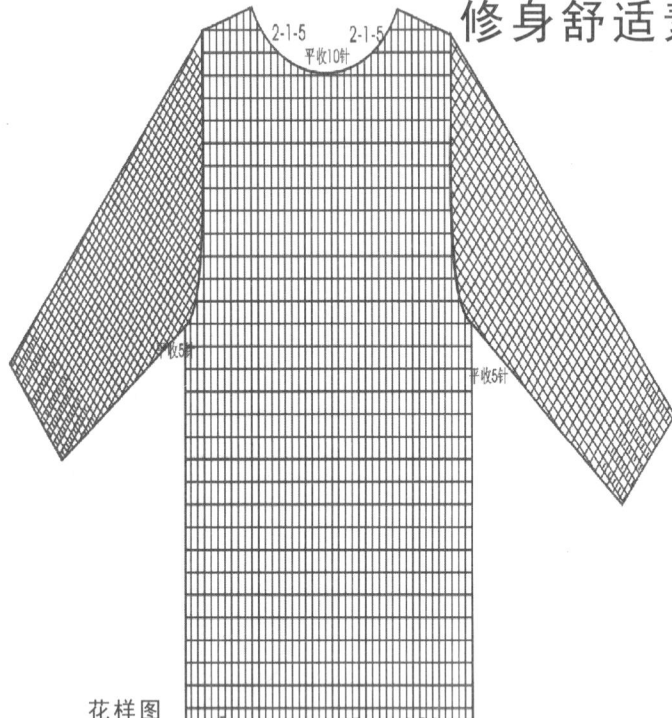

花样图

2-1-5　　2-1-5
平收10针

平收5针

平收5针

修身舒适素雅装

【成品规格】胸围120cm，背肩宽
38cm，袖长53cm
【工　　具】9号针
【材　　料】细线

191

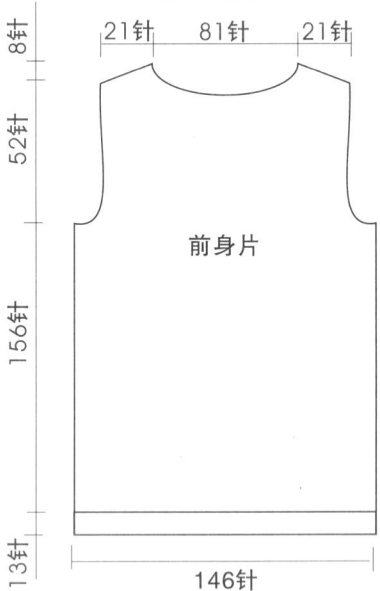

8针

21针　81针　21针

52针

156针

前身片

13针

146针

结构示意图

实物图

实物图

橘色活泼装

【成品规格】胸围120cm，背肩宽
38cm，袖长53cm
【工　　具】8号针
【材　　料】中细线

192

7针

19针　74针　19针

74针

120针

前身片

12针

134针

结构示意图

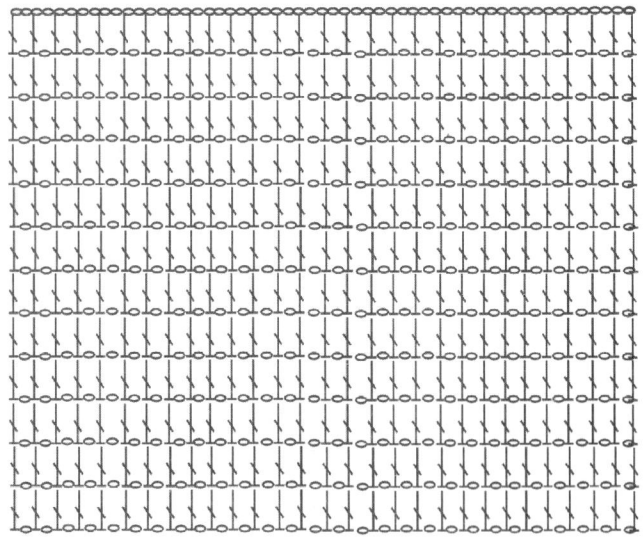

花样图

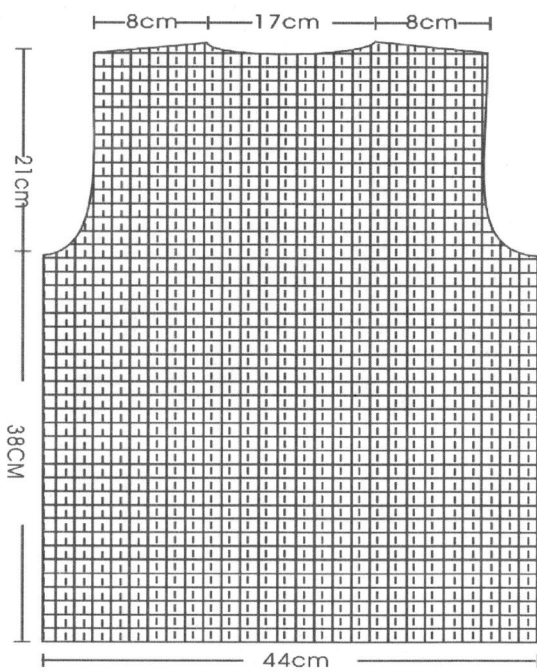

8cm — 17cm — 8cm

21cm

38CM

44cm

花样图

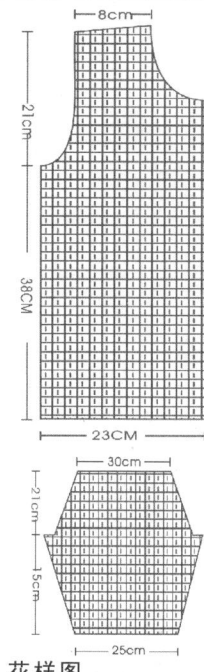

8cm

21cm

38CM

23CM

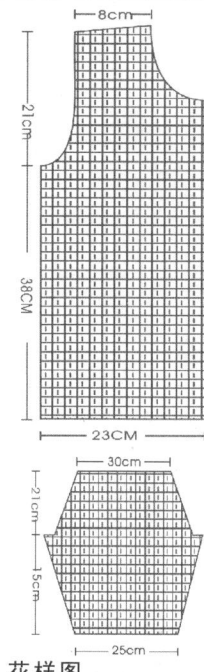

30cm

21cm

15cm

25cm

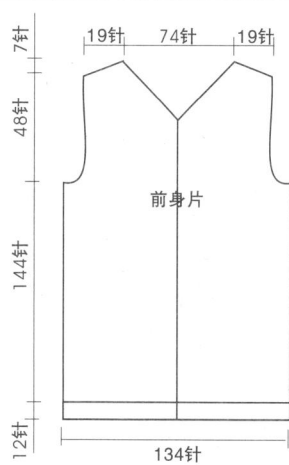

19针 74针 19针

7针

48针

144针

前身片

12针

134针

结构示意图

实物图

193

大开口套头衫

【成品规格】胸围120cm，背肩宽38cm，袖长53cm
【工　　具】9号针
【材　　料】中细线

条纹套头装

【成品规格】胸围120cm，背肩宽38cm，袖长48cm
【工　　具】9号针
【材　　料】细线

194

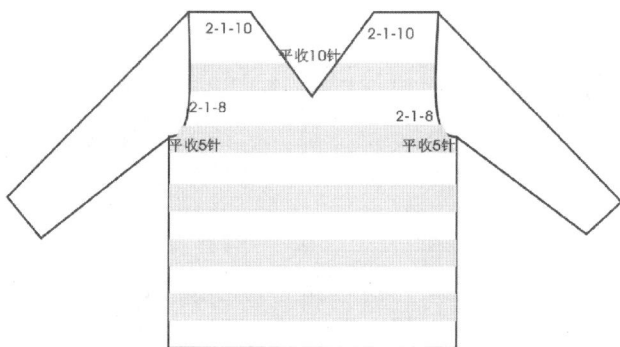

2-1-10　　　　2-1-10
平收10针
2-1-8　　　　2-1-8
平收5针　　　平收5针

结构示意图

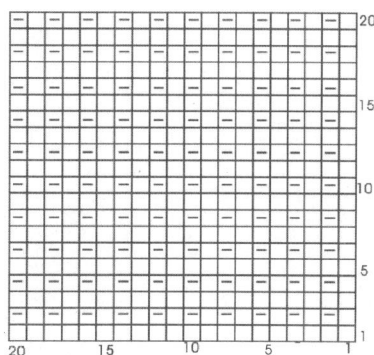

20

15

10

5

20　15　10　5　1

花样图

实物图

195

舒适性感长背心

【成品规格】胸围120cm，背肩宽38cm，袖长53cm
【工　　具】8号针
【材　　料】细线

花样图

实物图

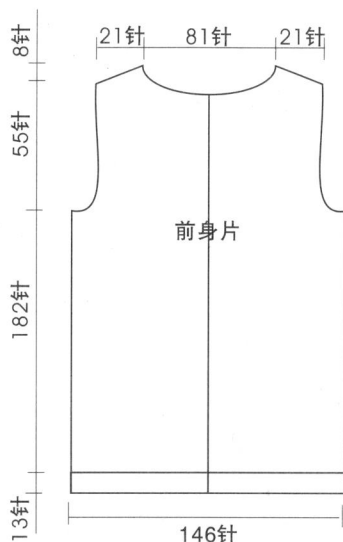

8针

21针 81针 21针

55针

前身片

182针

13针

146针

结构示意图

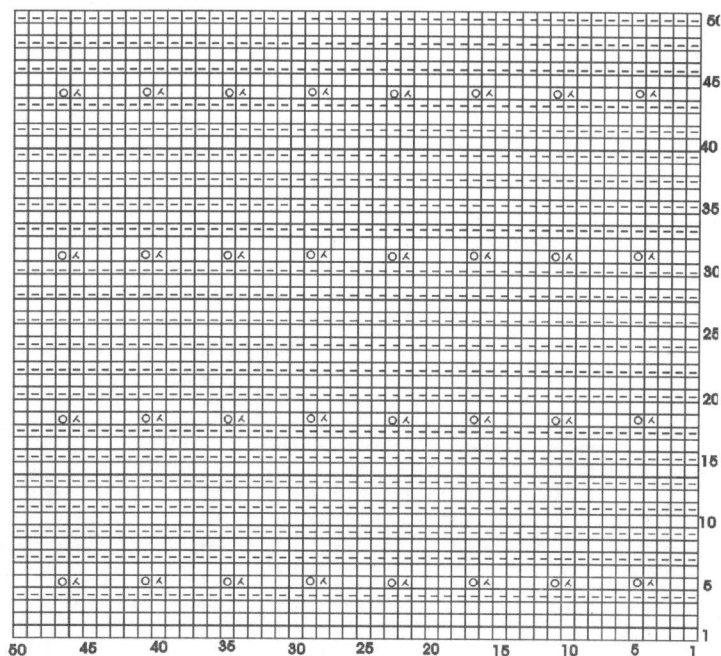

50　45　40　35　30　25　20　15　10　5　1

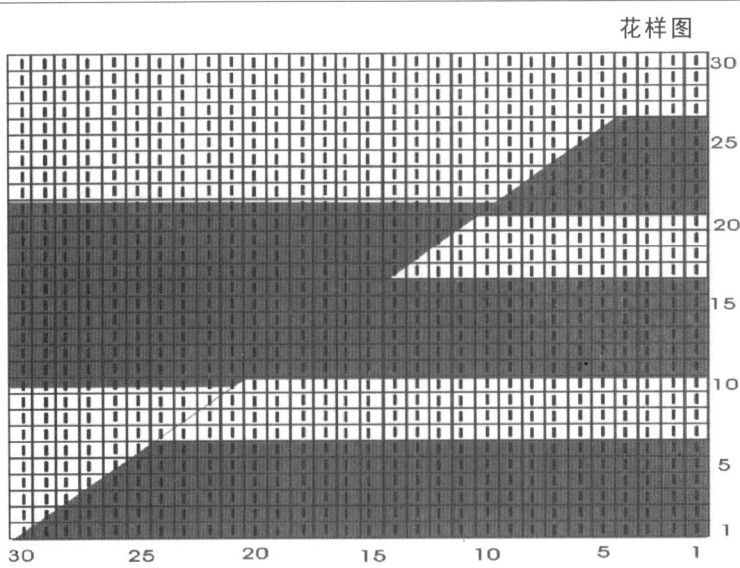

花样图

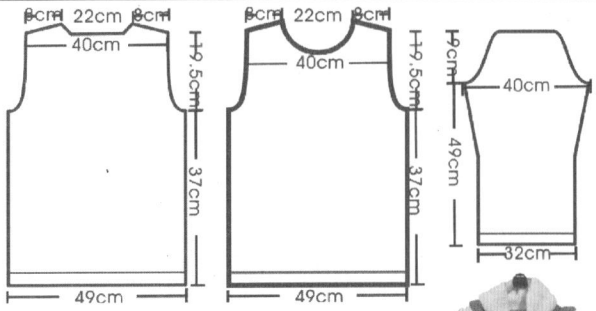

8cm 22cm 8cm
40cm

8cm 22cm 8cm
40cm

40cm

9.5cm
37cm
49cm

9.5cm
37cm
49cm

9cm
49cm
32cm

结构示意图

大翻领长衫

196

【成品规格】胸围120cm，背肩宽
38cm，袖长28cm
【工　　具】9号针
【材　　料】细线

实物图

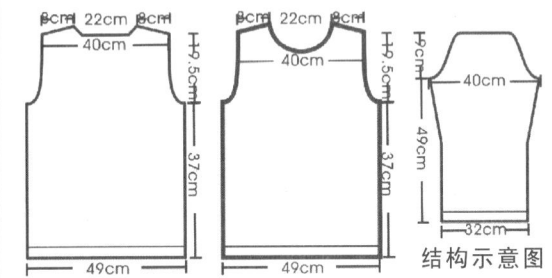

8cm 22cm 8cm
40cm

8cm 22cm 8cm
40cm

40cm

9.5cm
37cm
49cm

9.5cm
37cm
49cm

9cm
49cm
32cm

结构示意图

花样图

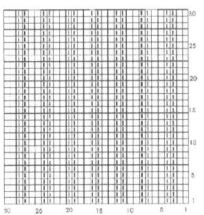

197

高领套头装

【成品规格】胸围120cm，背肩宽
38cm，袖长53cm
【工　　具】9号针
【材　　料】中细线

实物图

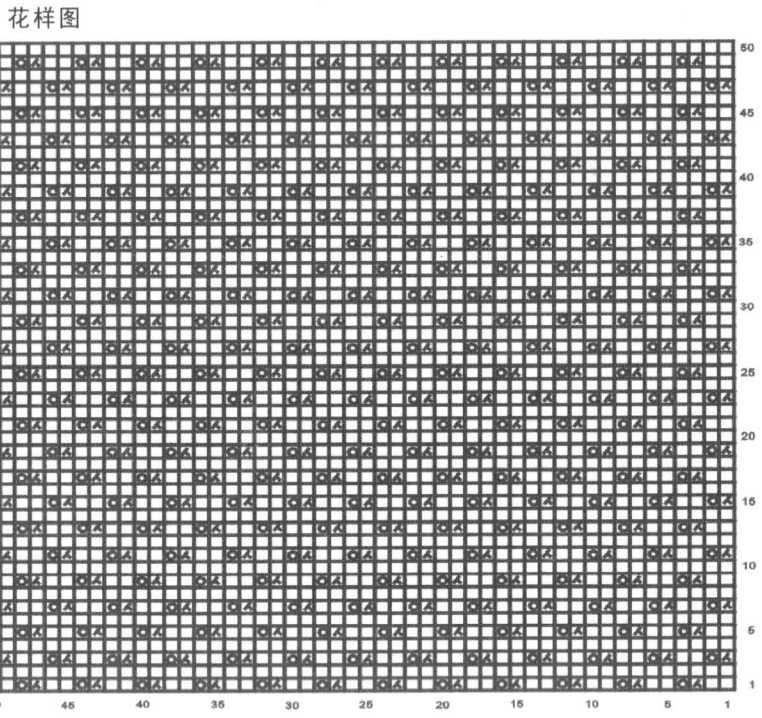

高领套头长衫

花样图

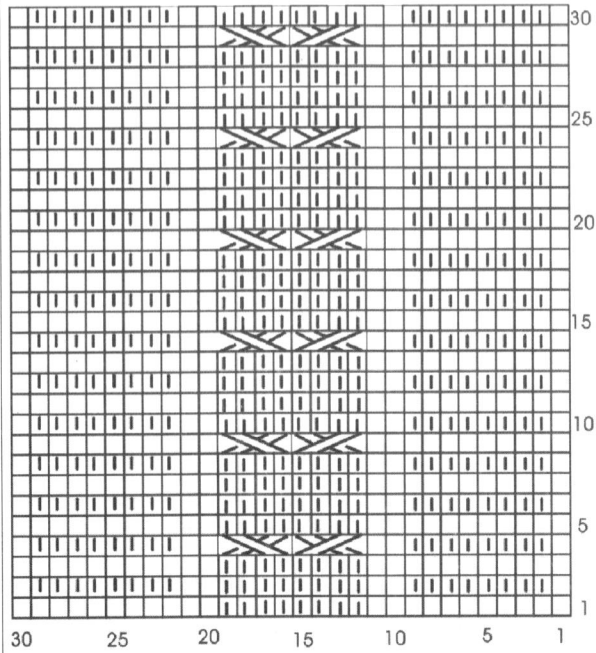

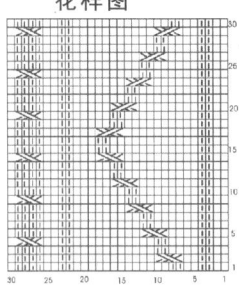

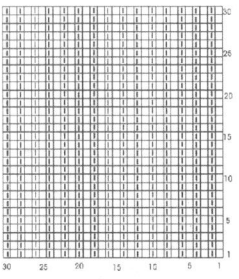

【成品规格】胸围120cm，背肩宽38cm
袖长28cm
【工　　具】8号针
【材　　料】中粗线

198

18针　68针　18针

7针
44针
132针
11针

前身片

123针

结构示意图

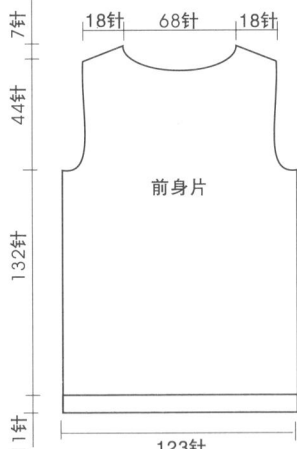

实物图

简单百搭套头装

【成品规格】胸围120cm，背肩宽38cm，袖长53cm
【工　　具】8号针
【材　　料】中粗线

花样图

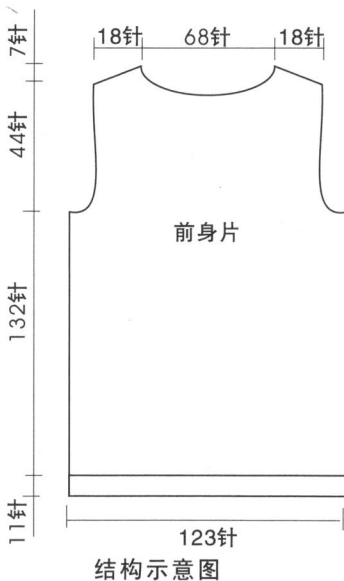

199

18针　68针　18针

7针
44针
前身片
132针

11针
123针

实物图

结构示意图

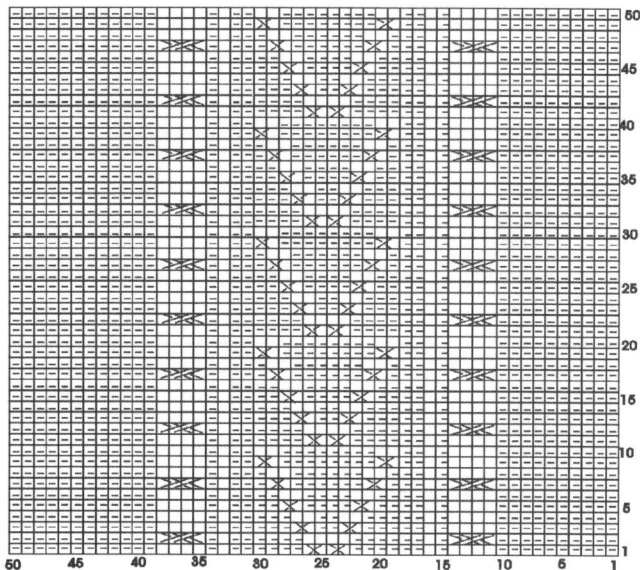

50 45 40 35 30 25 20 15 10 5 1

---

l5cml　　23cm　　l5cml　花样图

领圈挑起
织双罗纹
至20CM

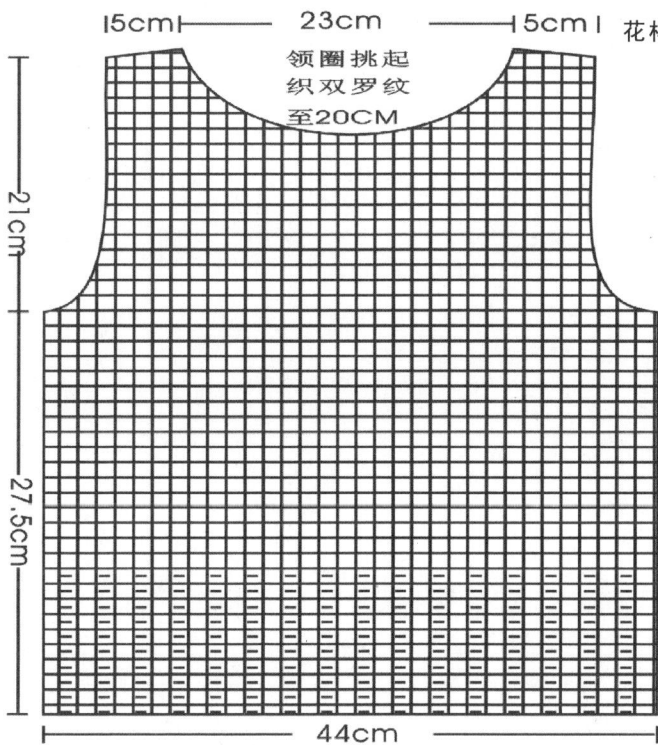

21cm

27.5cm

44cm

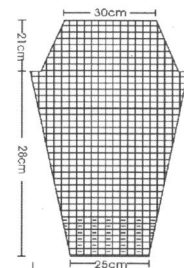

30cm

21针

26针

25针

高领套头装

【成品规格】胸围120cm，背肩宽
　　　　　　38cm，袖长53cm
【工　　具】9号针
【材　　料】中细线

200

19针　74针　19针

7针
74针
前身片
120针

12针
134针

结构示意图

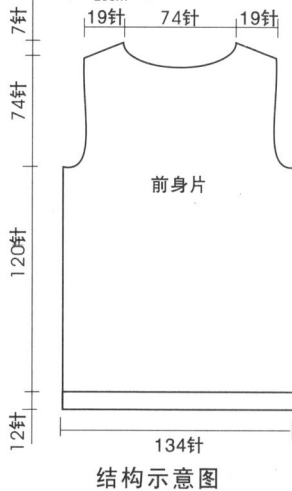

实物图

201

民族风套头装

【成品规格】胸围120cm，背肩宽38cm，袖长53cm
【工　　具】8号针
【材　　料】中细线

7针
74针
前身片
120针

12针
134针

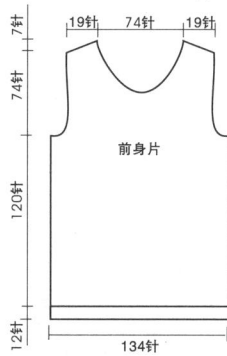

19针　74针　19针

花样图

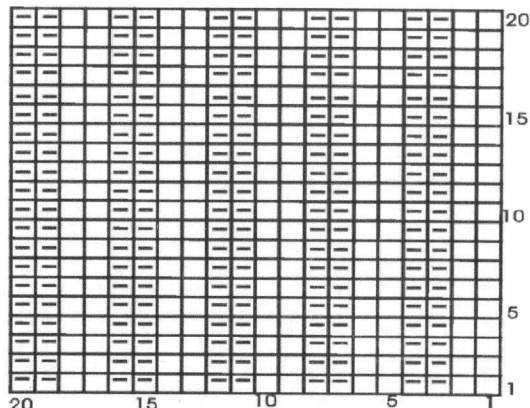

20 15 10 5 1

实物图

结构示意图

20
15
10
5
1

139

花样图

8cm — 17cm — 8cm

21cm

27.5cm

44cm

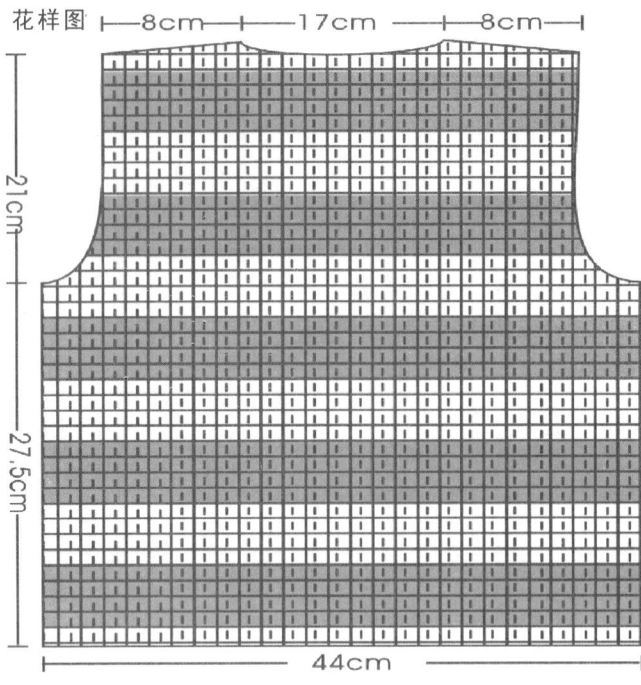

【成品规格】胸围120cm，背肩宽38cm，袖长53cm
【工　具】9号针
【材　料】中细线

红色条纹套头装

202

30cm

21cm

28cm

25cm

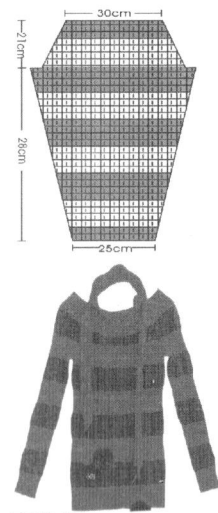

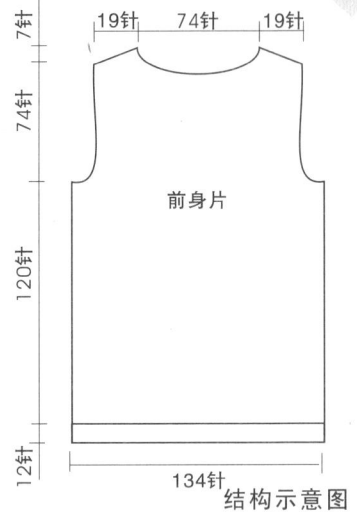

实物图

7针

19针　74针　19针

74针

前身片

120针

12针

134针

结构示意图

2-1-10　　2-1-10

平收4针

2-1-8　　2-1-8

平收5针　　平收5针

结构示意图

203

实物图

活泼可人套头装

【成品规格】胸围120cm，背肩宽38cm，袖长53cm
【工　具】8号针
【材　料】中细线

袖子织法

花样图

1-1-15　　　　1-1-15

2-1-17　　　　　　　　　2-1-17

平收5针针　　　　　　　　平收5针针

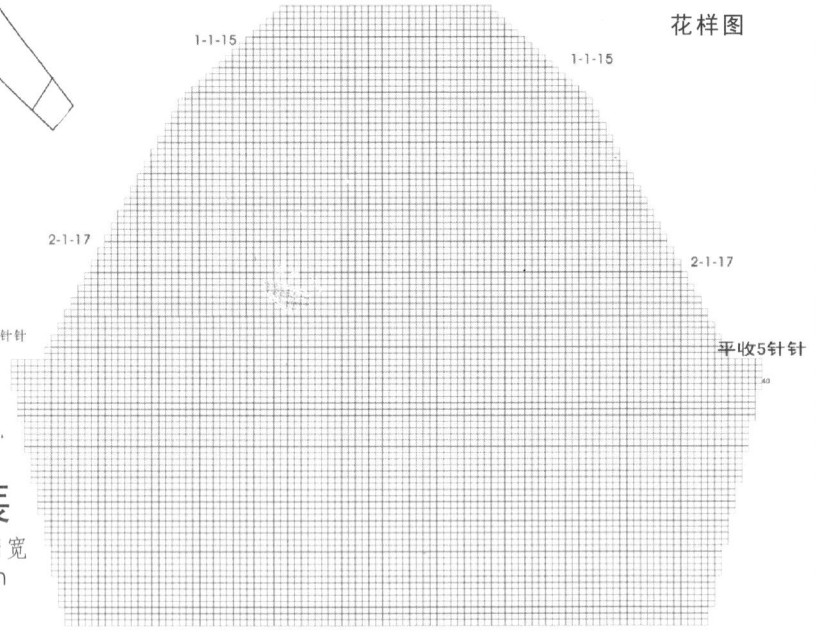

桃心领套头装

花样图

【成品规格】胸围120cm，背肩宽38cm，袖长53cm
【工　具】9号针
【材　料】中粗线

204

7针

18针　68针　18针

44针

前身片

132针

11针

123针

结构示意图

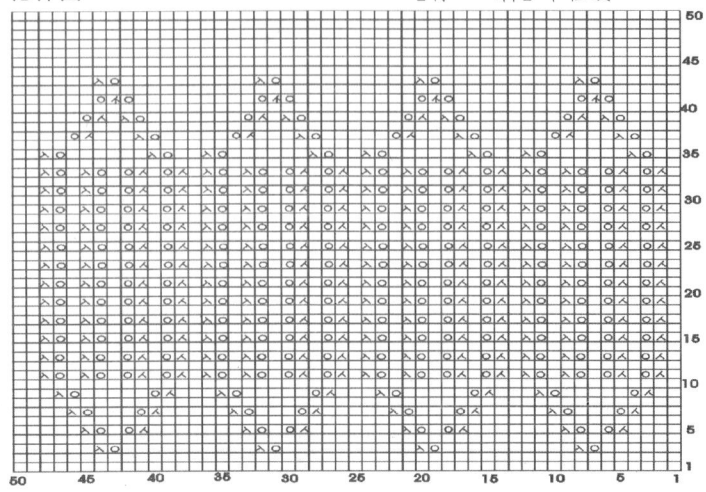

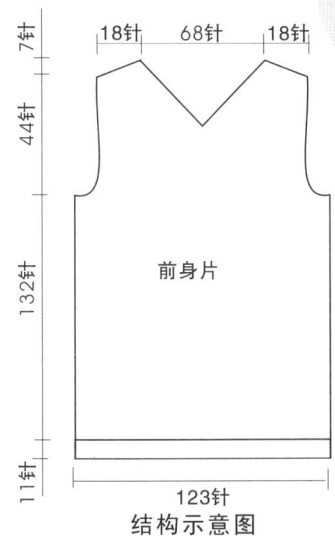

实物图

实物图

205

时尚休闲长衫

【成品规格】胸围120cm，背肩宽38cm，袖长53cm
【工　　具】8号针
【材　　料】中粗线

花样图

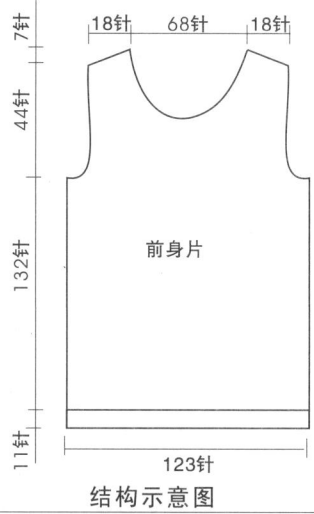

18针　68针　18针

7针
44针
132针
11针

前身片

123针

结构示意图

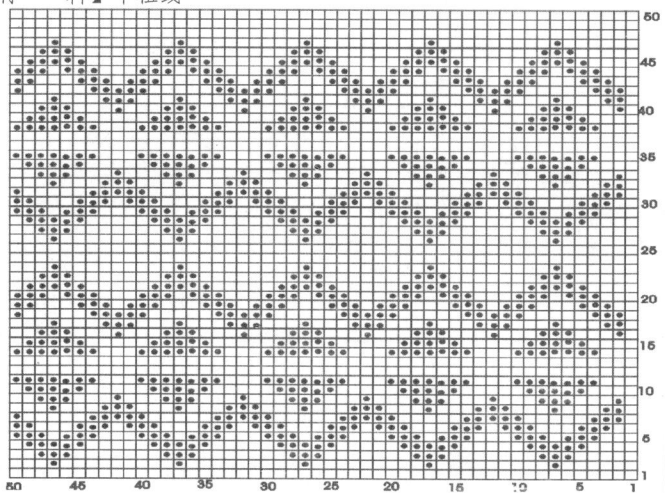

8cm　17cm　8cm

21cm

80cm

44cm

花样图

高领套头装

【成品规格】胸围120cm，背肩宽38cm，袖长53cm
【工　　具】8号针
【材　　料】中粗线

18针　68针　18针

7针
44针
132针
11针

前身片

123针

结构示意图

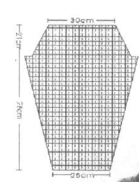

206

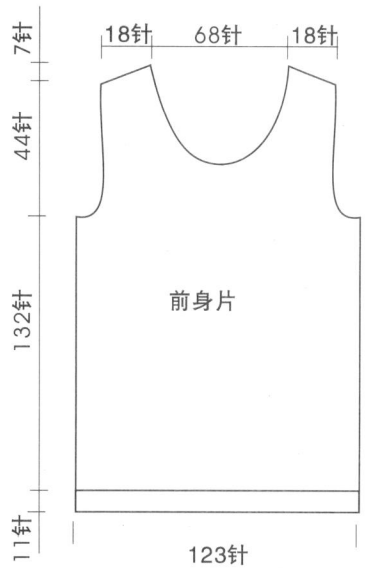

实物图

207

实物图

简约端庄套头装

【成品规格】胸围120cm，背肩宽
　　　　　　38cm，袖长53cm
【工　　具】8号针
【材　　料】中细线

19针　74针　19针

7针
48针
144针
12针

前身片

134针　结构示意图

花样图

领口挑起环
织至18CM

8cm　17cm　8cm

21cm

80cm

44cm

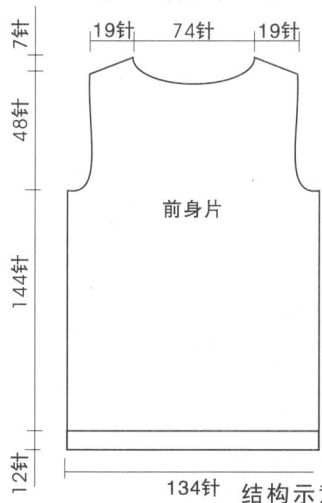

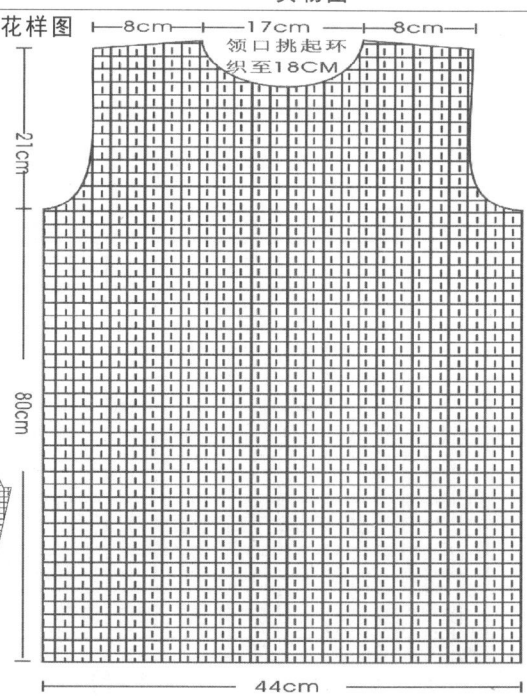

经典韩式毛衣外套1800

141

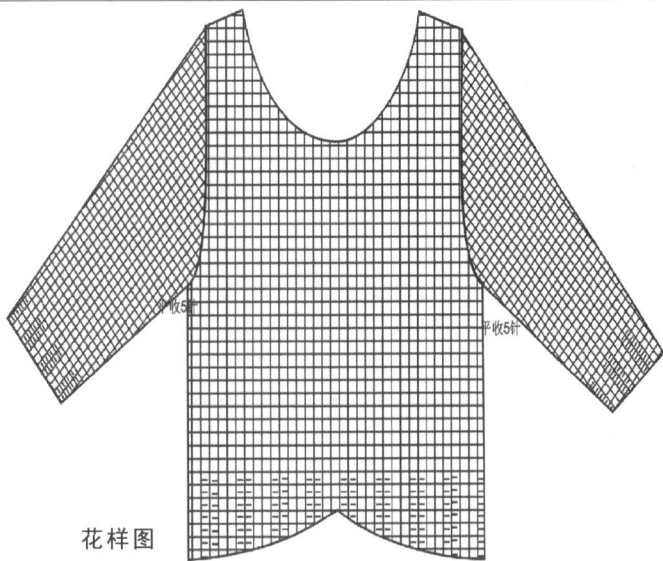

花样图

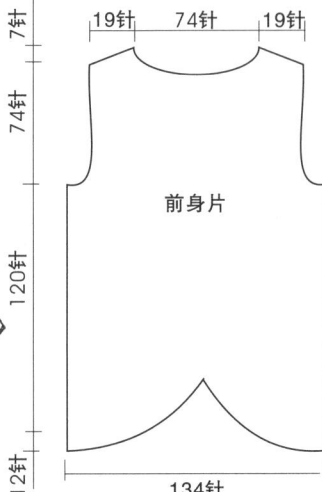

19针　74针　19针

7针

74针

120针

12针

前身片

结构示意图

134针

208

实物图

大开领套头衫

【成品规格】胸围120cm，背肩宽
　　　　　　38cm，袖长48cm
【工　　具】9号针
【材　　料】中细线

实物图

宽松休闲衫

【成品规格】胸围120cm，背肩宽
　　　　　　38cm，袖长53cm
【工　　具】8号针
【材　　料】中细线

209

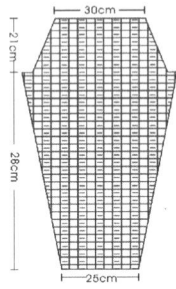

花样图

30cm

21cm

28cm

25cm

18针　68针　18针

7针

44针

132针

前身片

11针

123针

结构示意图

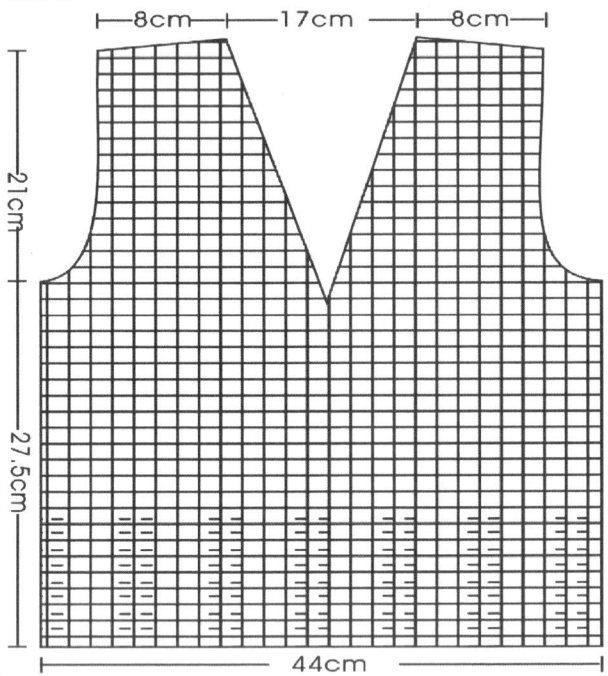

8cm　17cm　8cm

21cm

27.5cm

44cm

花样图

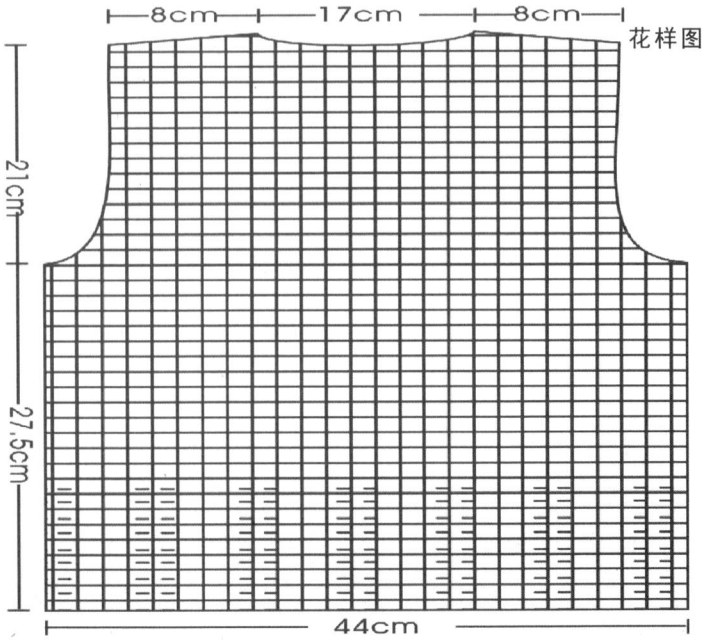

8cm　17cm　8cm

21cm

27.5cm

44cm

花样图

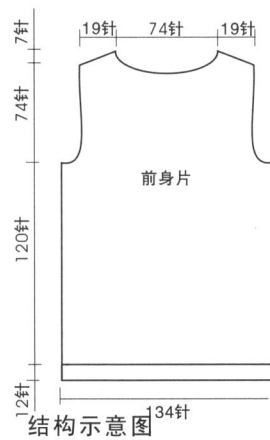

19针　74针　19针

7针

74针

120针

前身片

12针

结构示意图　34针

210

亮丽套头装

【成品规格】胸围120cm，背肩宽
　　　　　　38cm，袖长28cm
【工　　具】9号针
【材　　料】中细线

实物图

211 雅致简约丽人装

【成品规格】胸围120cm，背肩宽38cm，袖长53cm
【工　　具】8号针
【材　　料】中粗线

花样图

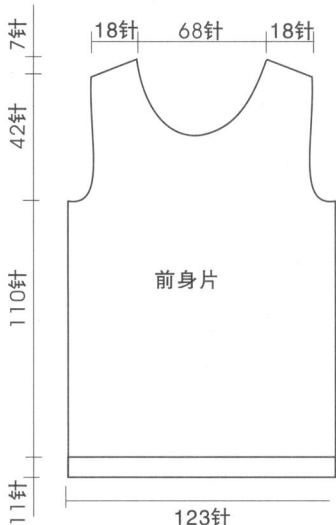

18针　68针　18针

7针

42针

110针

前身片

11针

123针

结构示意图

实物图

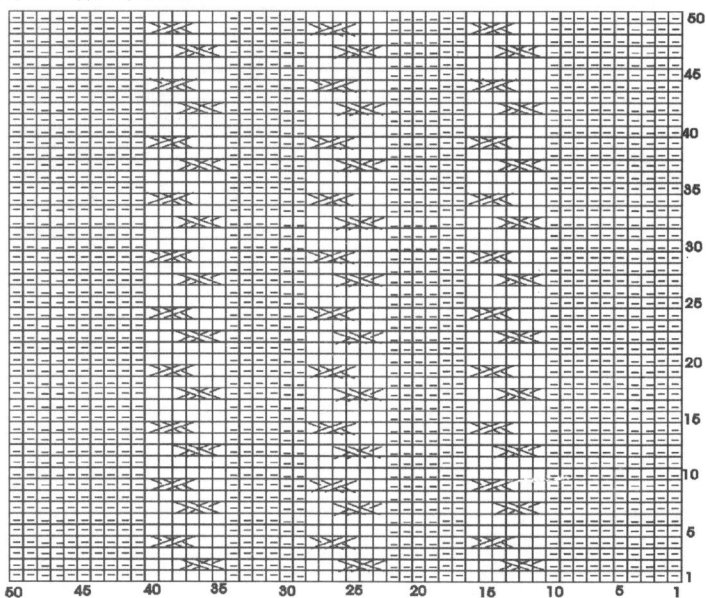

50　45　40　35　30　25　20　15　10　5　1

扭花套头装

【成品规格】胸围120cm，背肩宽38cm，袖长53cm
【工　　具】8号针
【材　　料】中细线

花样图

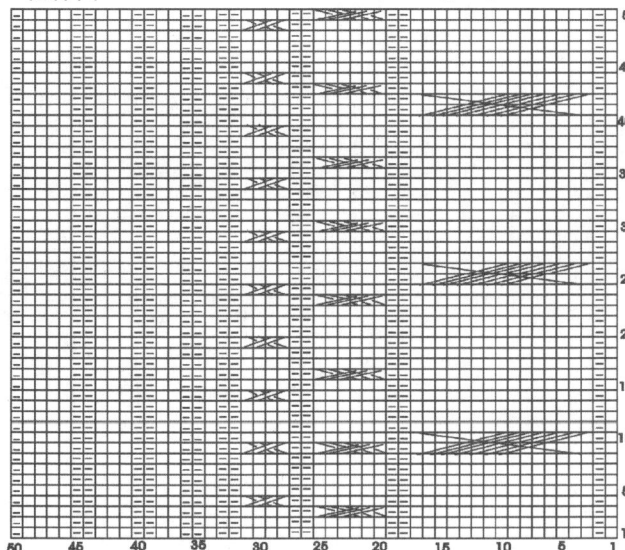

50　45　40　35　30　25　20　15　10　5　1

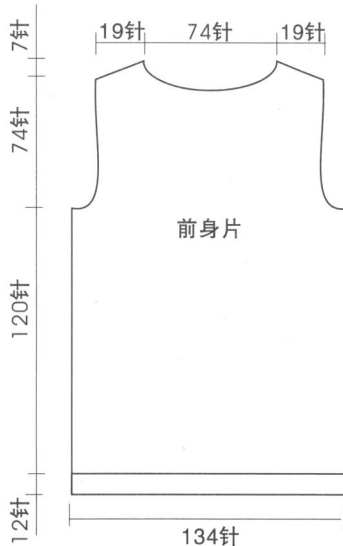

7针

19针　74针　19针

74针

前身片

120针

12针

134针

结构示意图

212

实物图

213

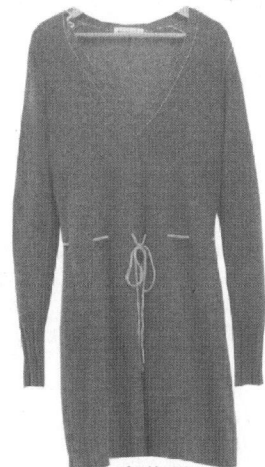

实物图

收腰套头装

【成品规格】胸围120cm，背肩宽38cm，袖长53cm
【工　　具】9号针
【材　　料】细线

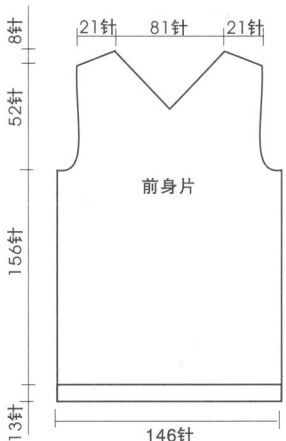

8针

21针　81针　21针

52针

前身片

156针

13针

146针

结构示意图

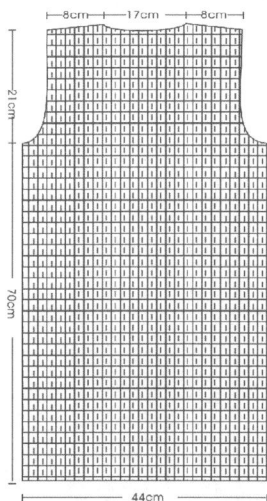

8cm　17cm　8cm

21cm

70cm

44cm

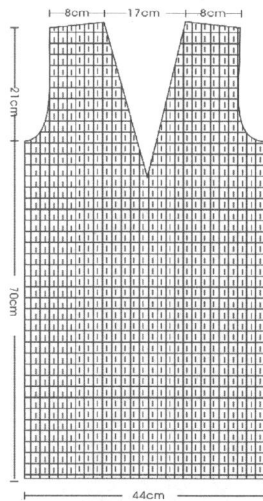

8cm　17cm　8cm

21cm

70cm

44cm

花样图

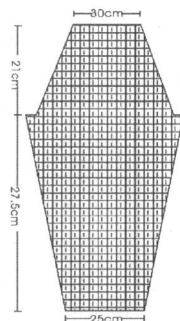

30cm

21cm

27.5cm

25cm

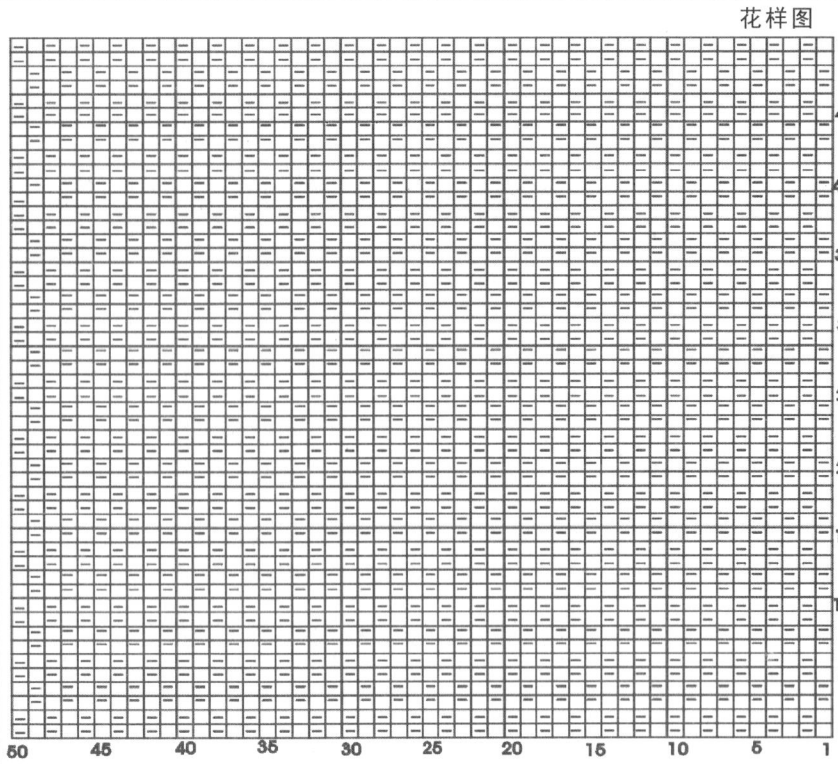

花样图

214

7针
19针　74针　19针
74针
前身片
120针
12针
134针
结构示意图

50
45
40
35
30
25
20
15
10
5

50 45 40 35 30 25 20 15 10 5 1

方形V字领衫

实物图

【成品规格】胸围120cm，背肩宽38cm
　　　　　　袖长38cm
【工　　具】9号针
【材　　料】中细线

215

实物图

大气中性十足套头装

【成品规格】胸围120cm，背肩宽38cm，袖长53cm
【工　　具】8号针
【材　　料】中细线

花样图

7针
19针　74针　19针
48针
前身片
144针
12针
134针
结构示意图

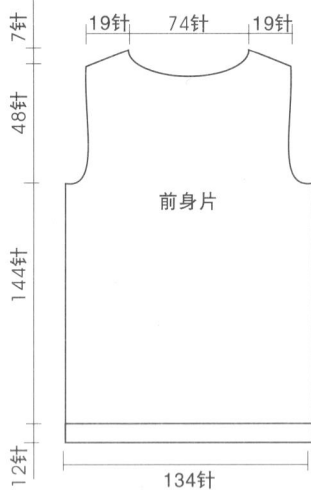

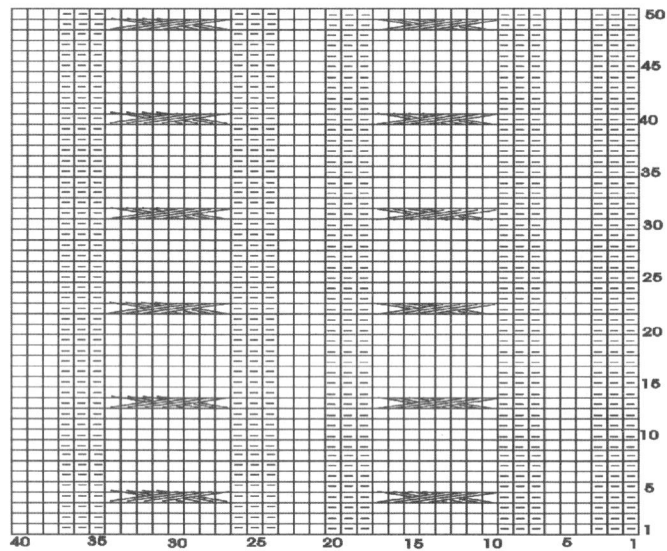

50
45
40
35
30
25
20
15
10
5
1

40 35 30 25 20 15 10 5 1

花样图

8cm　　17cm　　8cm

21cm

27.5cm

44cm

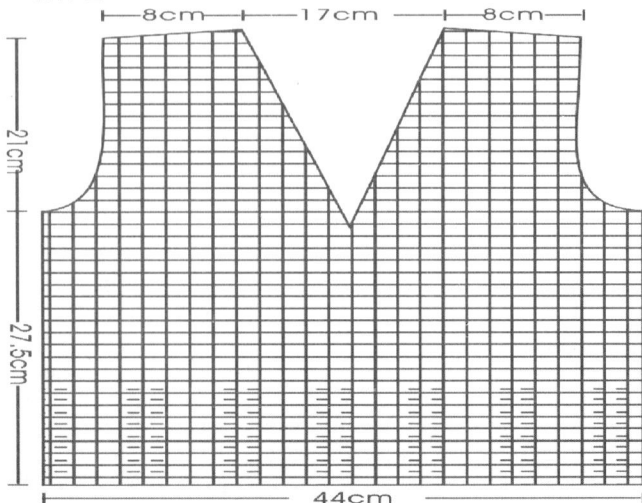

216

8针
21针　81针　21针
50针
前身片
130针
13针
146针
结构示意图

实物图

大袖口套头装

【成品规格】胸围120cm，背肩宽
　　　　　　38cm，袖长48cm
【工　　具】9号针
【材　　料】细线

实物图

大口袋套头装

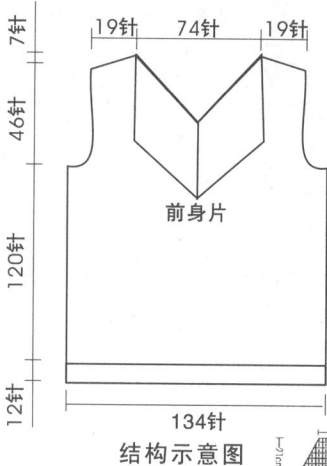

7针
46针
120针
12针

19针　74针　19针

前身片

结构示意图

134针

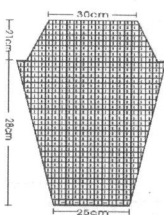
30cm
21cm
28cm
25cm

花样图

8cm　17cm　8cm

21cm

50cm

44cm

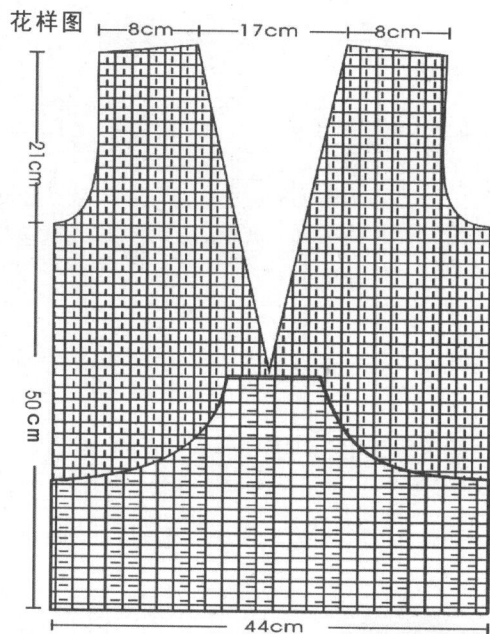

【成品规格】胸围120cm，背肩宽
38cm，袖长38cm
【工　　具】8号针
【材　　料】中细线

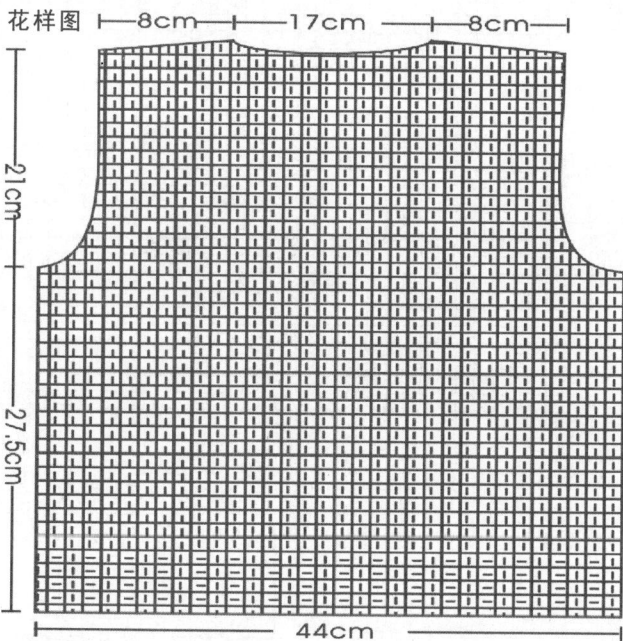

花样图

8cm　17cm　8cm

21cm

27.5cm

44cm

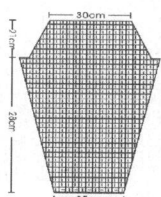
30cm
21cm
28cm
25cm

【成品规格】胸围120cm，背肩宽38cm，袖长48cm
【工　　具】8号针
【材　　料】中细线

一字领套头衫

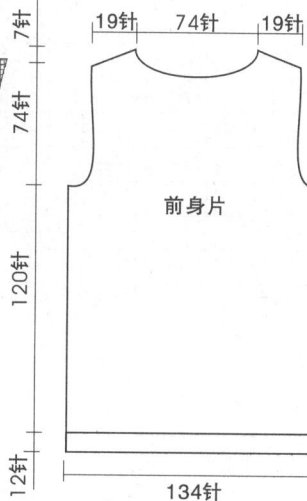

7针
74针
120针
12针

19针　74针　19针

前身片

134针

结构示意图

218

实物图

219

气质高贵内搭套头装

实物图

花样图

17cm

21cm

27.5cm

44cm

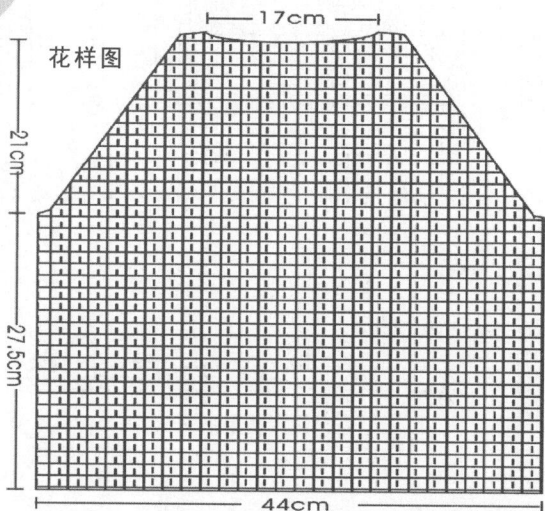

【成品规格】胸围120cm，背肩宽38cm，袖长53cm
【工　　具】9号针
【材　　料】细线

8针
50针
130针
13针

21针　81针　21针

前身片

146针

结构示意图

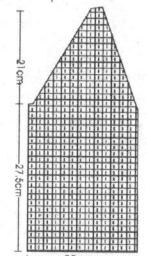
30cm
21cm
27.5cm
23cm

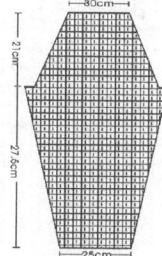
30cm
21cm
27.6cm
25cm

小开口套头装

花样图

【成品规格】 胸围120cm，背肩宽38cm，袖长48cm
【工　　具】 9号针
【材　　料】 细线

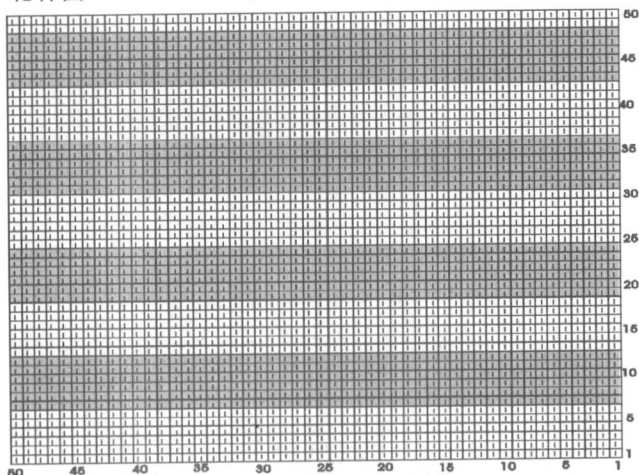

21针　81针　21针

前身片

146针

结构示意图

220

实物图

实物图

221

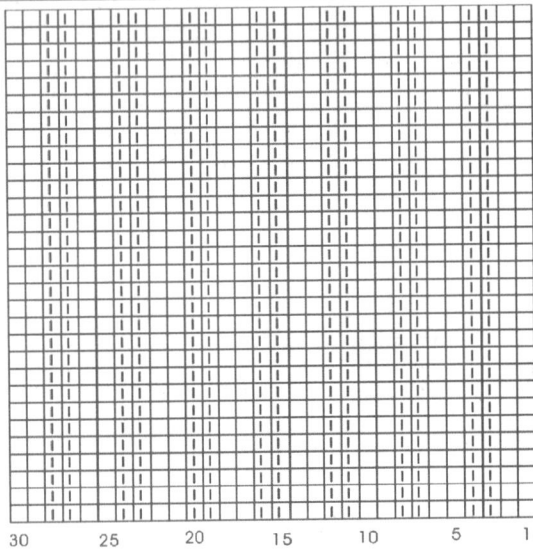

花样图

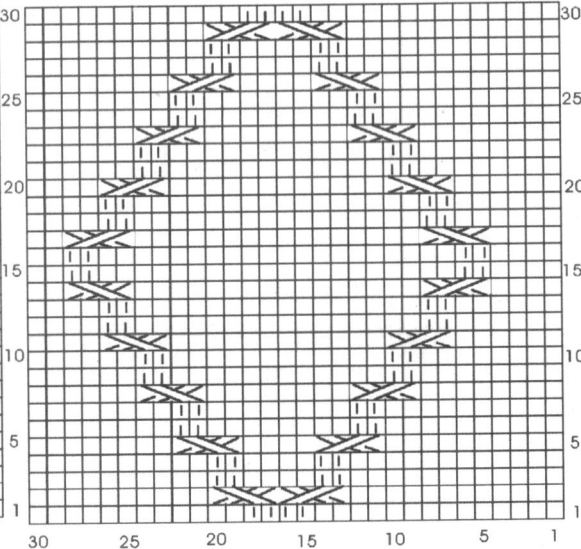

渐变色高领套头装

【成品规格】 胸围120cm，背肩宽38cm，
袖长48cm
【工　　具】 8号针
【材　　料】 中粗线

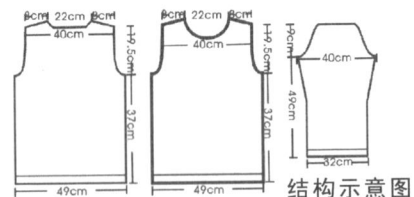

结构示意图

结构示意图

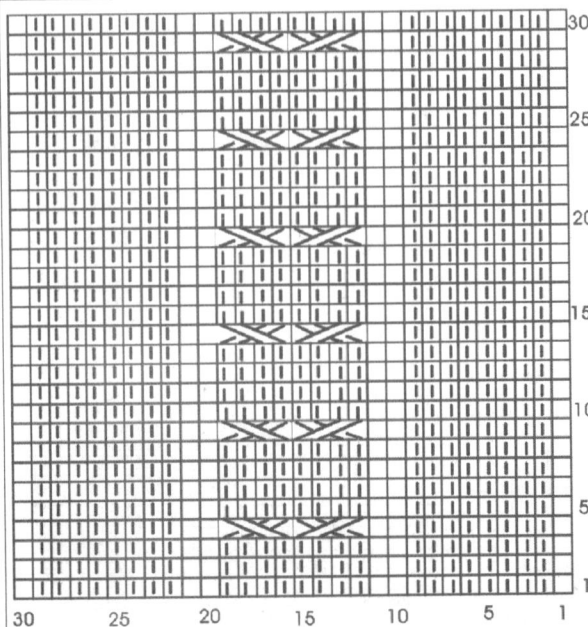

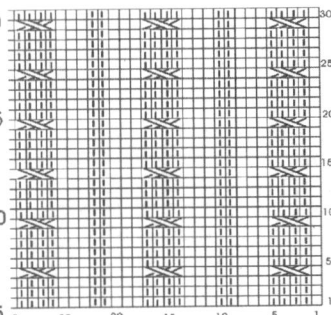

花样图

高领套头装

【成品规格】 胸围120cm，背肩宽
38cm，袖长48cm
【工　　具】 9号针
【材　　料】 中粗线

222

实物图

223

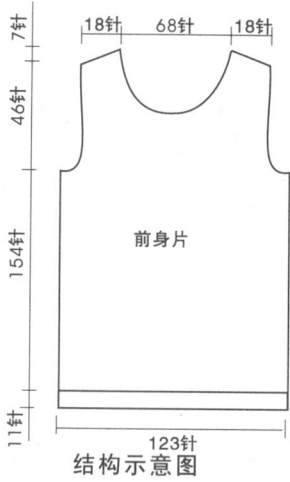

无袖宽摆可人装

【成品规格】胸围120cm，背肩宽38cm
【工　　具】8号针
【材　　料】中粗线

18针　68针　18针

前身片

123针

结构示意图

实物图

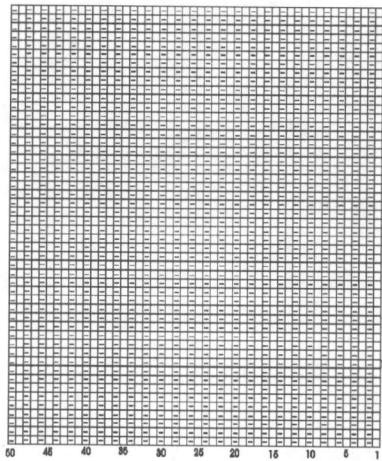

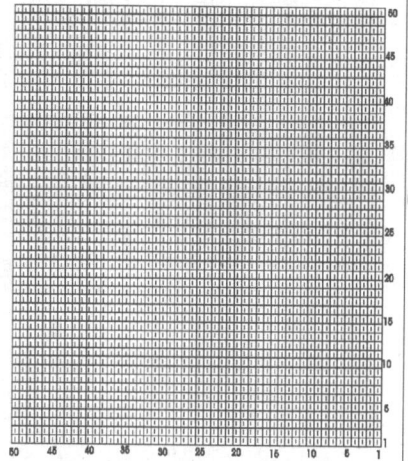

花样图

花样图

8cm　17cm　8cm

21cm

50CM

44cm

大开口套头装

【成品规格】胸围120cm，背肩宽38cm
【工　　具】8号针
【材　　料】中粗线

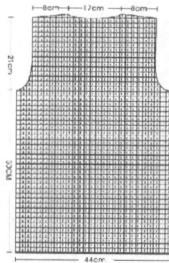

8cm 17cm 8cm

21cm

44cm

224

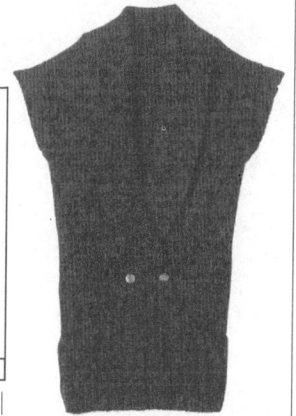

18针　68针　18针

7针

44针

前身片

132针

11针

123针

结构示意图

实物图

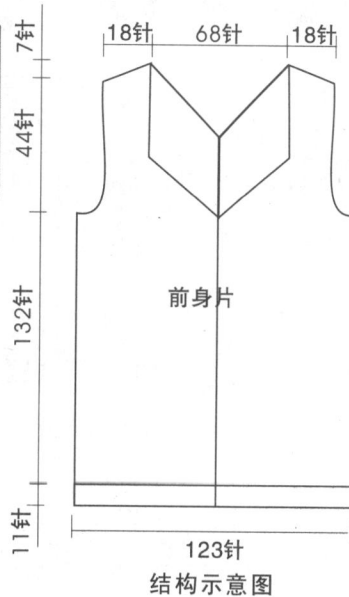

225

喇叭袖套头装

【成品规格】胸围120cm，背肩宽38cm，袖长28cm
【工　　具】8号针
【材　　料】中细线

花样图 8cm　17cm　8cm

21cm

52CM

44cm

实物图

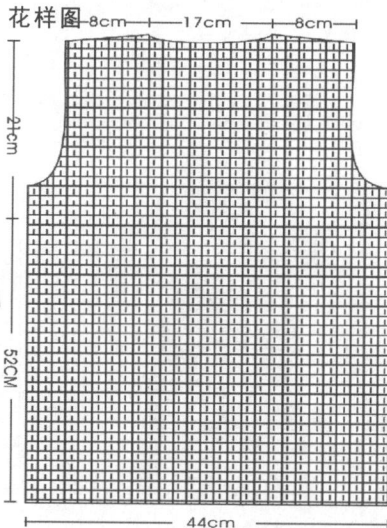

19针　74针　19针

7针

48针

前身片

144针

12针

134针

结构示意图

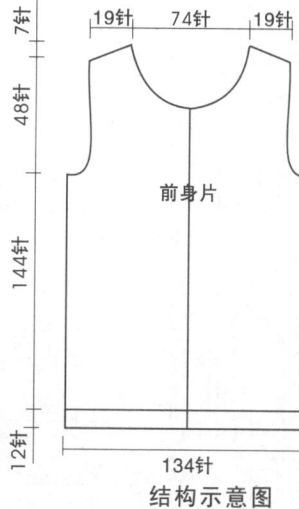

8cm

21cm

52CM

23CM

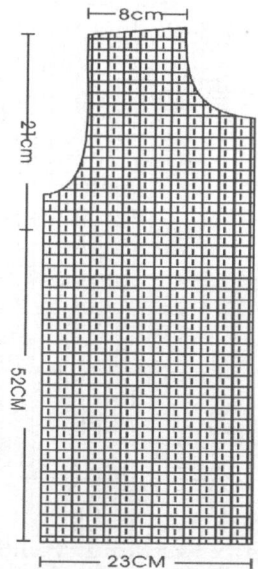

经典韩式毛衣外套1800

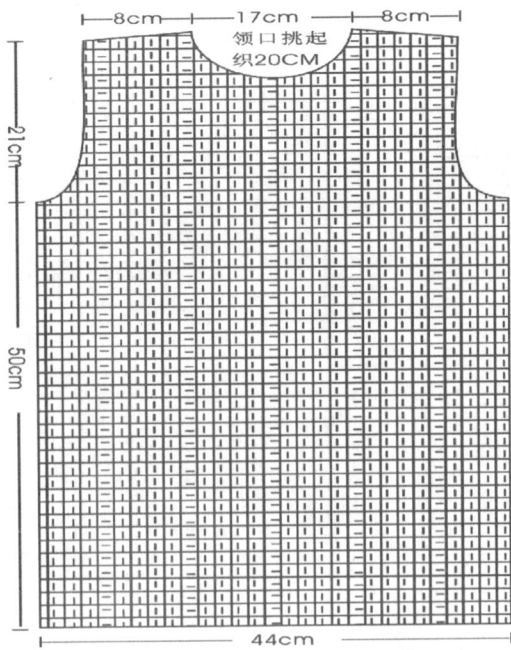

8cm　17cm　8cm

领口挑起织20CM

21cm

50cm

44cm

花样图

性感高领套头装

【成品规格】胸围120cm，背肩宽38cm

【工　具】8号针

【材　料】细线

226

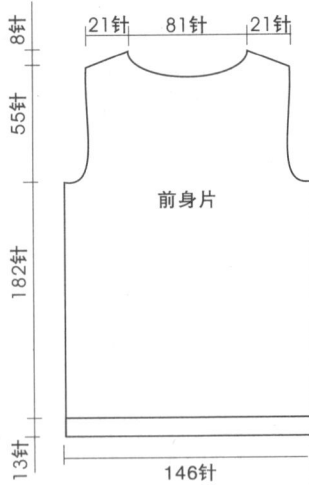

21针　81针　21针

8针

55针

182针

前身片

13针

146针

结构示意图

实物图

实物图

227

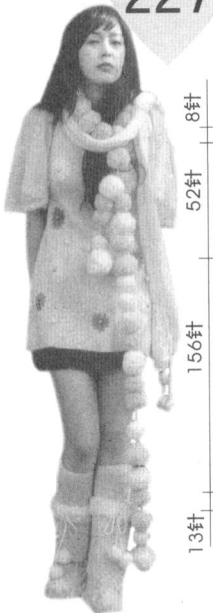

迷你菊花花纹装

【成品规格】胸围120cm，背肩宽38cm，袖长28cm

【工　具】8号针

【材　料】细线

21针　81针　21针

8针

52针

156针

前身片

13针

146针

结构示意图

花样图

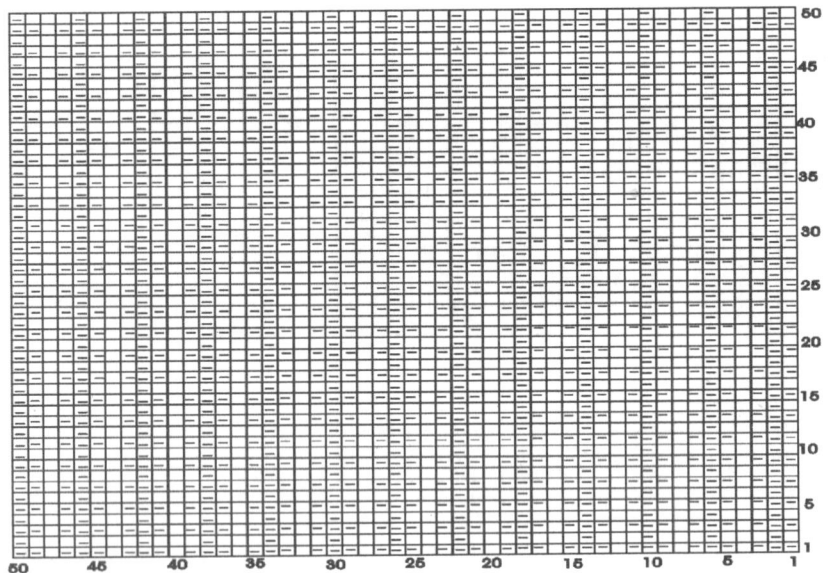

50　45　40　35　30　25　20　15　10　5　1

50 45 40 35 30 25 20 15 10 5

8cm　17cm　8cm

领口挑起织

21cm

50cm

44cm

花瓣领口套头装

【成品规格】胸围120cm，背肩宽38cm，袖长28cm

【工　具】8号针

【材　料】细线

228

花样图

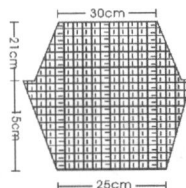

30cm

21cm

5cm

25cm

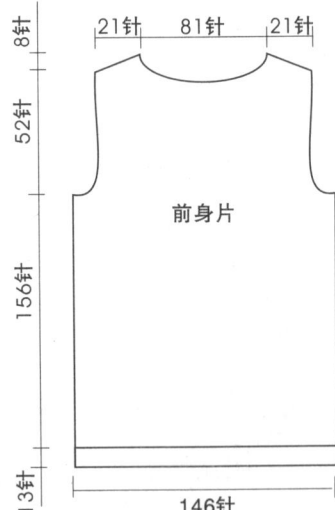

实物图

21针　81针　21针

8针

52针

156针

前身片

13针

146针

结构示意图

229

实物图

花样图

麻花纹套头装

【成品规格】胸围120cm，背肩宽38cm，袖长53cm
【工　　具】8号针
【材　　料】细线

结构示意图

前身片

21针　81针　21针

146针

8cm　17cm　8cm

44cm

44cm

8cm　17cm　8cm

花样图

花样A

花样B

高领套头长裙

【成品规格】胸围120cm，背肩宽38cm，袖长53cm
【工　　具】9号针
【材　　料】中细线

结构示意图

花样A 花样B 花样A

231

实物图

内涵丰富丽人装

【成品规格】胸围120cm，背肩宽38cm，袖长53cm
【工　　具】6号针
【材　　料】中细线

花样图

结构示意图

前身片

19针　74针　19针

134针

系腰套头装

【成品规格】胸围120cm，背肩宽38cm，袖长53cm
【工　　具】9号针
【材　　料】中粗线

花样图

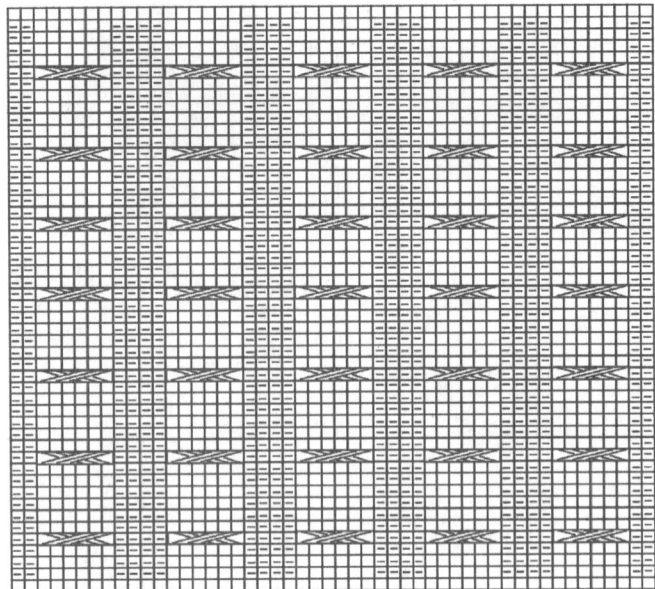

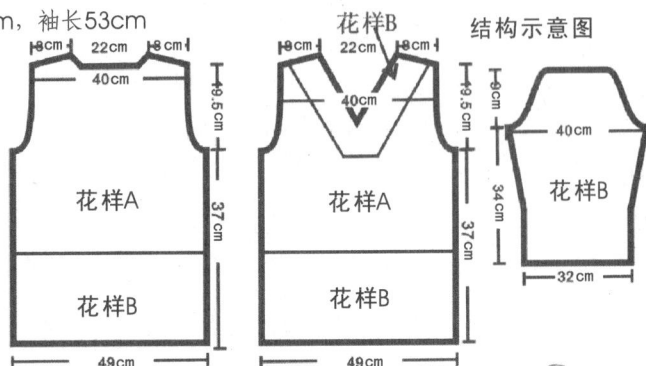

花样B

结构示意图

8cm 22cm 8cm
40cm
49.5cm
花样A
37cm
花样B
49cm

8cm 22cm 8cm
40cm
49.5cm
花样A
37cm
花样B
49cm

6cm
40cm
34cm
花样B
32cm

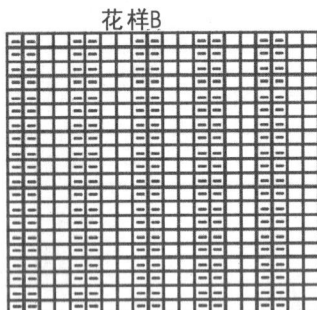

花样B

232

实物图

233

实物图

【成品规格】胸围120cm，背肩宽38cm，袖长53cm
【工　　具】9号针
【材　　料】中细线

飘逸可人衫

花样A

花样图

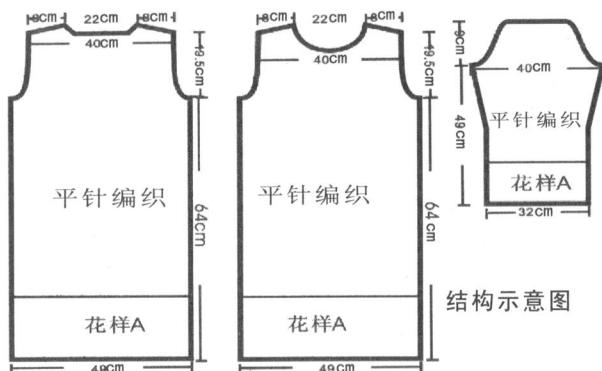

8cm 22cm 8cm
40cm
49.5cm
平针编织
64cm
花样A
49cm

8cm 22cm 8cm
40cm
49.5cm
平针编织
64cm
花样A
49cm

9cm
40cm
49cm
平针编织
花样A
32cm

结构示意图

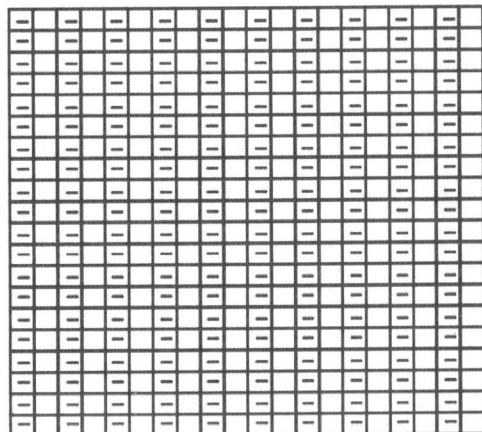

高领套头装

【成品规格】胸围120cm，背肩宽38cm，袖长53cm
【工　　具】8号针
【材　　料】中细线

花样图

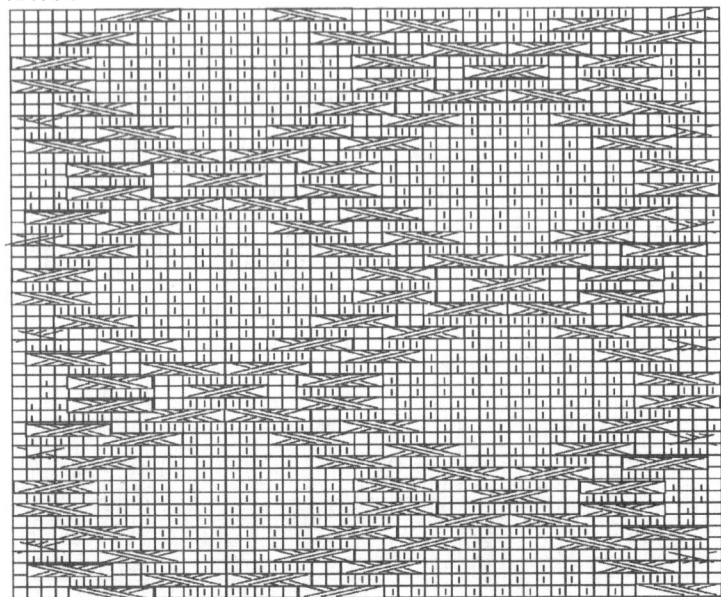

花样B

花样A
22cm
8cm 40cm 8cm
49.5cm
平针编织
34cm
花样A
49cm

花样A
22cm
8cm 40cm 8cm
49.5cm
花样B
34cm
花样A
49cm

结构示意图

40cm
49cm
花样A
32cm

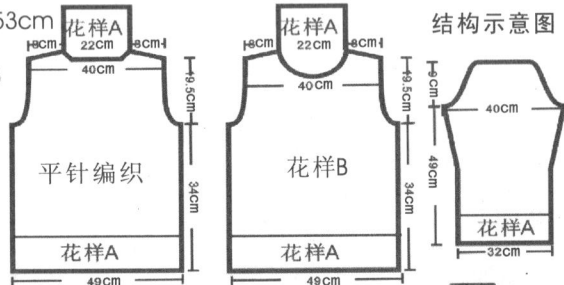

花样A

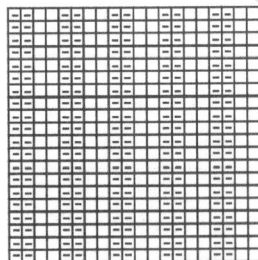

234

实物图

235

V字纹套头衫

花样A 花样B 结构示意图 花样图

8cm 22cm 8cm
40cm
9.5cm
34cm
49cm

【成品规格】胸围120cm，背肩宽38cm，袖长53cm
【工　　具】8号针
【材　　料】中细线

实物图

张扬活力个性套头装

花样图

【成品规格】胸围120cm，背肩宽38cm
【工　　具】8号针
【材　　料】中粗线

236

结构示意图

7针 19针 74针 19针
48针
前身片
144针
12针
134针

实物图

237

花样图

结构示意图

横格休闲女装

【成品规格】胸围120cm，背肩宽38cm，袖长53cm
【工　　具】8号针
【材　　料】中粗线

实物图

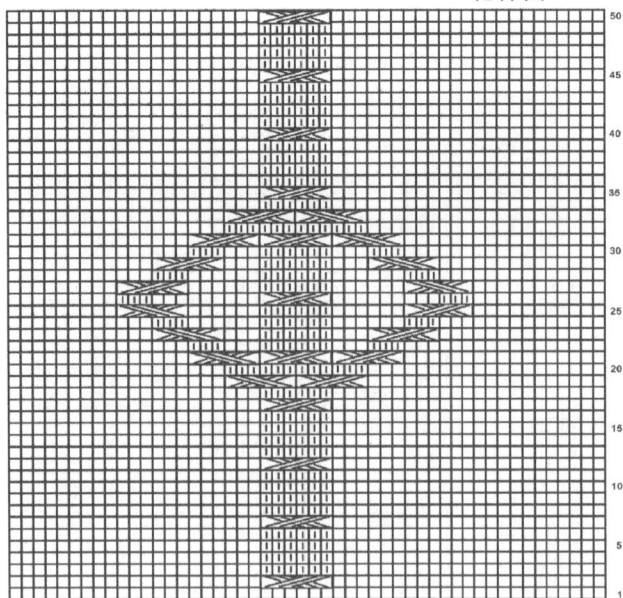

花样图

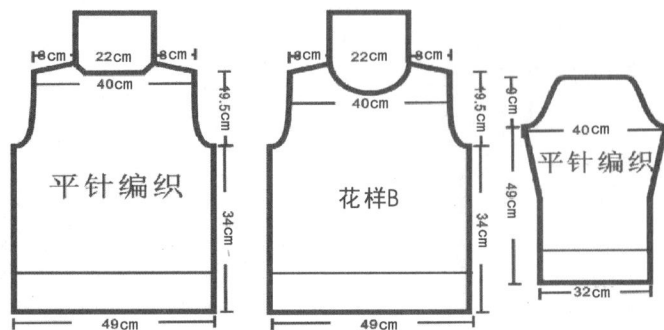

平针编织

花样B

平针编织

结构示意图

238

高领套头装

【成品规格】胸围120cm，背肩宽38cm，袖长53cm
【工　　具】8号针
【材　　料】中细线

实物图

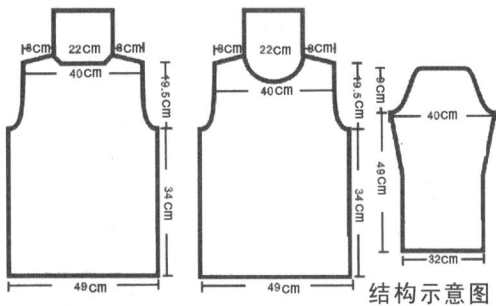

结构示意图

花样图

239

实物图

圆领套头衫

【成品规格】胸围120cm，背肩宽38cm，袖长53cm
【工　　具】9号针
【材　　料】细线

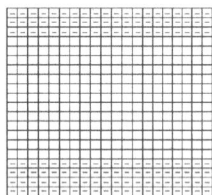

花样A

花样图

小圆领套头装

【成品规格】胸围120cm，背肩宽38cm，袖长53cm
【工　　具】9号针
【材　　料】中细线

240

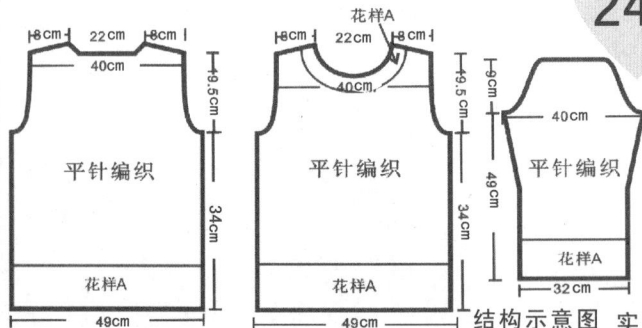

平针编织

花样A

平针编织

花样A

花样A

平针编织

花样A

结构示意图　实物图

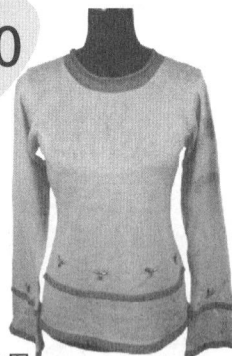

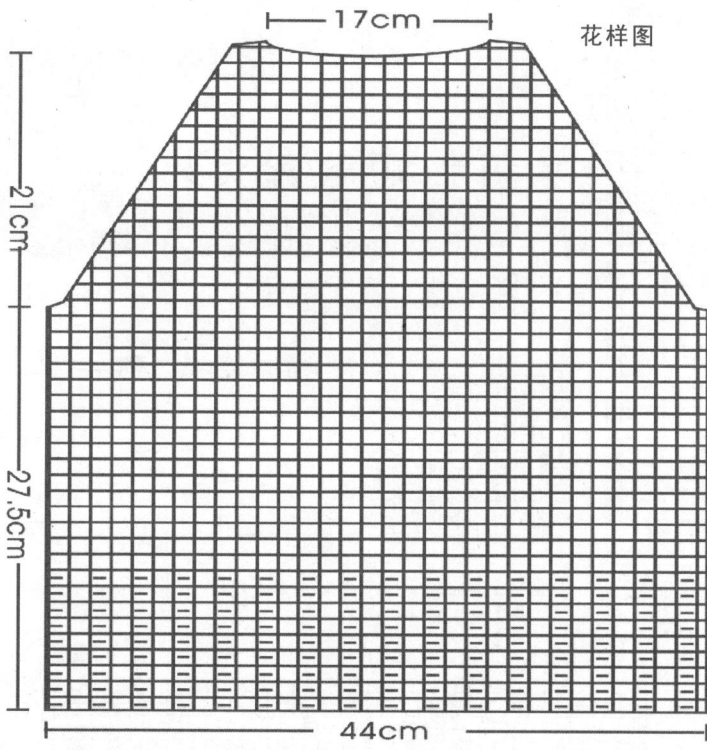

花样图

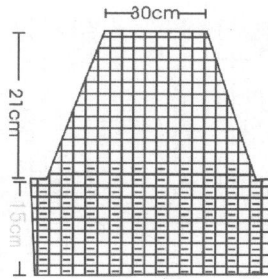

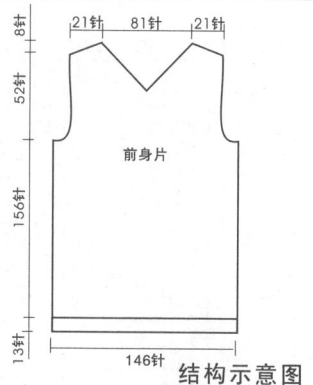

21针 81针 21针

前身片

146针

结构示意图

241

时尚个性可人装

【成品规格】胸围120cm，背肩宽38cm

【工　　具】9号针

【材　　料】细线

实物图

套头长衫

【成品规格】胸围120cm，背肩宽38cm

【工　　具】9号针

【材　　料】细线

花样图

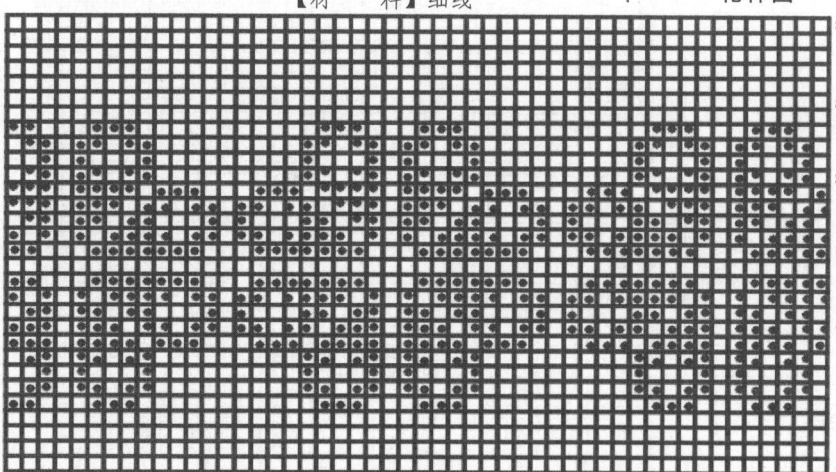

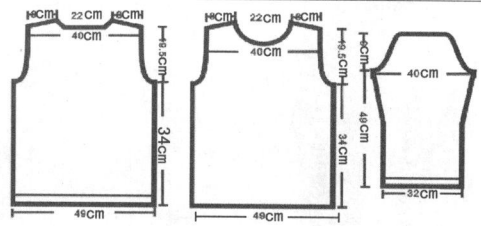

结构示意图

242

实物图

243

卡通图案套头装

【成品规格】胸围120cm，背肩宽38cm，袖长53cm

【工　　具】8号针

【材　　料】中细线

花样A

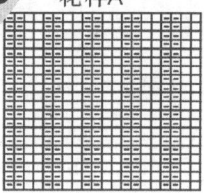

花样B

花样图

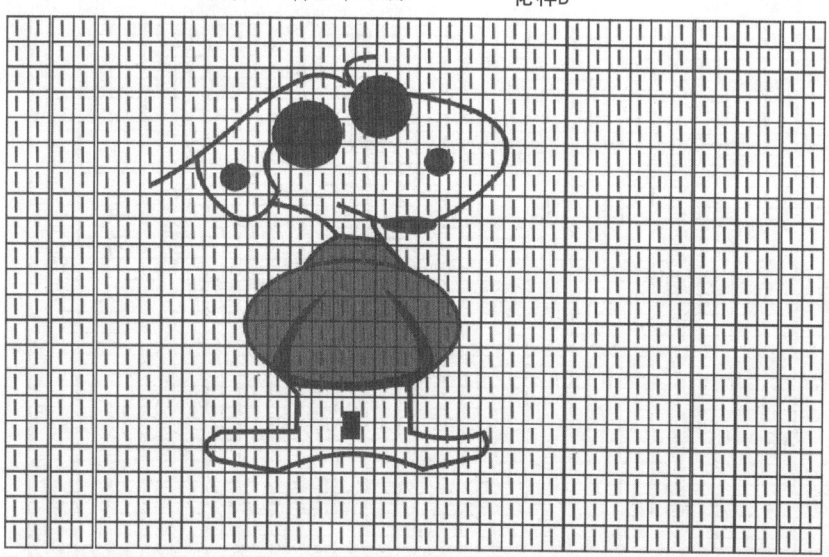

实物图

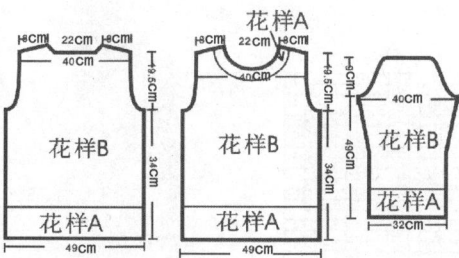

花样A

花样B

花样B

花样B

花样A

花样A

花样A

结构示意图

花样B　　　　花样图

244

大开口短款套头装

【成品规格】胸围120cm，背肩宽38cm，袖长53cm

【工　　具】9号针

【材　　料】中细线

实物图

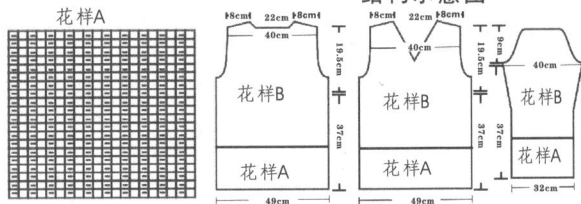

花样A　　　　结构示意图

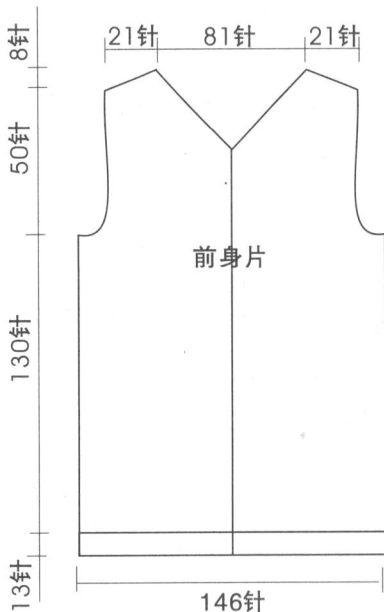

245

修身雅致丽人装

【成品规格】胸围120cm，背肩宽38cm

【工　　具】9号针

【材　　料】细线

花样图

8针　21针　81针　21针

50针

前身片

130针

13针

146针

结构示意图

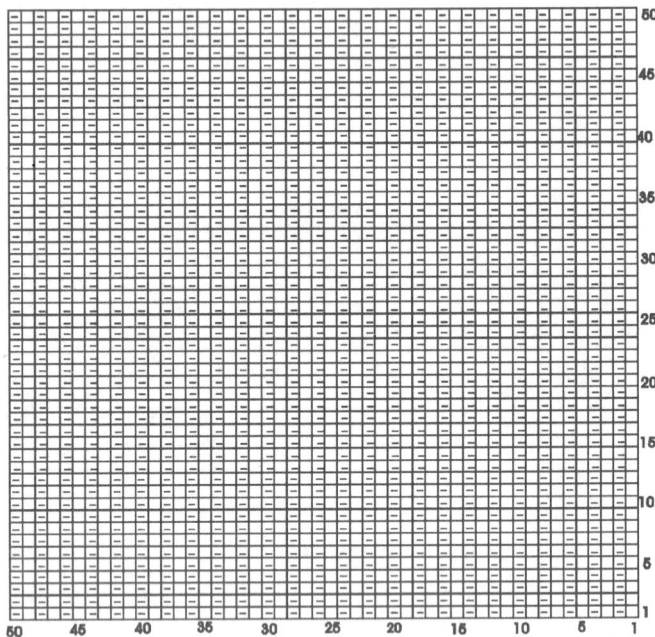

实物图

大开口套头装

【成品规格】胸围120cm，背肩宽38cm，袖长53cm

【工　　具】9号针

【材　　料】中细线

花样B　　　　花样图

花样A

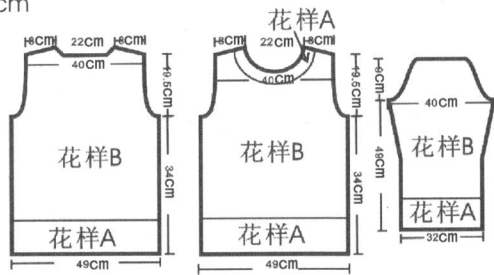

花样A

结构示意图

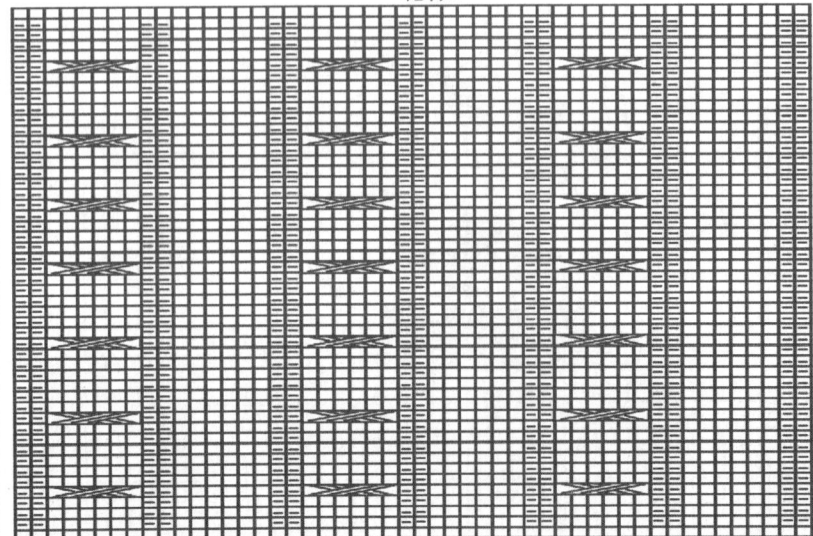

246

实物图

154

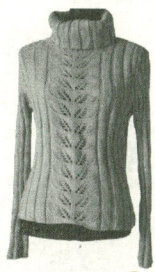

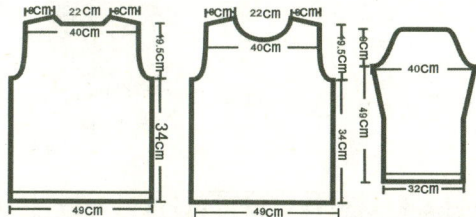

247

高领套头装

实物图

【成品规格】胸围120cm，背肩宽
38cm，袖长53cm
结构示意图
【工　　具】8号针
【材　　料】中细线

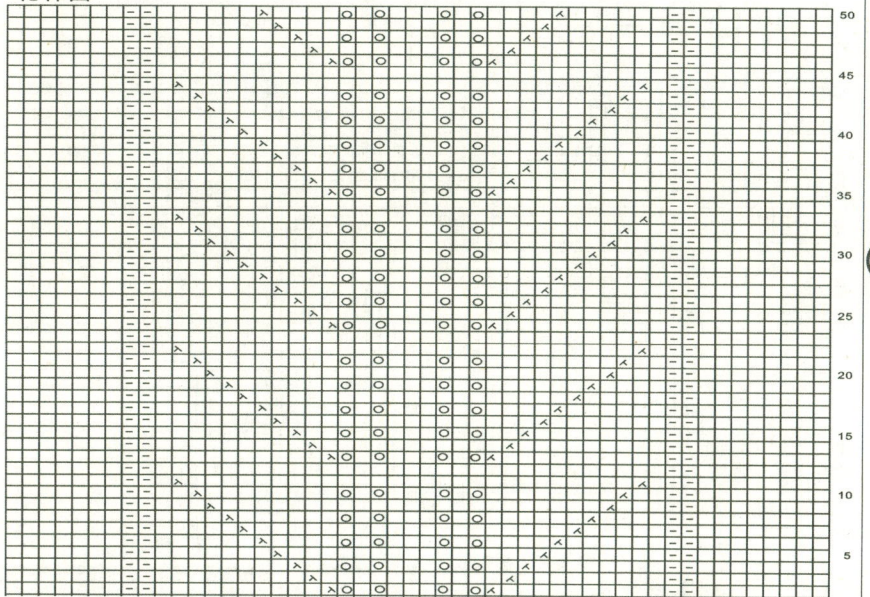

花样图

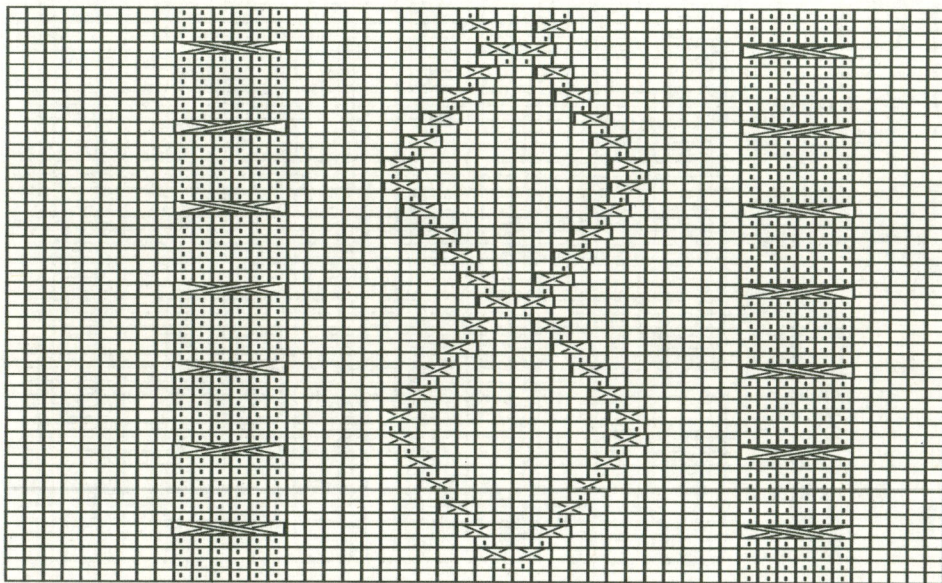

圆领套头装

【成品规格】胸围120cm，背肩宽38cm，袖长53cm
【工　　具】8号针
【材　　料】中粗线

花样图

248

实物图

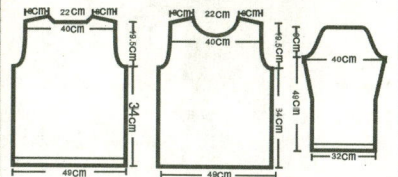

结构示意图

249

缩身短款佳人装

【成品规格】胸围120cm，背肩宽38cm，袖长53cm
【工　　具】9号针
【材　　料】细线

花样图

实物图

21针　　81针　　21针

前身片

146针

结构示意图

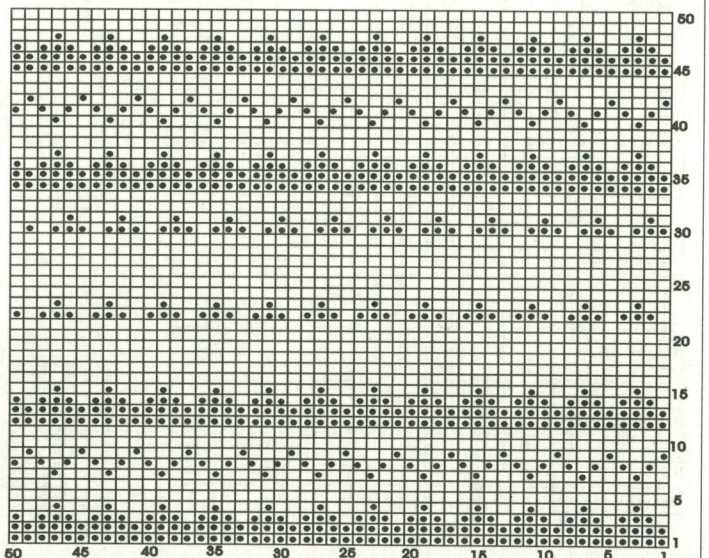

大开口套头衫

【成品规格】胸围120cm，背肩宽38cm
【工　　具】9号针
【材　　料】细线

花样图

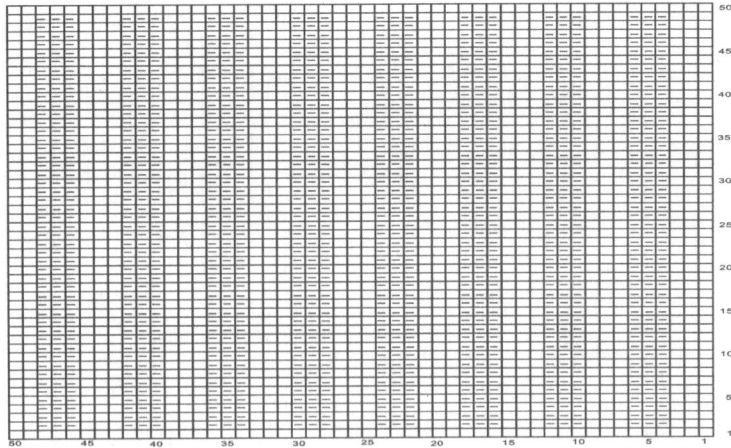

21针　81针　21针

前身片

146针

结构示意图

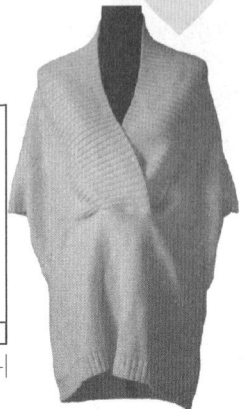

250

实物图

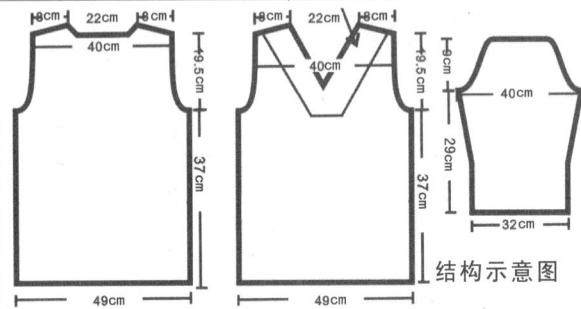

8cm　22cm　8cm
40cm
19.5cm
37cm
49cm

8cm　22cm　8cm
40cm
19.5cm
29cm
37cm
49cm

40cm
9cm
29cm
32cm

结构示意图

花样图

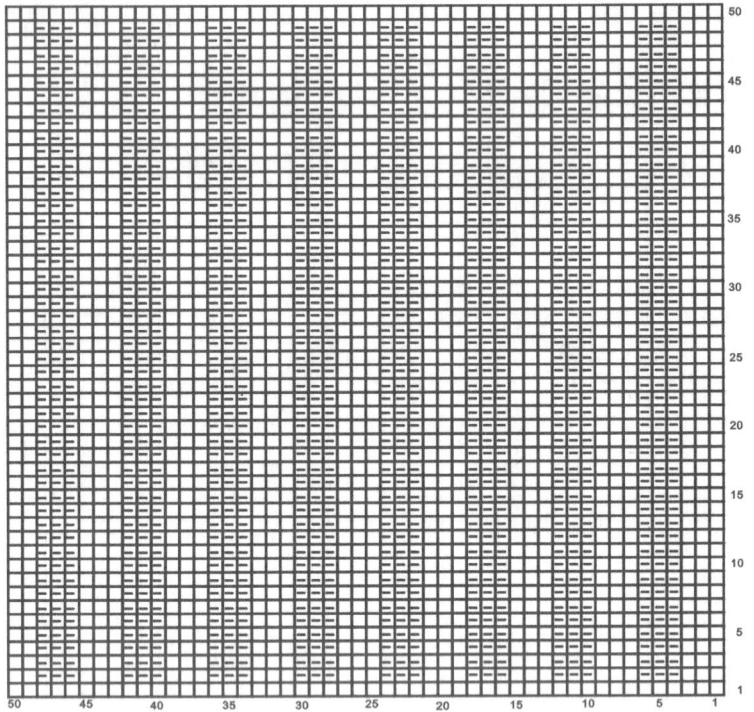

251

可爱领口套头装

【成品规格】胸围120cm，背肩宽
38cm，袖长28cm
【工　　具】9号针
【材　　料】中细线

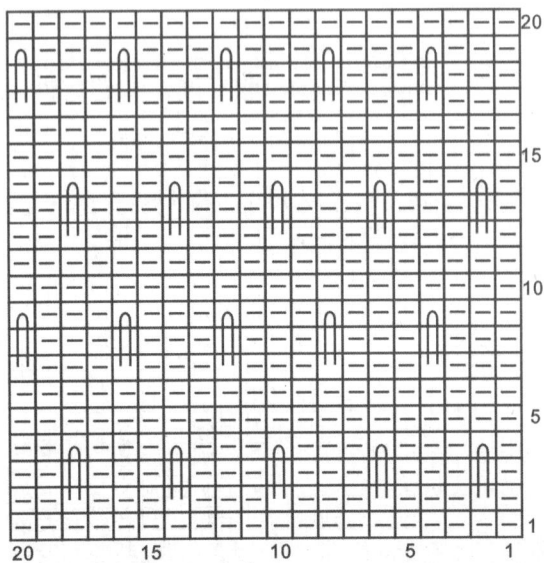

实物图

花样A

花样图

8cm　22cm　8cm
40cm
19.5cm
34cm
49cm

8cm　22cm　8cm
40cm
19.5cm
34cm
49cm

40cm
9cm
29cm
32cm

结构示意图

花样A

花样A

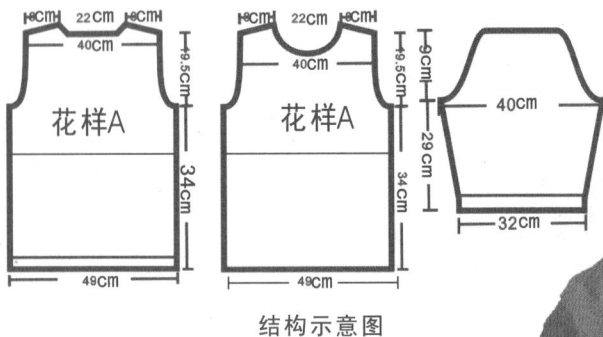

领部花样

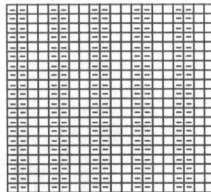

252

大翻领套头裙

【成品规格】胸围120cm，背肩宽
38cm，袖长28cm
【工　　具】9号针
【材　　料】细线

实物图

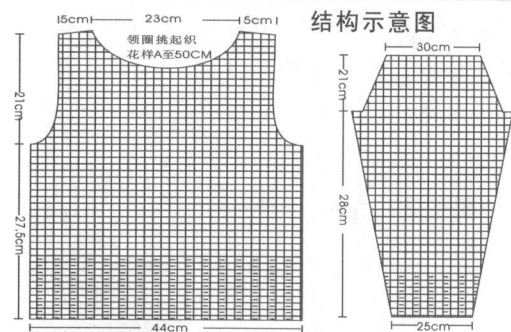

结构示意图

领圈挑起织
花样A至50CM

15cm — 23cm — 15cm

21cm

27.5cm

44cm

30cm

21cm

28cm

25cm

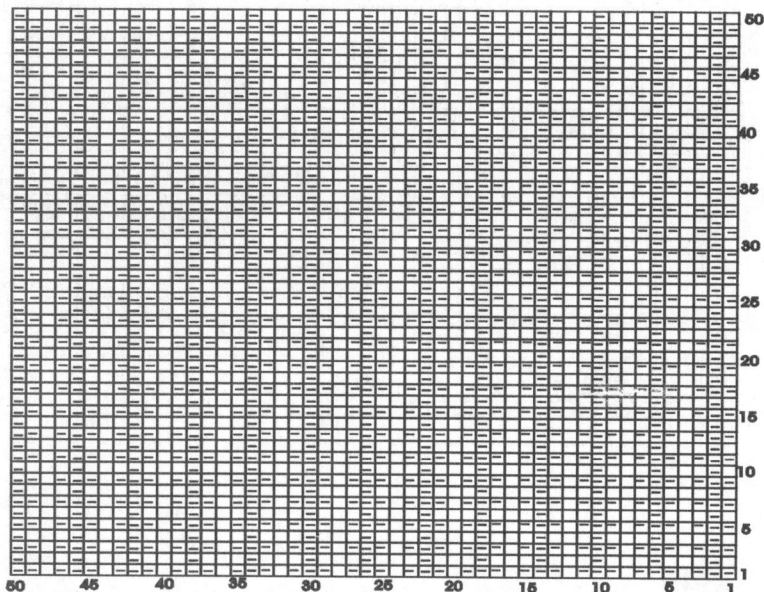

花样图　　　　花样A

实物图

♥ **253**

甜美可人桃红装

【成品规格】胸围120cm，背肩宽38cm，袖长53cm
【工　　具】8号针
【材　　料】细线

高领套头衫

【成品规格】胸围120cm，背肩宽38cm，袖长28cm
【工　　具】9号针
【材　　料】中细线

花样B

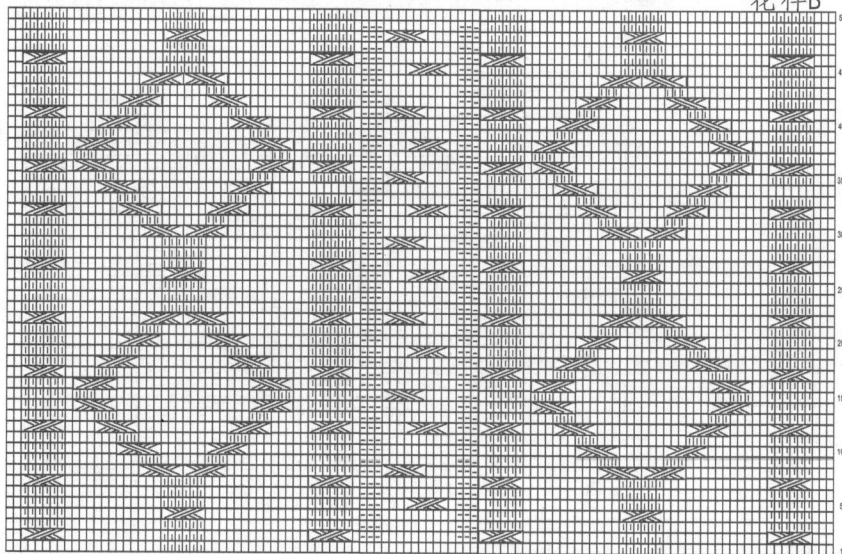

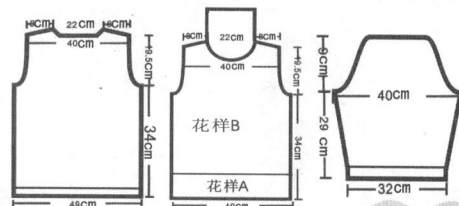

结构示意图

14CM 22cm 14CM
40cm

14CM 22cm 14CM
40cm

40cm

34cm

34cm

29cm

49cm

49cm

32cm

花样B

花样A

♥ **254**

花样A

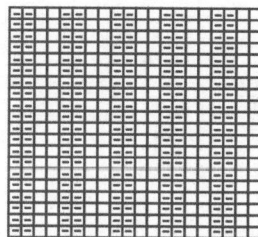

花样图

实物图

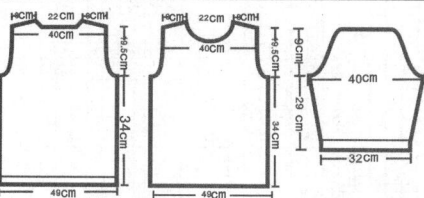

14CM 22cm 14CM
40cm

14CM 22cm 14CM
40cm

40cm

34cm

34cm

29cm

49cm

49cm

32cm

结构示意图

精致花纹套头衫

【成品规格】胸围120cm，背肩宽38cm，袖长28cm
【工　　具】6号针
【材　　料】细线

花样图

♥ **255**

实物图

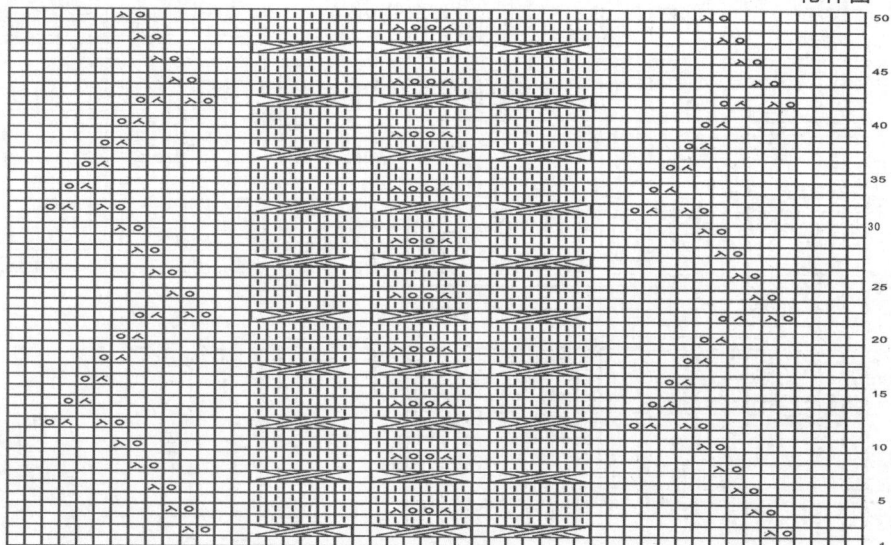

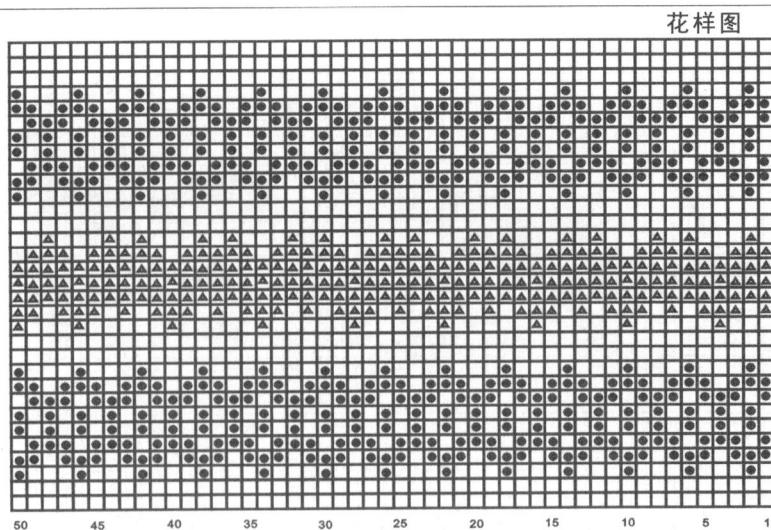

花样图

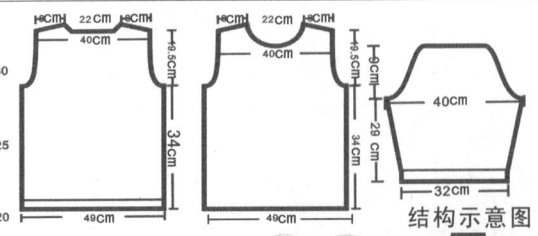

256

活泼花纹套头衫

【成品规格】胸围120cm，背肩宽
38cm，袖长38cm
【工　　具】8号针
【材　　料】细线

实物图

257

实物图

自然文雅可人装

【成品规格】胸围120cm，背肩宽38cm
【工　　具】9号针
【材　　料】细线

花样图

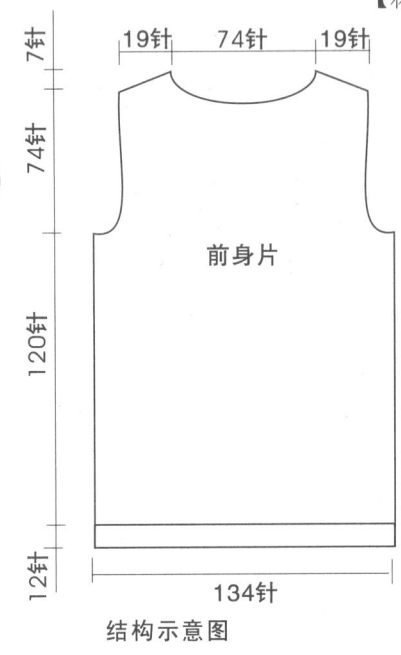

19针　74针　19针

7针

74针

前身片

120针

12针

134针

结构示意图

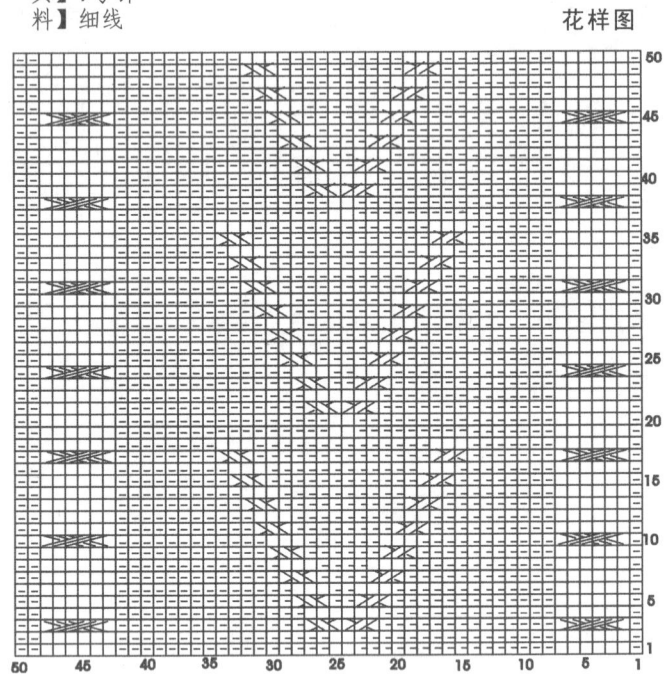

花样B

花样图

花样A

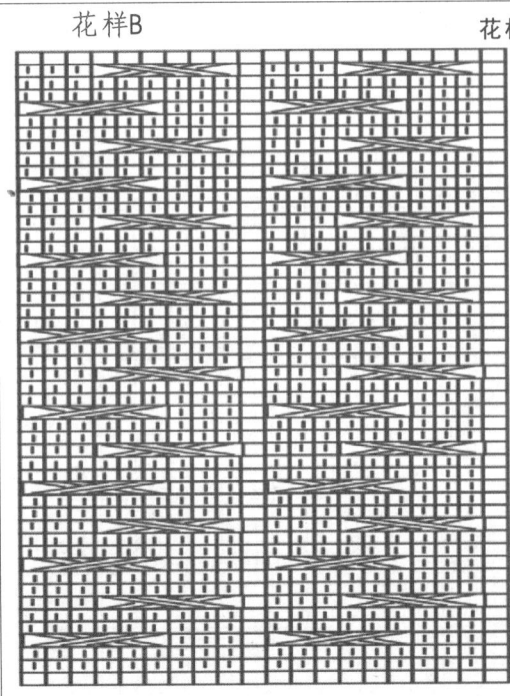

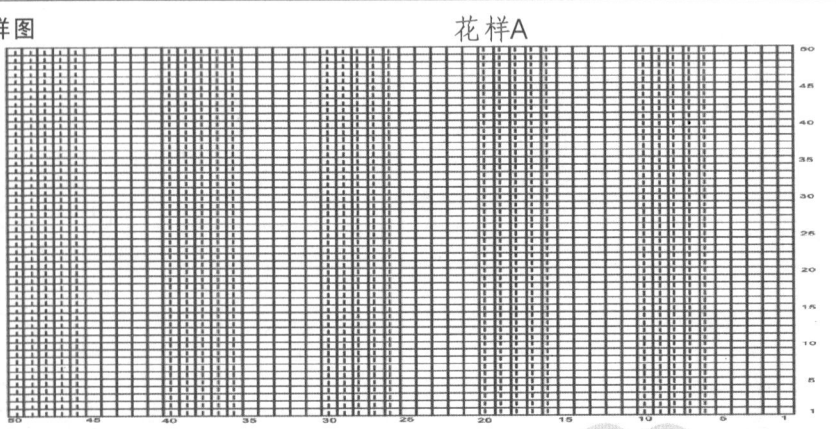

258

花样A　　花样A

花样B

结构示意图

叶子花纹高领装

【成品规格】胸围120cm，背肩宽38cm
【工　　具】8号针
【材　　料】细线

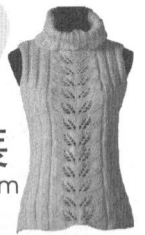

实物图

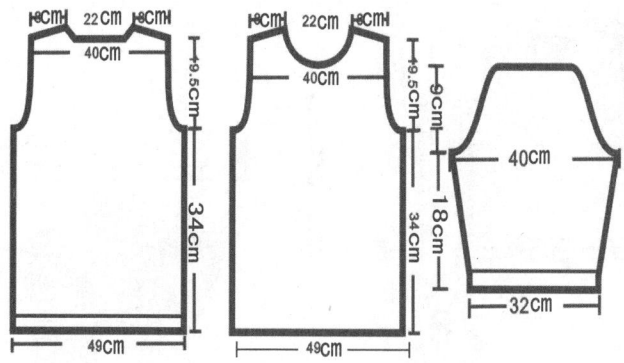

花样图

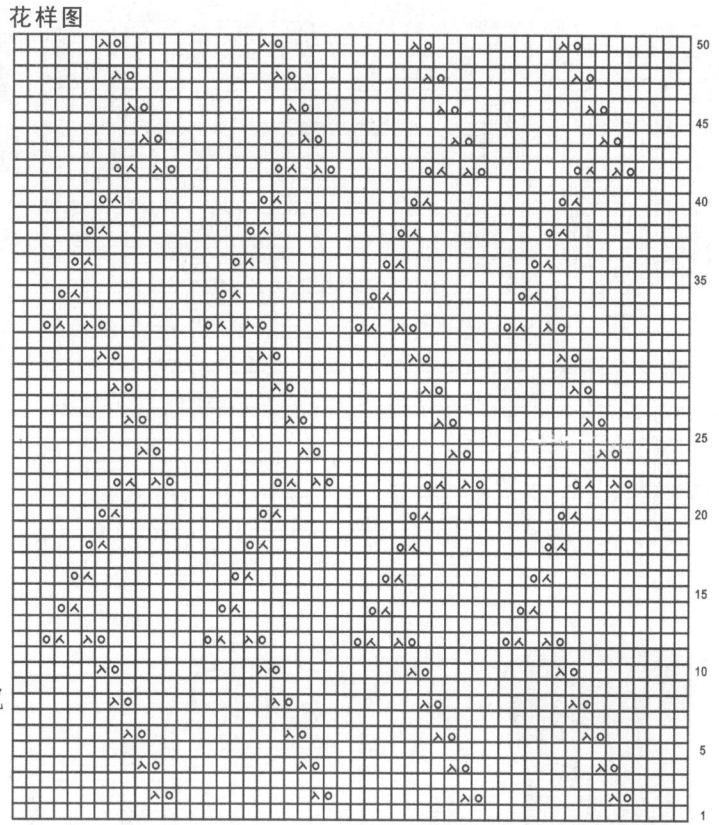

结构示意图

259

绒毛套头装

【成品规格】胸围120cm，背肩宽38cm
【工　　具】9号针
【材　　料】中细线

实物图

高领无袖套头装

【成品规格】胸围120cm，背肩宽38cm
【工　　具】8号针
【材　　料】细线

260

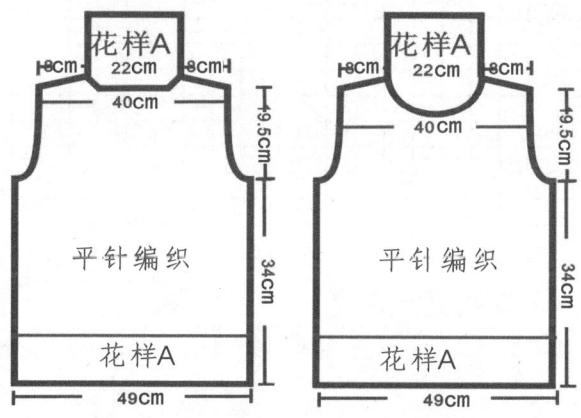

花样A
平针编织
花样A

结构示意图

花样A

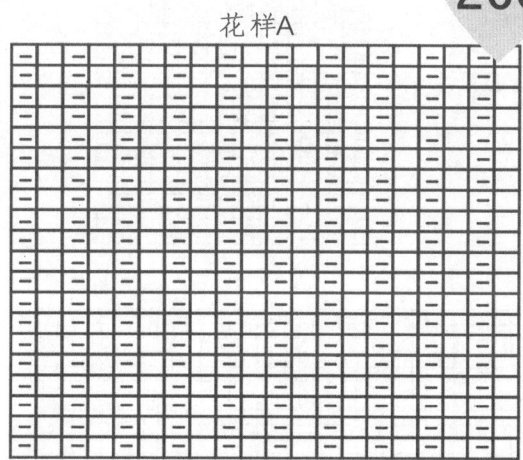

花样图

实物图

261

清爽时尚无袖衫

【成品规格】胸围120cm，背肩宽38cm
【工　　具】8号针
【材　　料】细线

实物图

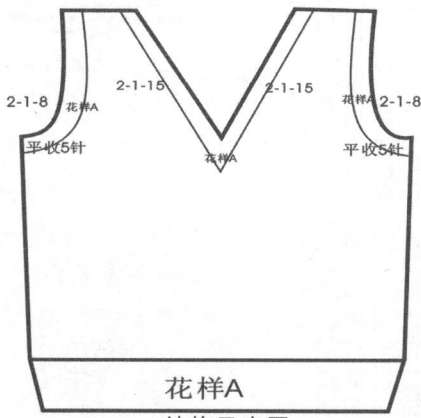

2-1-8　花样A　2-1-15　　2-1-15　花样A　2-1-8
平收5针　　　　　花样A　　　　平收5针

花样A

结构示意图

花样A　　　花样图

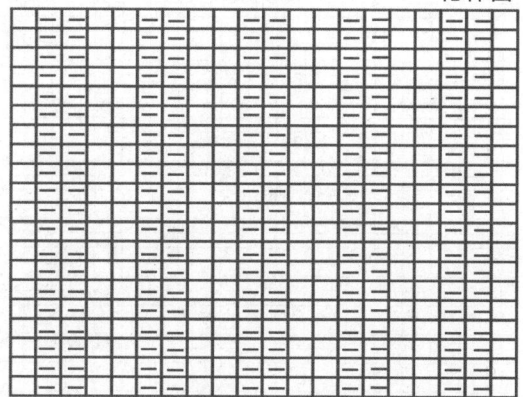

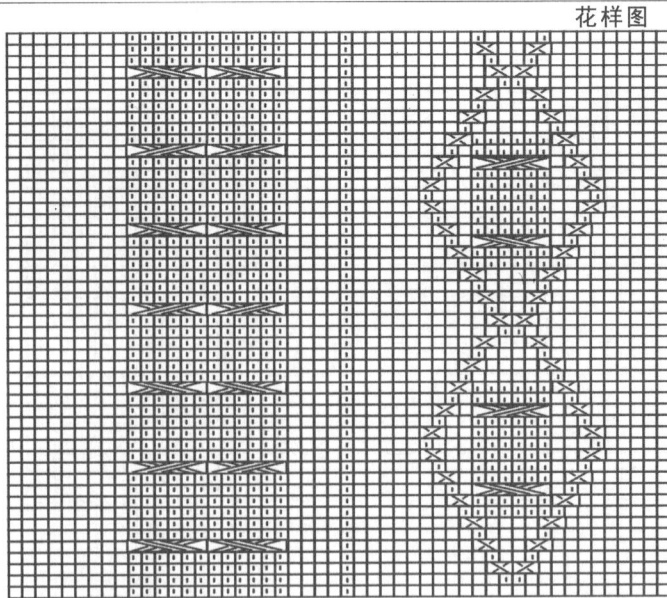

花样图

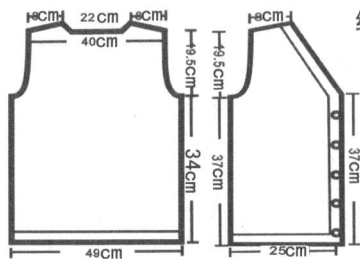

结构示意图

边缘花样

262

波浪图案背心

【成品规格】胸围120cm，背肩宽38cm

【工　　具】8号针

【材　　料】中细线

实物图

实物图

结构示意图

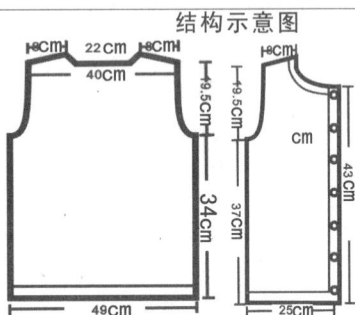

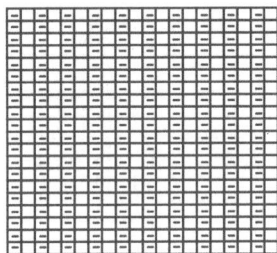

263

翻领无袖开衫

【成品规格】胸围120cm，背肩宽38cm

【工　　具】8号针

【材　　料】中粗线

花样图

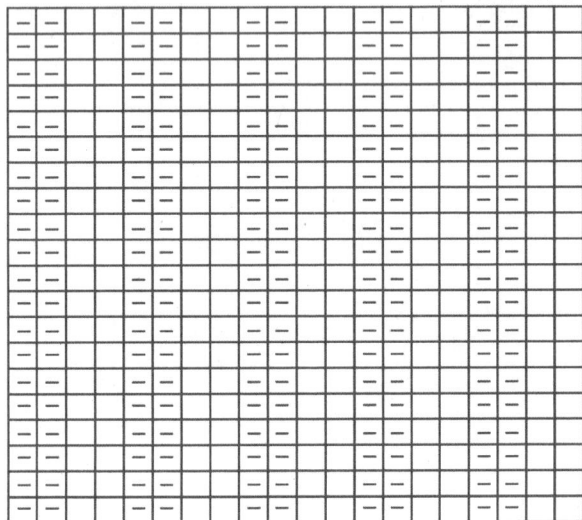

花样图

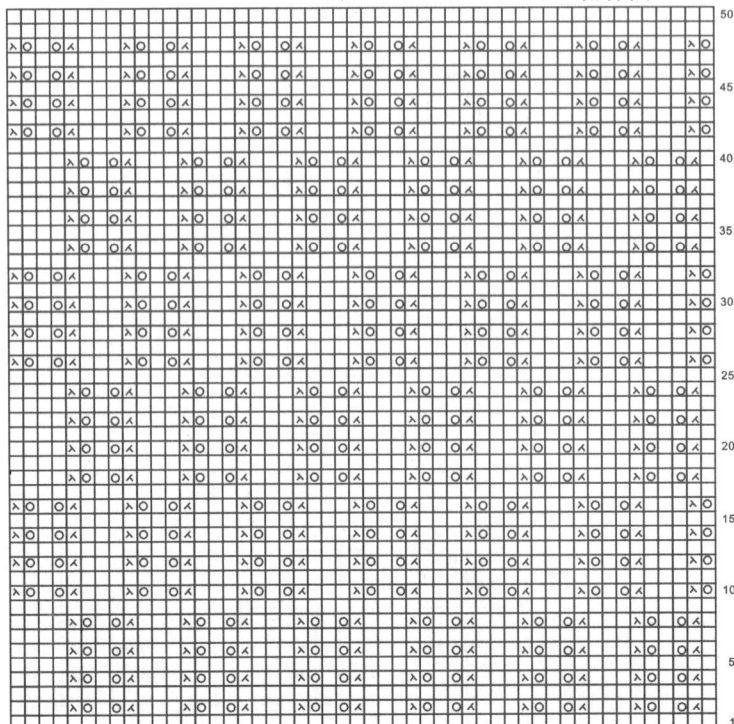

结构示意图

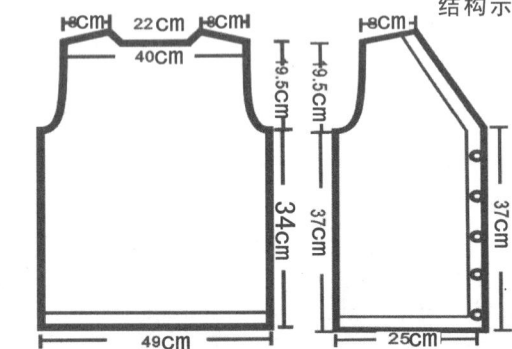

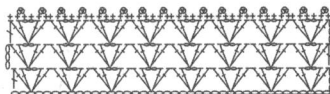

264

精致背心

【成品规格】胸围120cm，背肩宽38cm

【工　　具】9号针

【材　　料】细线

实物图

265 性感可人无袖衫

【成品规格】胸围120cm，背肩宽38cm
【工　具】9号针
【材　料】中细线

花样图

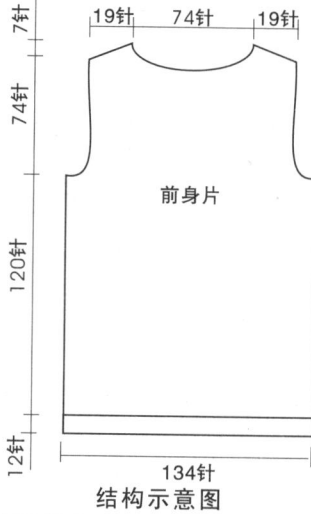

结构示意图

实物图

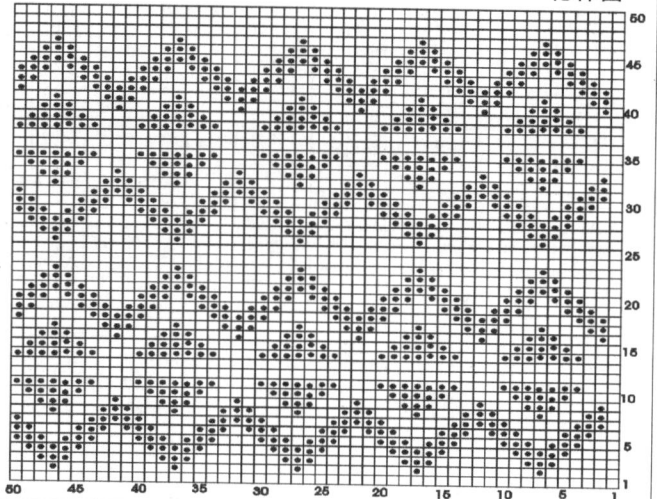

266

结构示意图

实物图

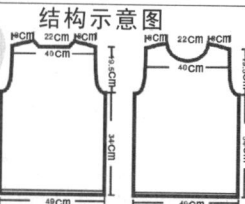

圆领背心

【成品规格】胸围120cm，背肩宽38cm
【工　具】8号针
【材　料】中粗线

花样图

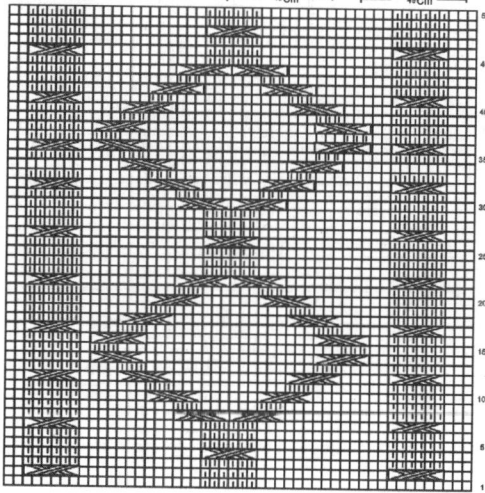

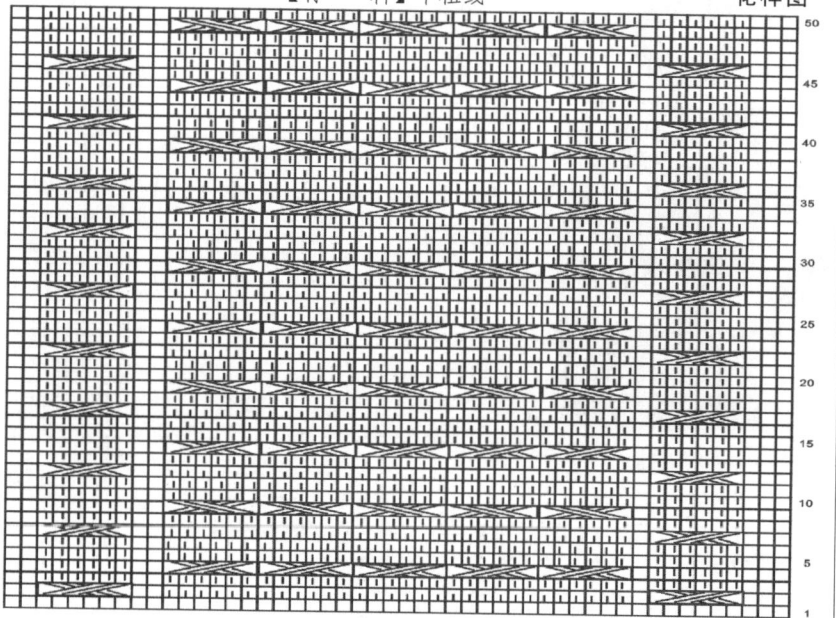

---

267 成熟背心

【成品规格】胸围120cm，背肩宽38cm
【工　具】8号针
【材　料】中细线

花样图

实物图

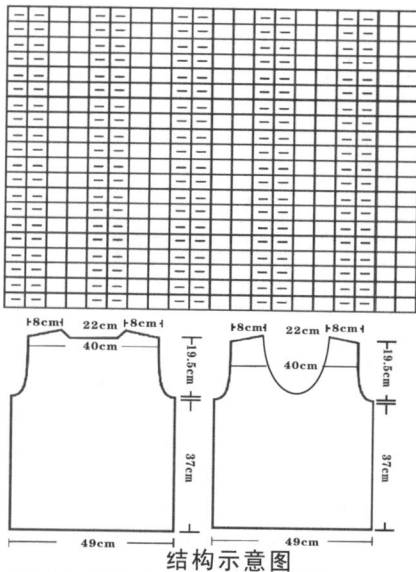

结构示意图

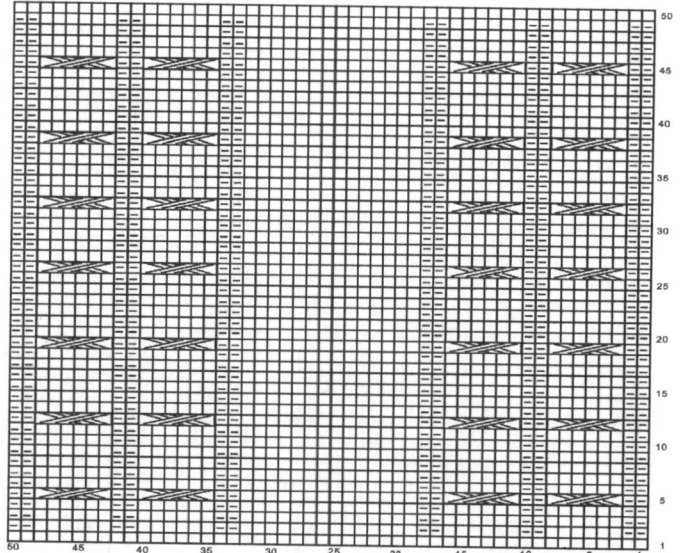

桃心领套头背心

【成品规格】胸围120cm，背肩宽38cm
【工　　具】8号针
【材　　料】中细线

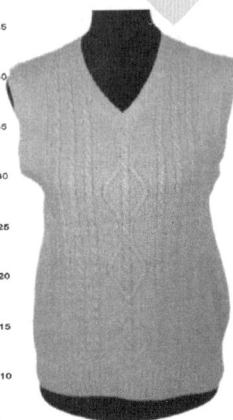

268

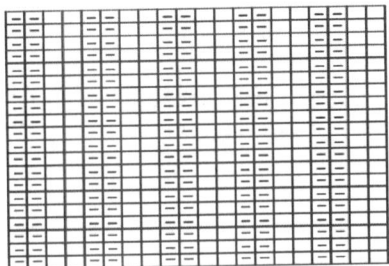

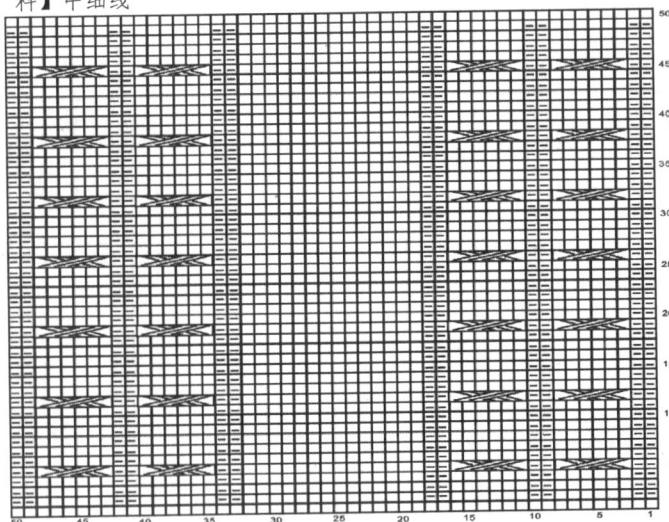

花样图

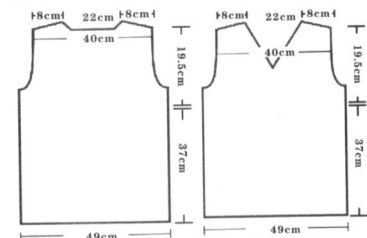

结构示意图

实物图

269

实物图

结构示意图

四周挑起织环形

袖洞　　袖洞

由此起针向上织

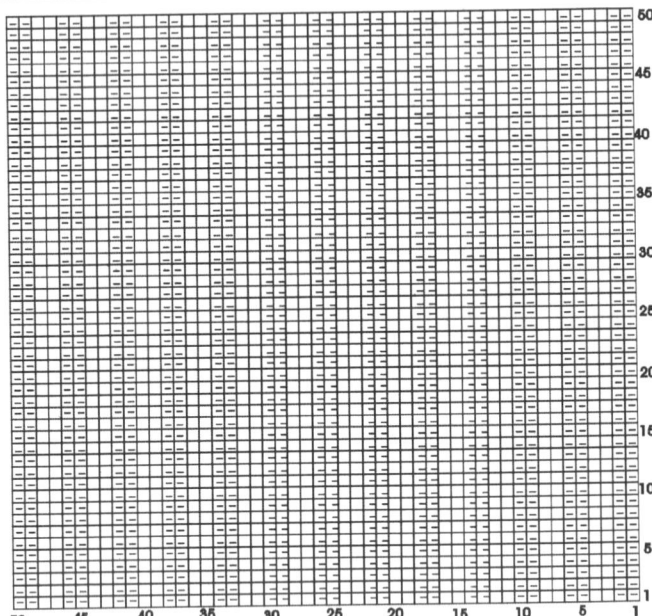

花样图

别致乖巧小坎肩

【成品规格】胸围120cm，背肩宽38cm
【工　　具】8号针
【材　　料】中粗线

花样图

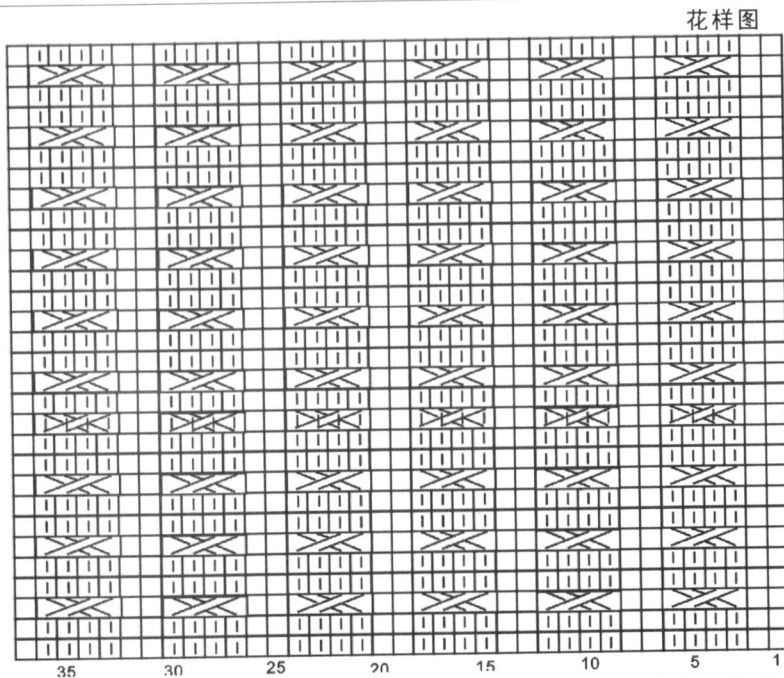

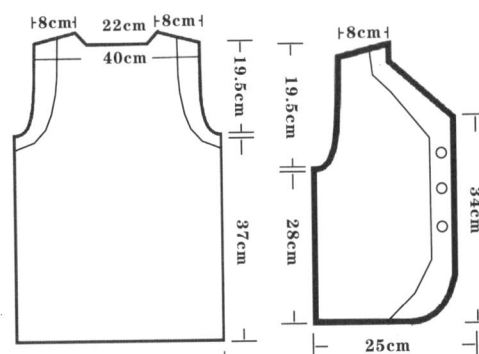

结构示意图

270

带帽小坎肩

【成品规格】胸围120cm，背肩宽38cm
【工　　具】8号针
【材　　料】中细线

实物图

实物图

性感大开领

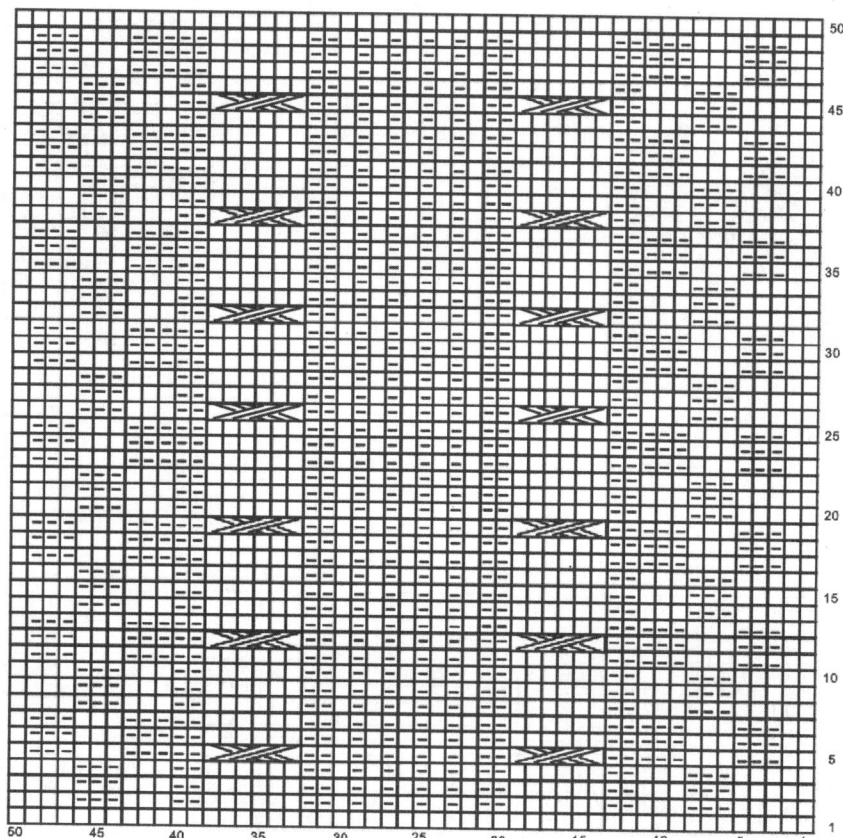

花样图

【成品规格】胸围120cm，背肩宽38cm
【工　　具】8号针
【材　　料】中细线

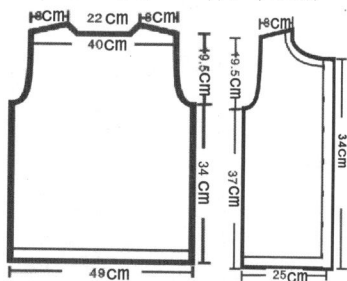
结构示意图

花样图

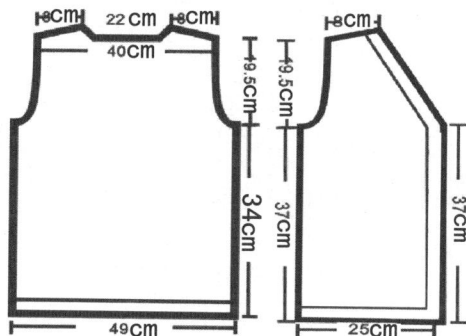
结构示意图

【成品规格】胸围120cm，背肩宽38cm
【工　　具】8号针
【材　　料】中粗线

无扣小坎肩

实物图

文雅修身大披肩

【成品规格】胸围120cm，背肩宽38cm
【工　　具】8号针
【材　　料】中粗线

花样图

实物图

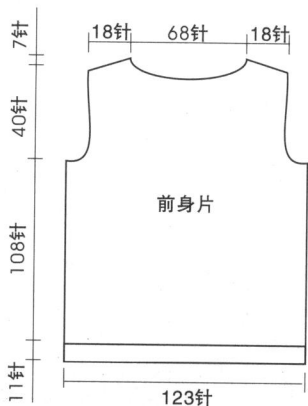
前身片
结构示意图

18针　68针　18针
7针
40针
108针
11针
123针

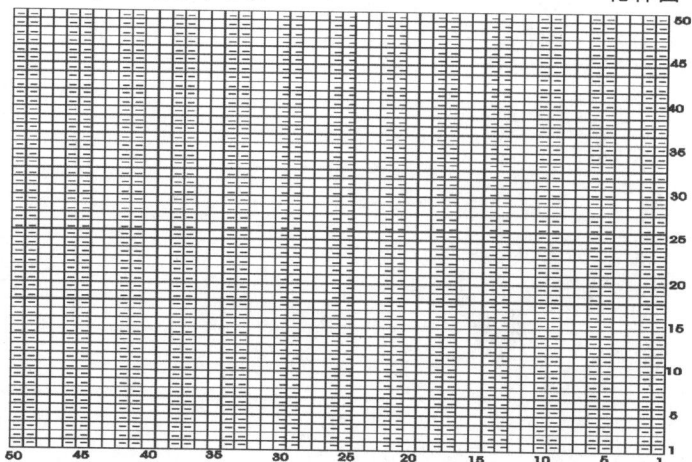

274

浪漫时尚披肩

【成品规格】胸围120cm，背肩宽38cm
【工　　具】8号针
【材　　料】中粗线

花样图

实物图

18针　68针　18针

7针
40针
108针
11针

前身片

123针

结构示意图

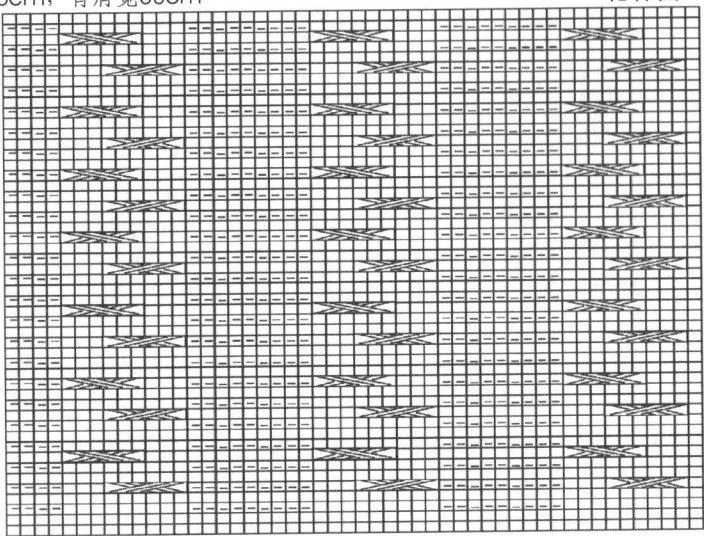

花样图

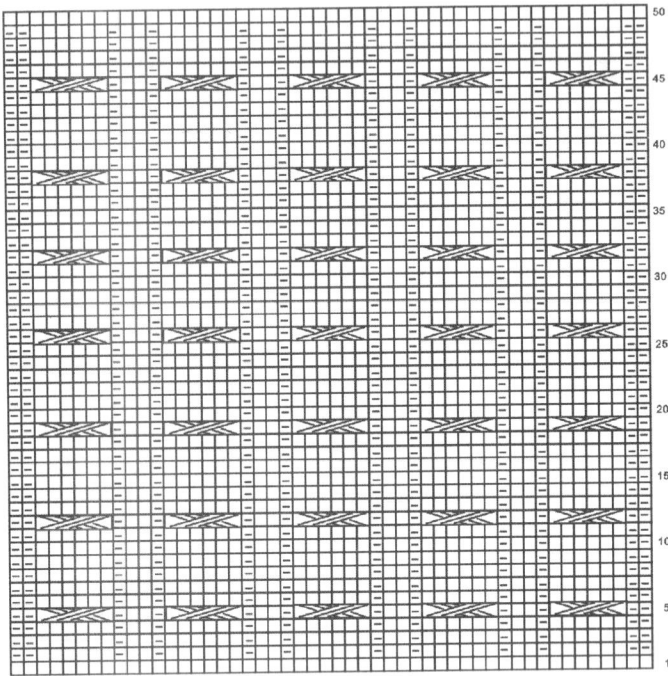

【成品规格】胸围120cm，背肩宽38cm
【工　　具】8号针
【材　　料】中粗线

粗花型披肩

275

18针　68针　18针

7针
40针
108针
11针

前身片

123针

结构示意图

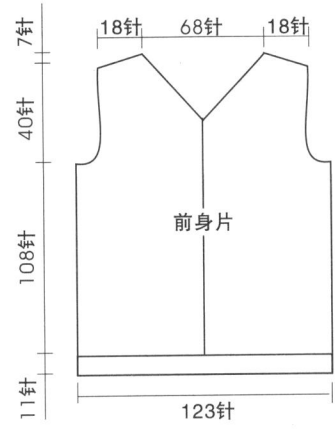

实物图

高雅华贵丽人披风

276

【成品规格】胸围120cm，背肩宽38cm
【工　　具】8号针
【材　　料】中粗线

花样图

实物图

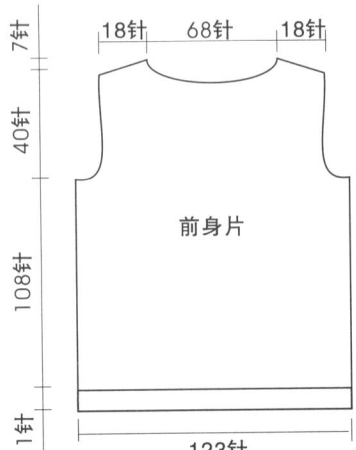

18针　68针　18针

7针
40针
108针
11针

前身片

123针

结构示意图

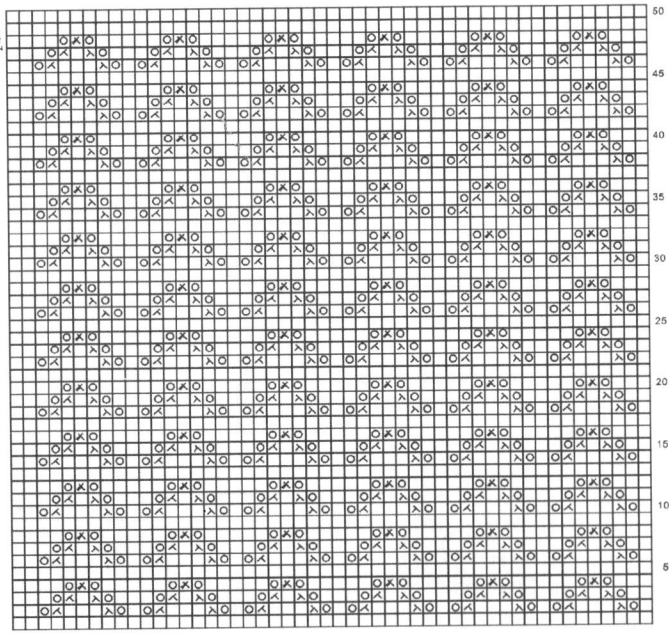

花样图

超大时尚披肩

【成品规格】胸围120cm，背肩宽38cm
【工　　具】8号针
【材　　料】中粗线

277

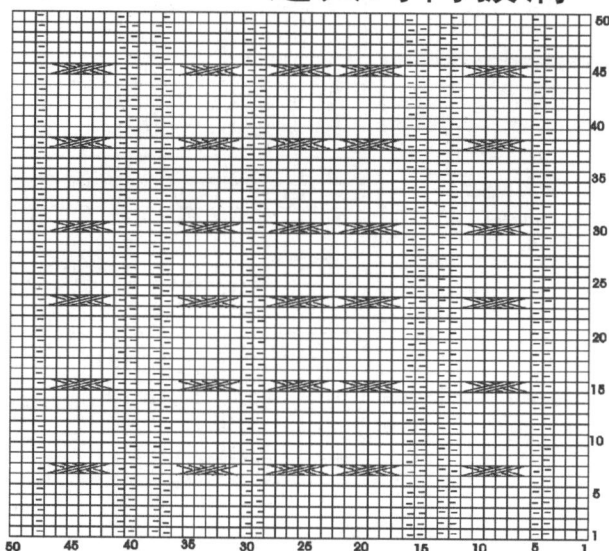

18针　68针　18针

7针

40针

108针

11针

前身片

123针

结构示意图

实物图

278

7针

19针　74针　19针

43针

116针

12针

前身片

134针

结构示意图

休闲丽人披肩

【成品规格】胸围120cm，背肩宽
　　　　　38cm
【工　　具】8号针
【材　　料】中细线

边缘花样

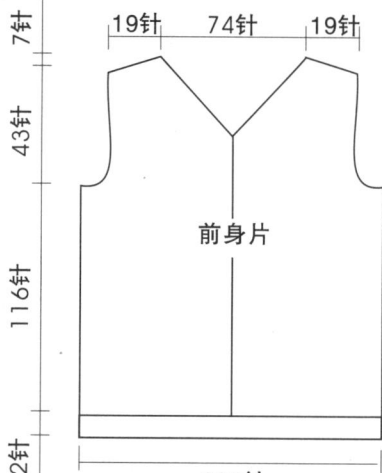

花样图

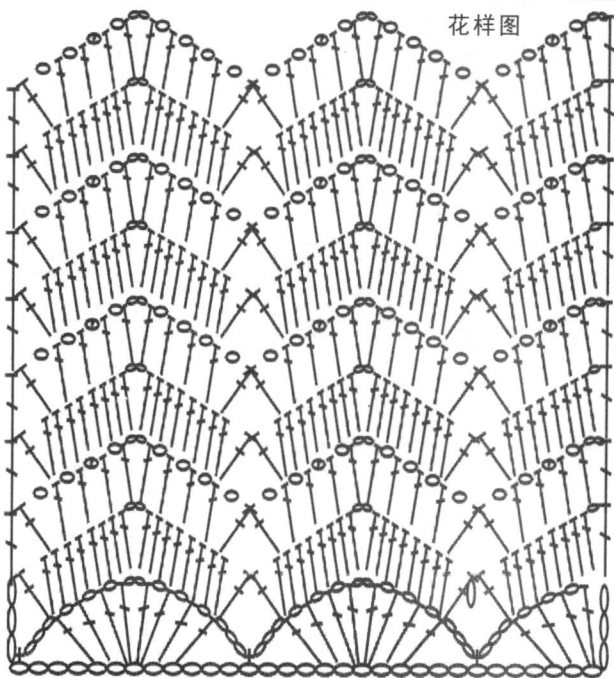

高圆领长披肩

【成品规格】胸围120cm，背肩宽38cm
【工　　具】8号针
【材　　料】中细线

花样A

花样 B

平针编织

花样A

结构示意图

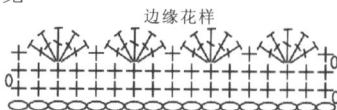

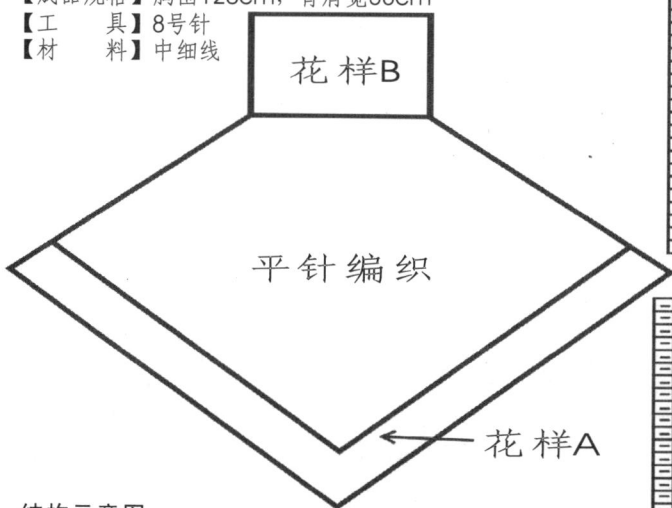

279

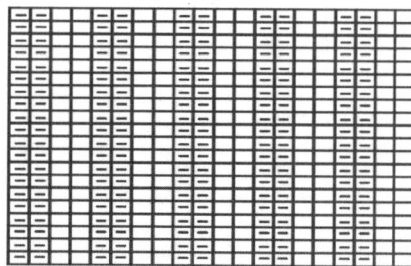

花样B

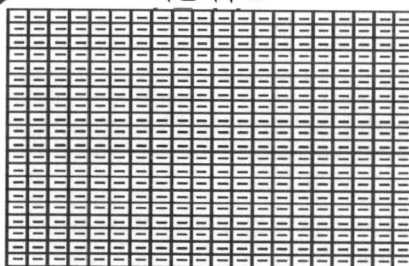

花样图

实物图

经典韩式毛衣外套1800

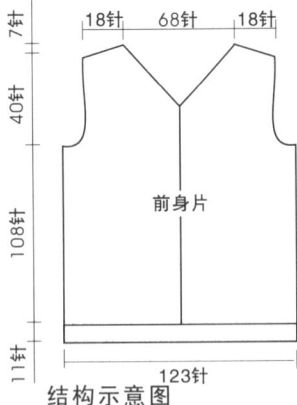

280

18针　68针　18针

7针

40针

前身片

108针

11针

123针

结构示意图

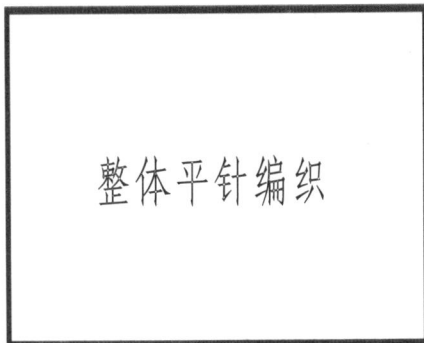

整体平针编织

花样图

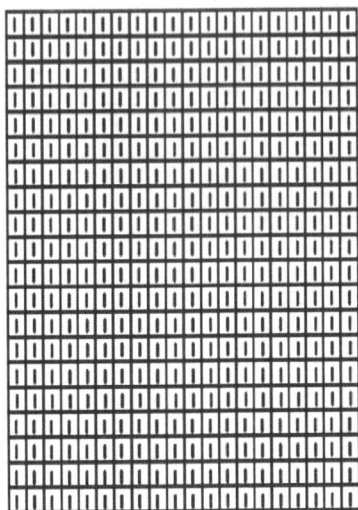

实物图

流苏时尚披风

【成品规格】胸围120cm，背肩宽38cm
【工　　具】8号针
【材　　料】中粗线

花样图

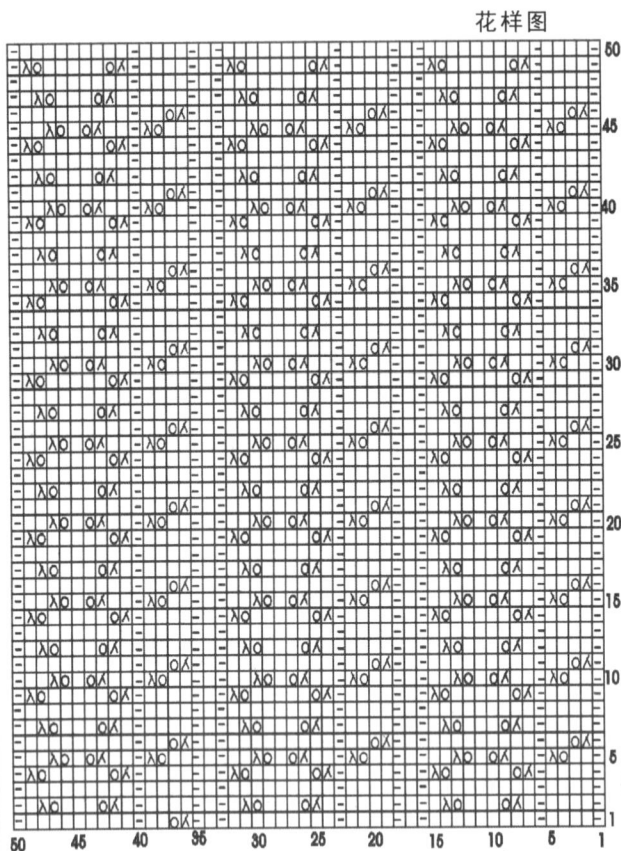

281

19针　74针　19针

7针

43针

116针

前身片

12针

134针

结构示意图

实物图

镂空雅致大披肩

【成品规格】胸围120cm，背肩宽38cm
【工　　具】8号环针
【材　　料】中细线

282

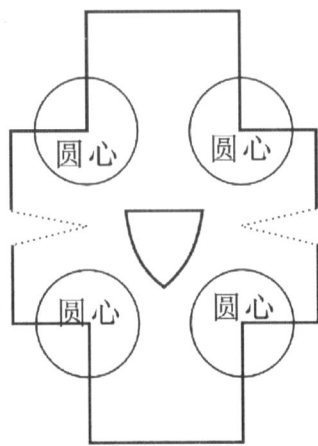

圆心　圆心

圆心　圆心

结构示意图

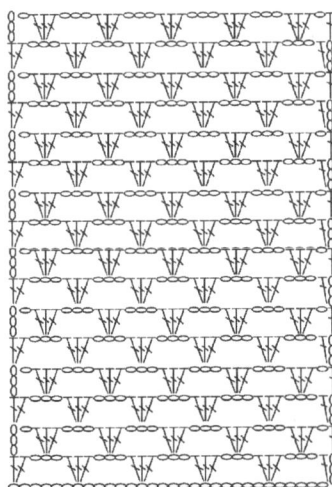

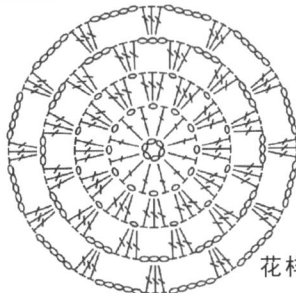

花样图

雅致休闲披肩

【成品规格】胸围120cm，背肩宽38cm
【工　　具】钩针
【材　　料】细线

实物图

花样图

素雅高贵型披风

【成品规格】胸围120cm，背肩宽38cm
【工　　具】钩针
【材　　料】中细线

283

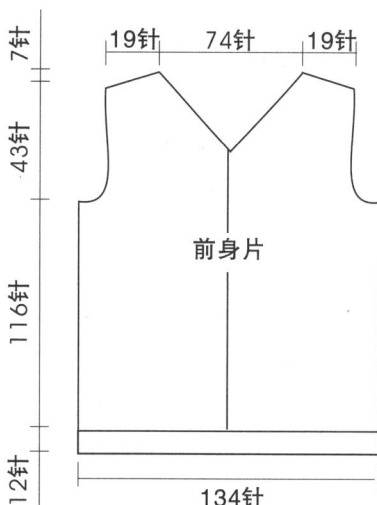

19针　74针　19针

7针

43针

前身片

116针

12针

134针

结构示意图

实物图

不等式丽人披风

【成品规格】胸围120cm，背肩宽38cm
【工　　具】钩针
【材　　料】中细线

花样图

边缘花样

284

实物图

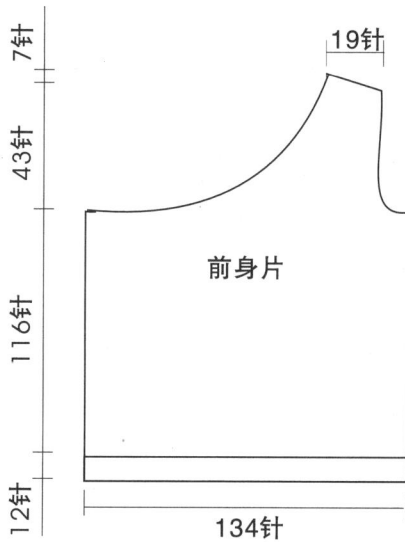

7针

43针

19针

前身片

116针

12针

134针

结构示意图

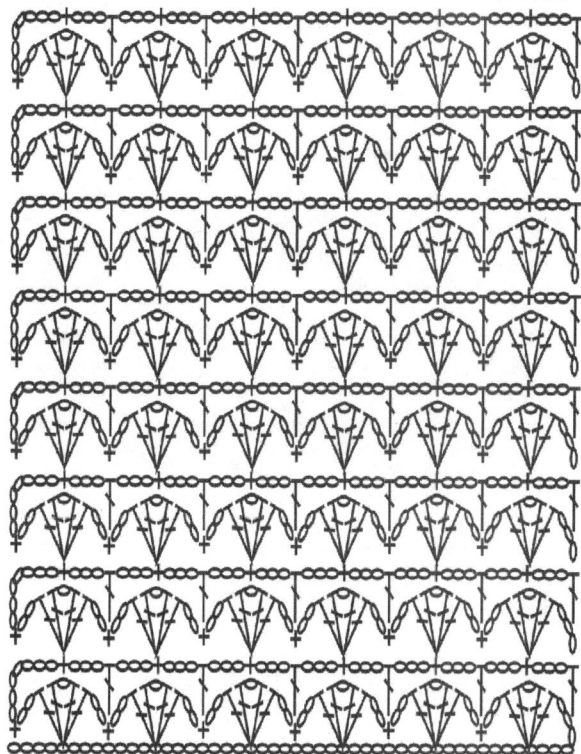

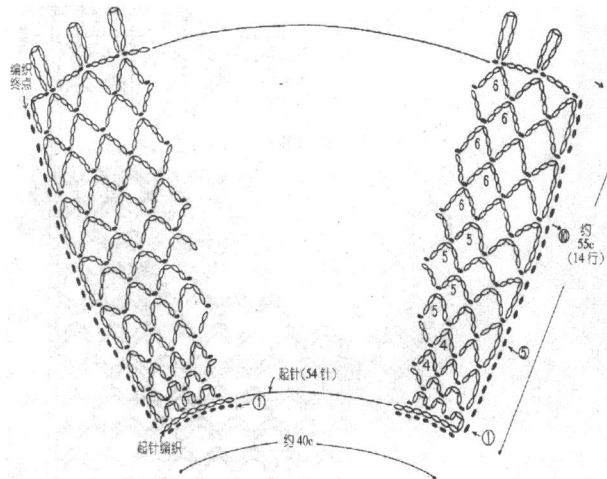

编织终点
终点

约55c
(14行)

起针(54针)

起针编织

约40c

迷人钩花大披肩

【成品规格】胸围120cm，背肩宽
38cm
【工　　具】钩针
【材　　料】中细线

285

19针　74针　19针

7针

43针

前身片

116针

12针

134针

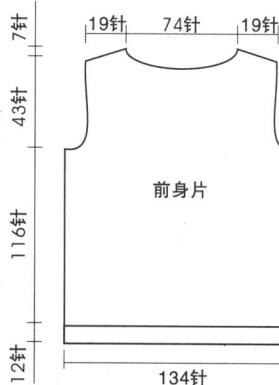

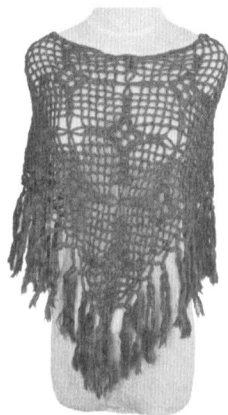

286 镂空流苏披肩

【成品规格】胸围120cm，背肩宽38cm
【工　　具】钩针
【材　　料】中细线

花样图

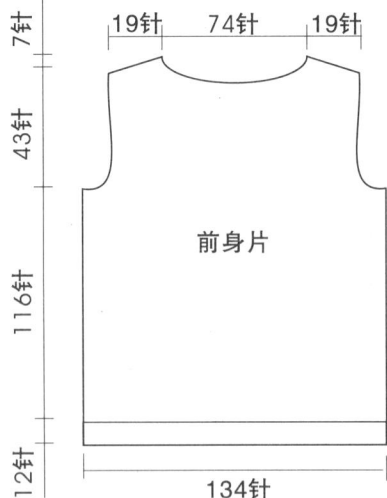

实物图

结构示意图

7针
19针　74针　19针
43针
116针
12针
前身片
134针

花样图

18针　68针　18针
7针
40针
108针
11针
前身片
123针
结构示意图

287

粗犷流苏披肩

【成品规格】胸围120cm，背肩宽38cm
【工　　具】钩针
【材　　料】中粗线

实物图

288 时尚个性披肩

【成品规格】胸围120cm，背肩宽38cm
【工　　具】钩针
【材　　料】中细线

实物图

7针
18针　68针　18针
40针
108针
11针
前身片
123针
结构示意图

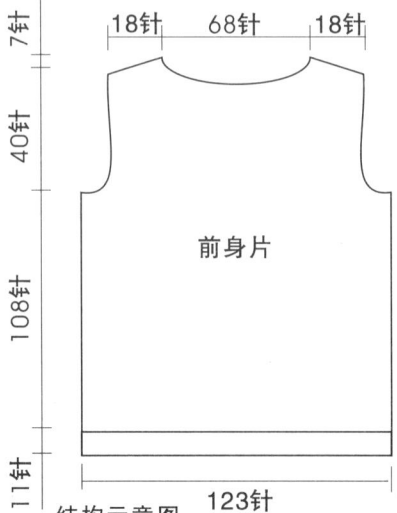

花样图

棒针编织符号说明

符号	名称	符号	名称	符号	名称	符号	名称
∣	下针	／	右加针	延伸套针			右上交叉套针
−	上针	＼	左加针	右斜套针			左上交叉套针
入	下针右上2针并1针	Ｖ	下针右加针	左斜套针			下针中上1针右上交叉
人	下针左上2针并1针	Ｙ	下针左加针	上针延伸针			下针中上1针左上交叉
木	下针右上3针并1针	3	1针放3针	滑针			下针右上1针交叉
术	下针左上3针并1针	4	1针放4针	浮下针			下针左上1针交叉
木	下针中上3针并1针	О	空针	上针右上1针交叉			下针右上2针交叉
入	上针右上2针并1针	Ω	扭下针	上针左上1针交叉			下针左上2针交叉
人	上针左上2针并1针	Ω	扭上针	上针右上1针与2针交叉		3	3针卷针
木	上针右上3针并1针	Ｗ	卷针	上针左上1针与2针交叉			5针卷针
木	上针左上3针并1针	∩	挑下针	上针右上2针交叉			球状编织
木	上针中上3针并1针	∩	挑上针	上针左上2针交叉		3	缝针针法

棒针基本针法详细图解

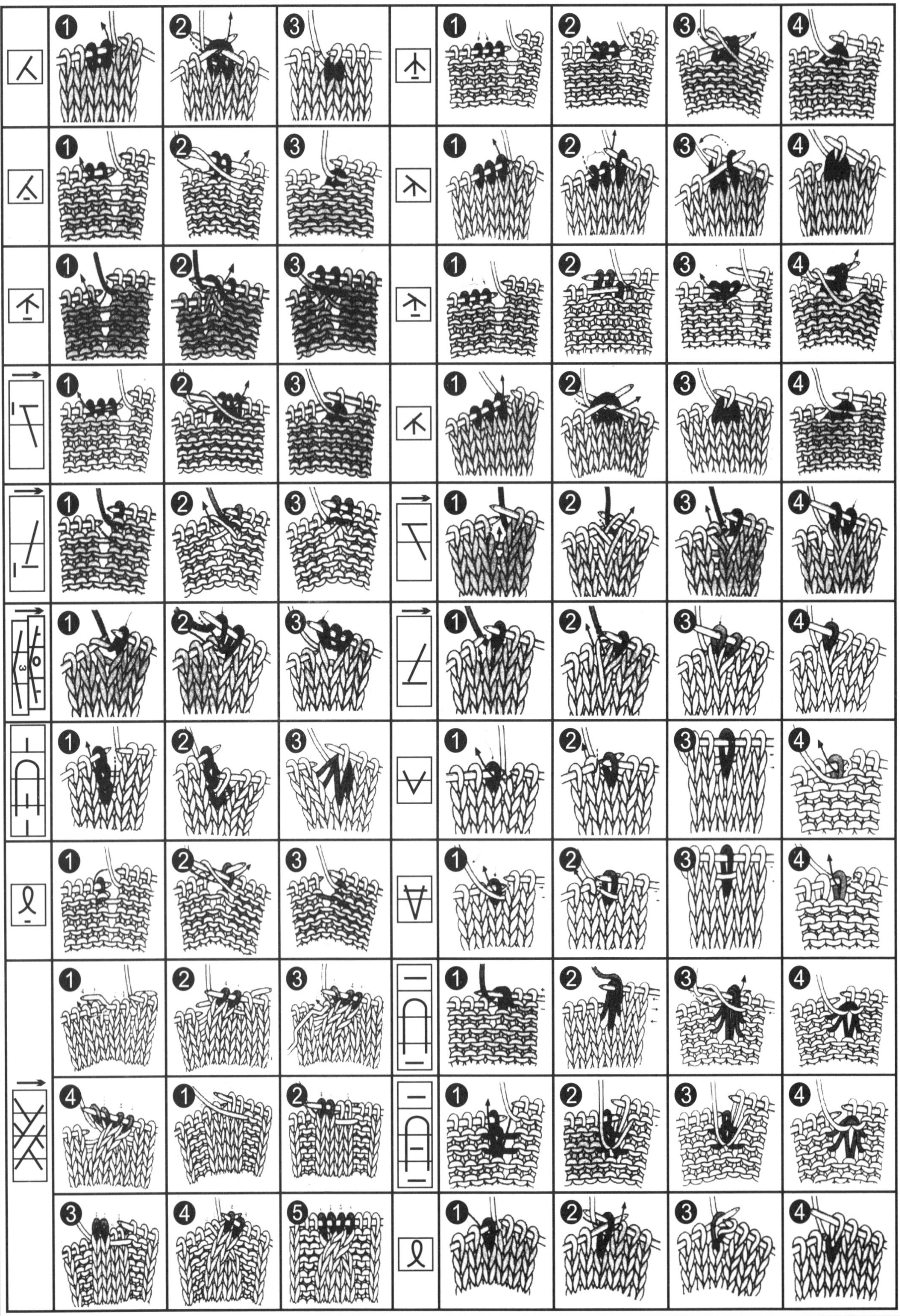

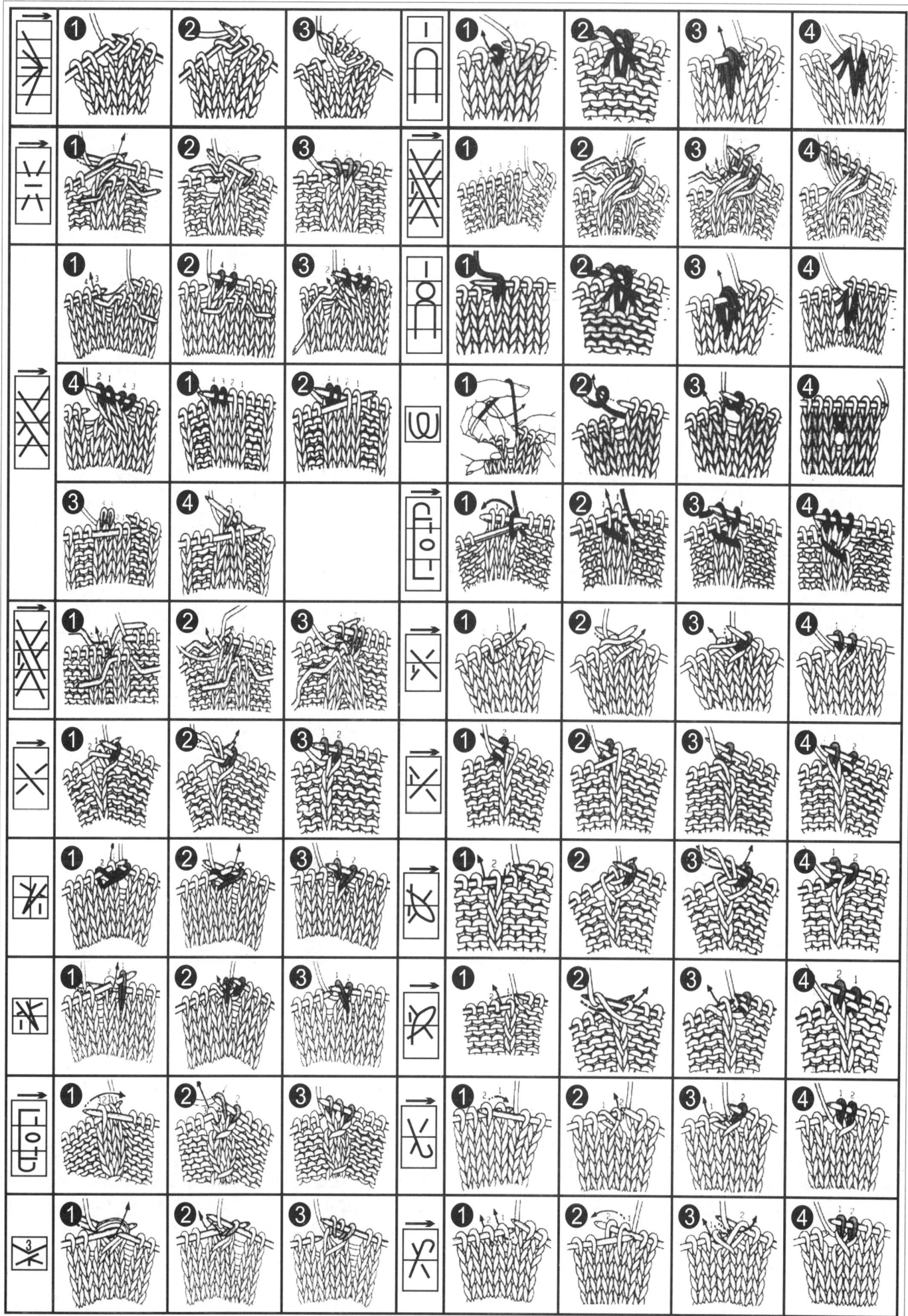

常 见 起 针 方 法

单罗纹起针方法
❶
❷
❸
❹
❺

手绕起针方法
❶
❷
❸
❹
❺
❻
❼
❽
❾

双罗纹起针方法
❶
❷
❸
❹
❺
❻
❼

接 缝 编 织 方 法

编链接缝方法
❶
❷
❸

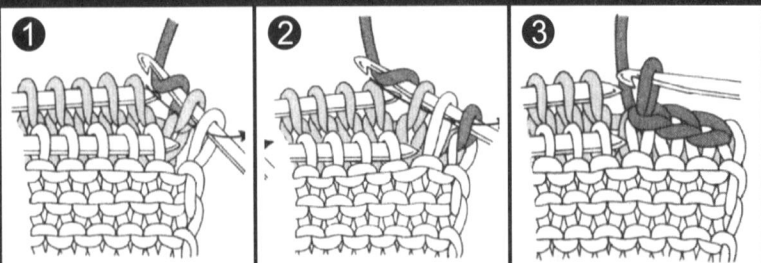

平针接缝方法
❶
❷

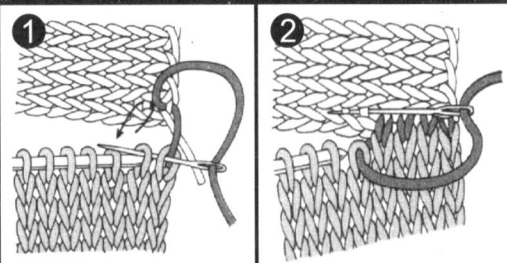

纵横平针接缝方法
❶
❷
❸
❹
❺

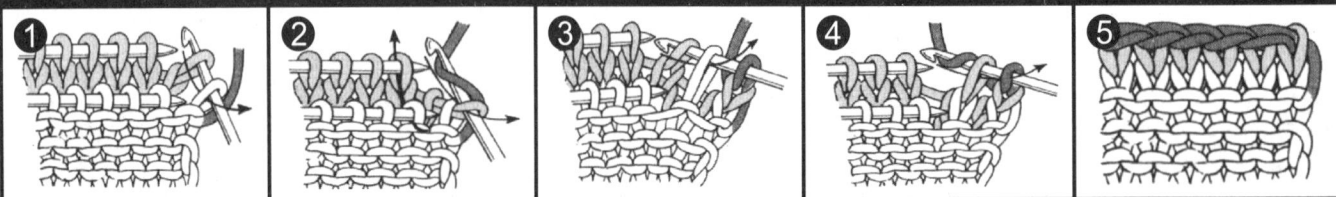

基 本 收 边 方 法

单罗纹收边法

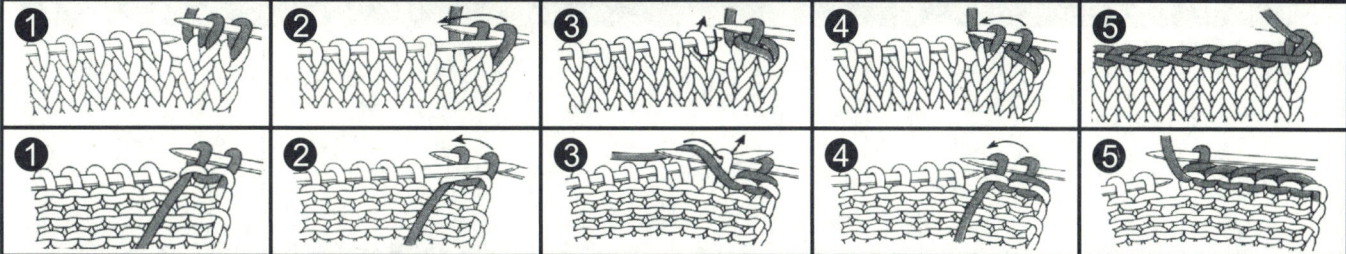

双罗纹收边法

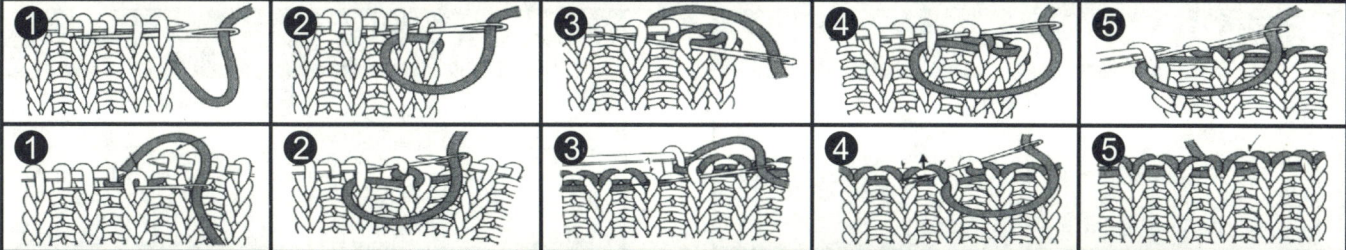

单罗纹双收法

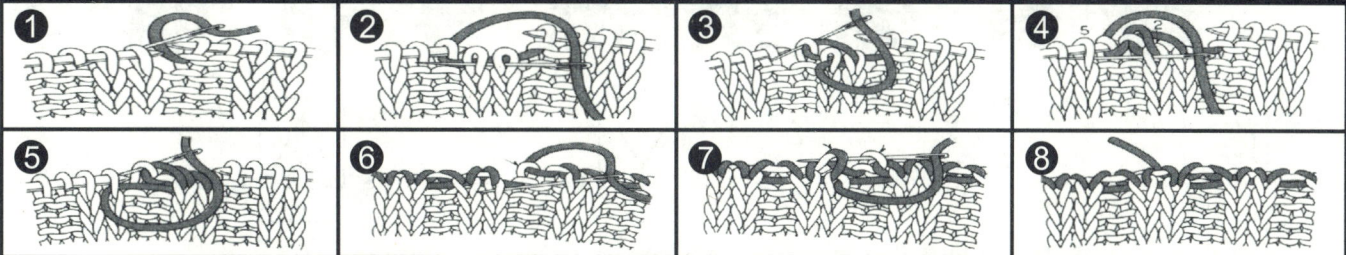

挂 肩 往 返 编 织 法

右侧

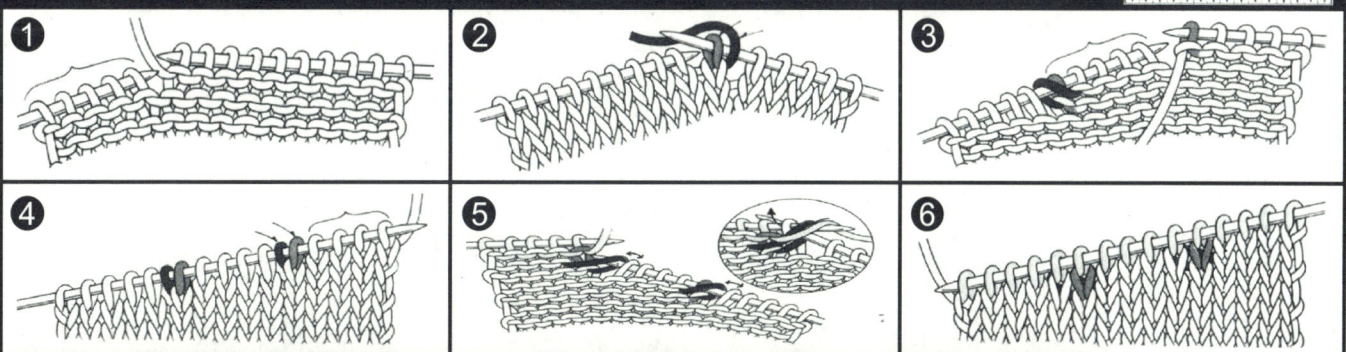

左侧

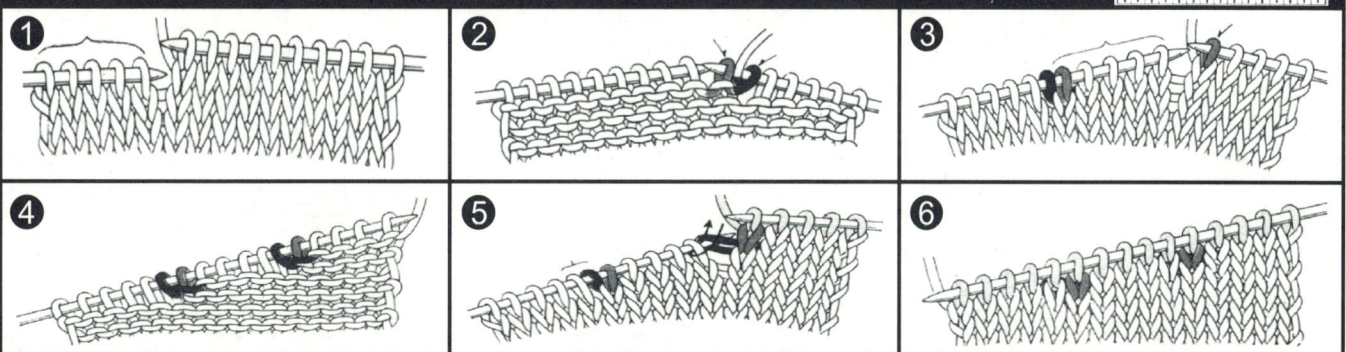

串接缝方法

正面串接缝方法

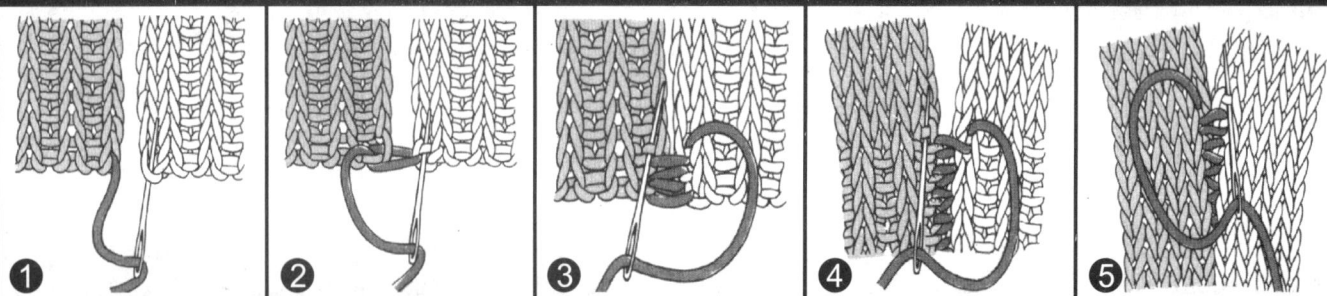

❶ ❷ ❸ ❹ ❺

反面串接缝方法1

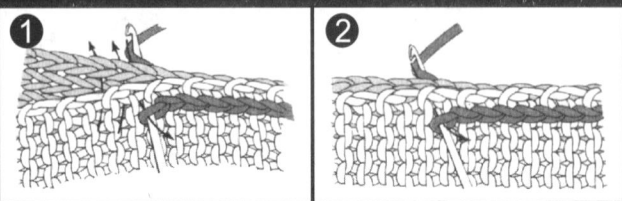

❶ ❷

反面串接缝方法2

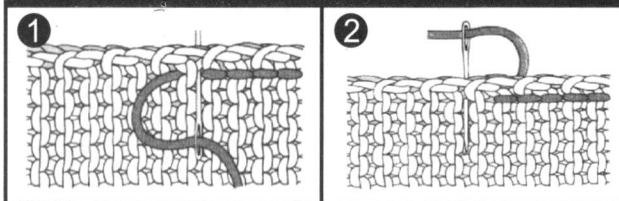

❶ ❷

钩针编织符号说明

符号	名称	符号	名称	符号	名称	符号	名称
◯	锁针	⁓	短退针	⋎	短针放2针	⋏	短针3针并1针
✕	短针	Ø	用3针中长针钩珠针	⋎	短针放3针	⋏	中长针2针并1针
T	中长针	Φ	用3针长针钩珠针	V	中长针放2针	⋏	中长针3针并1针
Ŧ	长针	Ø	拉出的竖针	V	中长针放3针	⋏	长针2针并1针
Ŧ	特长针	Ø	用5针长针钩胖针	V	长针放2针	⋏	长针3针并1针
⊓	方眼针	⬮	尖锤针	V	长针放3针	✕	短针正浮针
⌒	项链针	⬮	变化尖锤针	V	长针放5针	✕	短针反浮针
⬭	拉针	Ʊ	短环针	V	贝壳针	⌐	长针正浮针
✕	棱针、条针	✕	长针1针交叉	⋏	短针2针并1针	⌐	长针反浮针

174

钩针基本针法详细图解

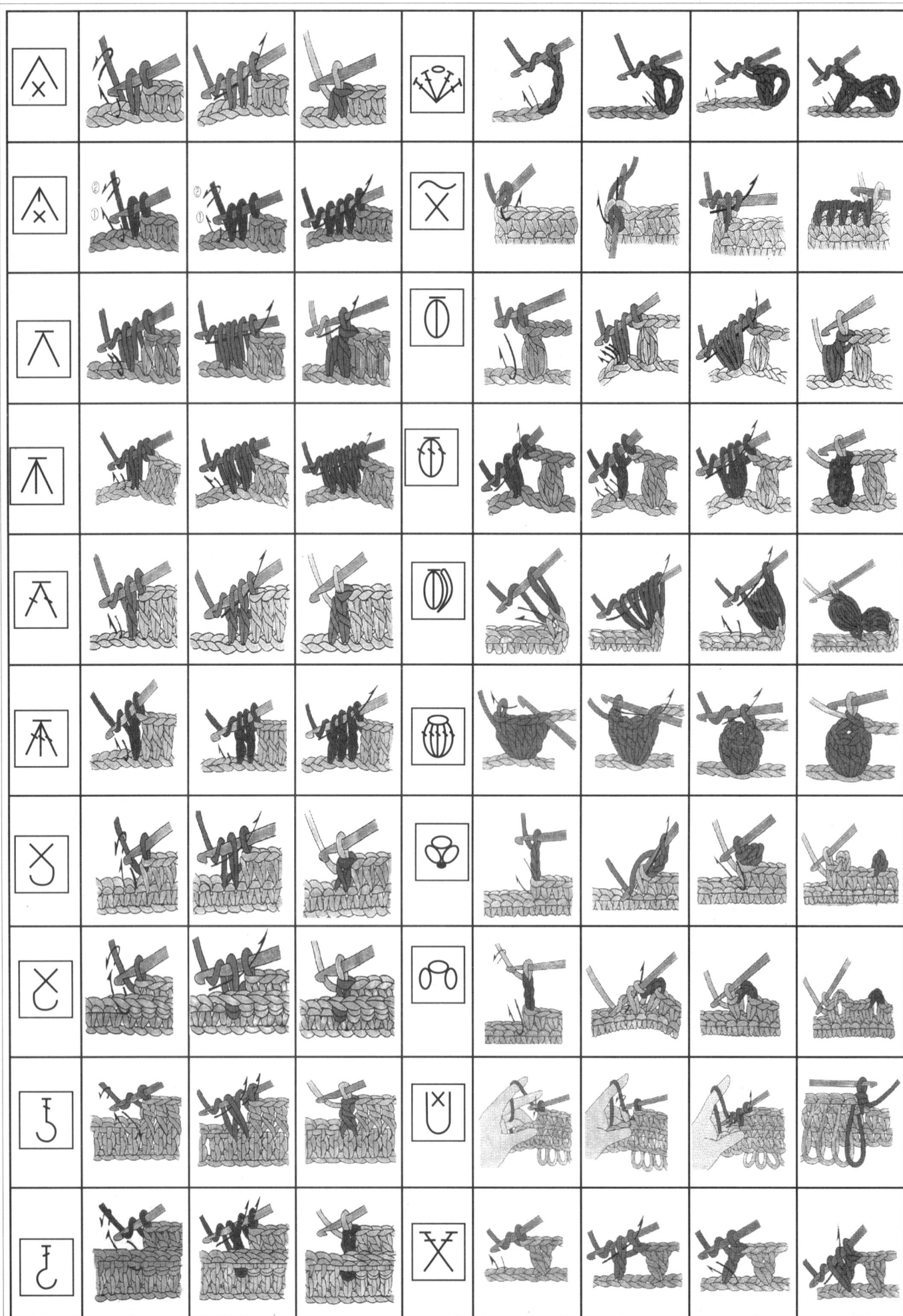